全国专业技术人员新职业培训教程

智能制造工程技术人员

中级

智能装备与产线应用

人力资源社会保障部专业技术人员管理司　组织编写

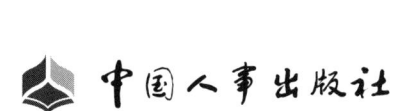

图书在版编目（CIP）数据

智能制造工程技术人员. 中级：智能装备与产线应用 / 人力资源社会保障部专业技术人员管理司组织编写. -- 北京：中国人事出版社，2024

全国专业技术人员新职业培训教程

ISBN 978-7-5129-1952-5

Ⅰ.①智… Ⅱ.①人… Ⅲ.①智能制造系统 - 职业培训 - 教材 Ⅳ.①TH166

中国国家版本馆 CIP 数据核字（2023）第 239896 号

中国人事出版社出版发行

（北京市惠新东街 1 号　邮政编码：100029）

*

保定市中画美凯印刷有限公司印刷装订　　新华书店经销

787 毫米 ×1092 毫米　16 开本　20.25 印张　304 千字

2024 年 3 月第 1 版　　2024 年 3 月第 1 次印刷

定价：52.00 元

营销中心电话：400-606-6496

出版社网址：https://www.class.com.cn

版权专有　　侵权必究

如有印装差错，请与本社联系调换：（010）81211666

我社将与版权执法机关配合，大力打击盗印、销售和使用盗版图书活动，敬请广大读者协助举报，经查实将给予举报者奖励。

举报电话：（010）64954652

本书编委会

指导委员会

主　　任：周　济

副 主 任：李培根　林忠钦　陆大明

委　　员：顾佩华　赵　继　陈　明　陈雪峰

编审委员会

总 编 审：陈　明

副总编审：陈雪峰　王振林　王　玲　罗　平

主　　编：周光辉

副 主 编：张　超　曹　岩　刘意杨　常丰田

编写人员：李　晶　赵　丹　杨立娟　邵海兵　龙　璞

主审人员：张映锋　屈　挺

出版说明

当今世界正经历百年未有之大变局,我国正处于实现中华民族伟大复兴关键时期。在全球经济低迷,我国加快形成以国内大循环为主体、国内国际双循环相互促进的新发展格局背景下,数字经济发挥着提振经济的重要作用。党的十九届五中全会提出,要发展战略性新兴产业,推动互联网、大数据、人工智能等同各产业深度融合,推动先进制造业集群发展,构建一批各具特色、优势互补、结构合理的战略性新兴产业增长引擎。党的二十大提出,加快发展数字经济,促进数字经济和实体经济深度融合,打造具有国际竞争力的数字产业集群。"十四五"期间,数字经济将继续快速发展、全面发力,成为我国推动高质量发展的核心动力。

近年来,人工智能、物联网、大数据、云计算、数字化管理、智能制造、工业互联网、虚拟现实、区块链、集成电路等数字技术领域新职业不断涌现,这些新职业从业人员通过不断学习与探索,将推动科技创新、释放巨大能量,推动人们生产生活方式智能化、智慧化、数字化,推动传统产业转型升级,为经济高质量发展注入强劲活力。我国在技术、消费与应用领域具备数字经济创新领先优势,但还存在数字技术人才供给缺口较大、关键核心技术领域自主创新能力不足、数字经济与实体经济融合的深度和广度不够等问题。发展数字经济,推进数字产业化和产业数字化,推动数字经济和实体经济深度融合,急需培育壮大数字技术工程师队伍。

人力资源社会保障部会同有关行业主管部门陆续制定颁布数字技术领域国家职业标准,坚持以职业活动为导向、以专业能力为核心,遵循人才成长规律,对从业人员的理论知识和专业能力提出综合性引导性培养标准，为加快培育数字技术人才提供基本依据。根据《人力资源社会保障部办公厅关于加强新职业培训工作的通知》（人社厅发〔2021〕28号）要求，为提高新职业培训的针对性、有效性，进一步发挥新职业培训促进更好就业的作用，人力资源社会保障部专业技术人员管理司组织相关领域的专家学者编写了全国专业技术人员新职业培训教程，供相关领域开展新职业培训使用。

本系列教程依据相应国家职业标准和培训大纲编写，划分初级、中级、高级三个等级，有的职业划分若干职业方向。教程紧贴数字技术人员职业活动特点，定位于全国平均水平，且是相关数字技术人员经过继续教育或岗位实践能够达到的水平，突出该职业领域的核心理论知识、主流技术及未来发展要求，为教学活动和培训考核提供规范和引导，将帮助广大有意或正在从事数字技术职业的人员改善知识结构、掌握数字技术、提升创新能力。

希望本系列教程的出版，能够在加强数字技术人才队伍建设、推动数字经济快速发展中发挥支持作用。

出版说明

当今世界正经历百年未有之大变局,我国正处于实现中华民族伟大复兴关键时期。在全球经济低迷,我国加快形成以国内大循环为主体、国内国际双循环相互促进的新发展格局背景下,数字经济发挥着提振经济的重要作用。党的十九届五中全会提出,要发展战略性新兴产业,推动互联网、大数据、人工智能等同各产业深度融合,推动先进制造业集群发展,构建一批各具特色、优势互补、结构合理的战略性新兴产业增长引擎。党的二十大提出,加快发展数字经济,促进数字经济和实体经济深度融合,打造具有国际竞争力的数字产业集群。"十四五"期间,数字经济将继续快速发展、全面发力,成为我国推动高质量发展的核心动力。

近年来,人工智能、物联网、大数据、云计算、数字化管理、智能制造、工业互联网、虚拟现实、区块链、集成电路等数字技术领域新职业不断涌现,这些新职业从业人员通过不断学习与探索,将推动科技创新、释放巨大能量,推动人们生产生活方式智能化、智慧化、数字化,推动传统产业转型升级,为经济高质量发展注入强劲活力。我国在技术、消费与应用领域具备数字经济创新领先优势,但还存在数字技术人才供给缺口较大、关键核心技术领域自主创新能力不足、数字经济与实体经济融合的深度和广度不够等问题。发展数字经济,推进数字产业化和产业数字化,推动数字经济和实体经济深度融合,急需培育壮大数字技术工程师队伍。

人力资源社会保障部会同有关行业主管部门陆续制定颁布数字技术领域国家职业标准,坚持以职业活动为导向、以专业能力为核心,遵循人才成长规律,对从业人员的理论知识和专业能力提出综合性引导性培养标准,为加快培育数字技术人才提供基本依据。根据《人力资源社会保障部办公厅关于加强新职业培训工作的通知》(人社厅发〔2021〕28号)要求,为提高新职业培训的针对性、有效性,进一步发挥新职业培训促进更好就业的作用,人力资源社会保障部专业技术人员管理司组织相关领域的专家学者编写了全国专业技术人员新职业培训教程,供相关领域开展新职业培训使用。

本系列教程依据相应国家职业标准和培训大纲编写,划分初级、中级、高级三个等级,有的职业划分若干职业方向。教程紧贴数字技术人员职业活动特点,定位于全国平均水平,且是相关数字技术人员经过继续教育或岗位实践能够达到的水平,突出该职业领域的核心理论知识、主流技术及未来发展要求,为教学活动和培训考核提供规范和引导,将帮助广大有意或正在从事数字技术职业的人员改善知识结构、掌握数字技术、提升创新能力。

希望本系列教程的出版,能够在加强数字技术人才队伍建设、推动数字经济快速发展中发挥支持作用。

目　录

第一章　智能产线安装与部署方案设计 …………… 001
- 第一节　生产工艺分析与优化 …………… 003
- 第二节　物流方案设计与优化 …………… 011
- 第三节　产线安装与部署方案设计 …………… 028

第二章　智能产线数字孪生建模与虚拟调试 ……… 045
- 第一节　数字孪生架构设计 …………… 047
- 第二节　数字孪生可视化模型构建 …………… 054
- 第三节　基于数字孪生的产线虚拟调试方法 …………… 064
- 第四节　汽车智能产线虚拟调试案例 …………… 072

第三章　智能产线数据采集、处理与分析 ………… 079
- 第一节　数据采集与存储 …………… 081
- 第二节　数据解析与标准化 …………… 105
- 第三节　数据标识 …………… 116
- 第四节　产线制造单元应用案例 …………… 130

第四章　智能产线现场安装、调试与部署 ………… 143
- 第一节　硬件安装与调试 …………… 145

第二节　传感器与识别系统的安装调试……………165

第三节　网络与生产系统的边缘部署与安全保障…182

第四节　应用案例……………………………………194

第五章　智能产线安全作业与运行保障……………215

第一节　产品工艺设计与规划………………………217

第二节　面向智能装备与产线的PLC编程技术 …239

第三节　智能装备与产线运行保障…………………257

第六章　综合实训……………………………………283

第一节　智能装备与产线的虚拟调试实训…………285

第二节　智能装备与产线的现场安装与调试实训…294

参考文献………………………………………………307

后记……………………………………………………311

第一章
智能产线安装与部署方案设计

智能产线将先进工艺知识、先进管理理念和先进信息技术集成融入生产,实现产品工艺和生产过程的全面优化。智能产线方案设计作为产线生产的第一步,决定了产线的运行效率和产品的最终质量。

本章分为三节,内容包括待加工产品生产工艺、物流方案、产线安装与部署方案的设计与优化流程,并提供了与各技术对应的典型应用实例。

- **职业功能:** 智能产线共性技术应用。
- **工作内容:** 产品的生产工艺设计、产线的物流方案设计、产线安装与部署方法。
- **专业能力要求:** 能根据生产实际需求分析、设计生产工艺并确定生产流程,形成产线物流方案,确定产线的安装与部署方案。
- **相关知识要求:** 掌握典型生产工艺及生产流程的分析方法与优化原则;掌握智能产线物流方案的设计与仿真优化方法;掌握智能产线安装与部署方案的规划、设计与典型业务流程。

第一节 生产工艺分析与优化

考核知识点及能力要求：

- 了解几种典型的生产工艺分析方法。
- 理解生产工艺的优化原则及方法。
- 学会如何根据生产工艺设计和确定生产流程。

一、生产工艺分析

本节主要介绍几种典型的生产工艺分析方法，包括产品数量（Product-Quantity，P-Q）分析、价值流分析和工艺流程分析。其中，P-Q分析能够充分挖掘客户需求，为工艺流程分析和改善提供目标输入；价值流分析能够挖掘出工艺流程中的非增值要素，为生产流程的确定和工艺的改善提供依据；工艺流程分析能够为产线安装与部署方案设计提供依据。

（一）P-Q分析

产品数量分析是对生产的产品按照数量进行分类，从而为产品工艺分析、物流方案设计、产线布局优化等提供依据。采用P-Q分析方法对产品数量进行分析和梳理，主要有以下几个步骤。

（1）通过调研或统计分析获取产品市场需求数量等数据。

（2）将不同型号的产品按照数量由大到小的顺序记录在P-Q分析表中。

（3）绘制帕累托（Pareto）图并找出规律，为产品工艺分析、物流方案设计、产线布局设计与优化等奠定基础。

（二）价值流分析

价值流是指产品生产全流程中的所有活动，如供应商原材料生产、零部件配送、总装组装、成品检验等各个环节。这些环节中的活动有些是增值的，有些是非增值的，一般分为以下三类。

（1）不增值活动：不能创造价值，并且可以立即取消的生产活动。

（2）必要但不增值活动：不创造价值，但在产品开发、生产过程中不能马上取消，只能通过对生产流程做出优化后方可取消的生产活动。

（3）增值活动：真正能创造出价值的生产活动。

判断整个流程中的增值活动并取消不增值的活动，将会对提升智能产线的生产效率、降低生产成本带来巨大的帮助。因此，在对智能产线进行工艺分析与设计时，需要通过价值流分析手段来尽可能取消不增值活动，尽量减少必要但不增值活动。

（三）工艺流程分析

依据 P-Q 分析和价值流分析产出的结果，确定工艺流程至关重要。5W1H 作为一种科学深入探讨问题的方法，能够辅助工程师进行详细的工艺流程分析。通过采用 5W1H 工艺流程分析方法，可对某个工艺/工序任务或生产活动的具体内容（What）、谁负责（Who）、什么地方（Where）、什么时候（When）、怎样做（How）以及为何这样做（Why）进行详细分析与决策，以冀达到预期的结果。5W1H 工艺流程分析法见表 1-1。

表 1-1　　　　5W1H 工艺流程分析法

考察点	初次提问	二次提问	三次提问
目的	做什么（What）	有无必要	有无更优对象
原因	为何做（Why）	为何这样做	是否有必要
时间	何时做（When）	为何此时做	有无更优时间
地点	何处做（Where）	为何此处做	有无更优地点
人员	何人做（Who）	为何此人做	有无更优人员
方法	如何做（How）	为何这样做	有无更优方法

二、工艺优化原则及方法

P-Q 分析、价值流分析和工艺流程分析等方法为智能产线工艺优化提供了基础和依据。工艺优化是提高智能产线安装与部署方案合理性、提升产线生产效率的关键。当前，较为行之有效的工艺改善和优化方法是精益生产（Lean Production，LP）中的 ECRS（Eliminate、Combine、Rearrange 和 Simplify）方法。ECRS 方法以 P-Q 分析、价值流分析、工艺流程分析等方法为基础，通过取消（Eliminate）、合并（Combine）、重排（Rearrange）、简化（Simplify）等优化原则来处理相关工艺/工序流程，以实现智能产线生产工艺及流程的优化，从而为智能产线安装与部署方案的设计奠定基础。ECRS 方法四大原则见表 1-2。

表 1-2　ECRS 方法四大原则

四大原则	名称	改善方向
E	取消	经过分析后，是否有可以取消的工序、工步
C	合并	无法取消的必要工序，是否可以合并
R	重排	经过取消、合并后，能否重排
S	简化	用最简单的方法，是否可以简化

取消（Eliminate）：对工艺流程中的每一次操作进行审核、分析，取消所有不必要的操作环节、不规范的操作、不方便的工作和不必要的空闲时间。

合并（Combine）：分析工艺流程中的各项操作和检验项目，在保证质量、提高效率的前提下，将可合并的操作/工序、可共用的工具等予以合并。

重排（Rearrange）：重新安排生产过程、工序位置和分工，做到优化生产工艺及流程、缩短物流路线，达到平衡工作量的目的。

简化（Simplify）：将复杂的生产工艺/流程进行简化，用简单的操作代替复杂的操作，缩短物料运输距离。

以上四项工艺优化原则中，应优先采用"取消"原则对工艺流程进行分析，首先考虑工艺流程中某道工序是否能被取消，若能取消则将显著降低产线的生产成本。对于不能取消的工序，则执行"合并""重排""简化"等原则来进行工艺流程优化。

三、生产流程研究

依据优化得到的工艺方案,确定生产流程是进行智能产线安装与部署方案设计的前提。价值流程图(Value Stream Mapping,VSM)作为 LP 中生产流程优化的典型分析工具,已成为协助工程师理解和精简生产流程的重要方法。VSM 是一种描述物流和信息流的形象化工具,可作为生产管理人员、工程师、生产制造人员、流程规划人员、供应商以及顾客发现生产浪费、寻找浪费根源的基础工具。"浪费"在这里被定义为消耗资源但不能为终端产品提供增值的任何活动,例如产品过度处理、过多的库存积压、物料的非必要移动与等待等。VSM 对生产过程中的周期时间、宕机时间、在制品库存、原材料流动、信息流动等情况进行表征,有助于形象化地描述生产流程中的各环节/活动及其当前状态,并有利于对生产流程进行指导与优化,使之朝理想化方向发展。

四、滚筒洗衣机生产工艺与流程分析案例

以某企业的滚筒洗衣机(见图 1-1)为例,对上述章节介绍的面向智能产线的生产工艺流程分析与优化方法及工具进行说明。

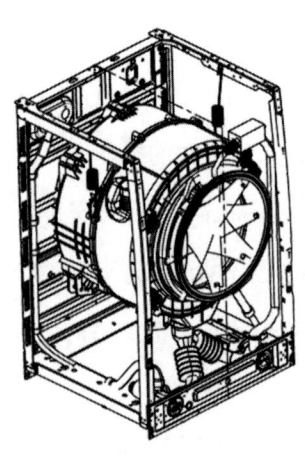

a)   b)

图 1-1 滚筒洗衣机示意图
a)滚筒洗衣机外观图   b)滚筒洗衣机结构图

滚筒洗衣机分为洗涤、传动、操作、支承、给排水5个系统，由内筒、外筒、悬挂、内筒叉形架、转轴、外筒叉形架、轴承、电动机、带轮、三角带、操控、前门、拉伸弹簧、弹性支承减震器、台面、箱体、底脚、进水电磁阀、洗涤剂投放、给水、排水、水位控制、干衣、干衣冷凝24个模块构成。滚筒洗衣机模块划分如图1-2所示。各模块间由接口连接，不同模块在功能上具有差异性。根据用户的需求，可以选配不同的模块，这就造成了不同型号产品之间生产工艺与流程的差异。

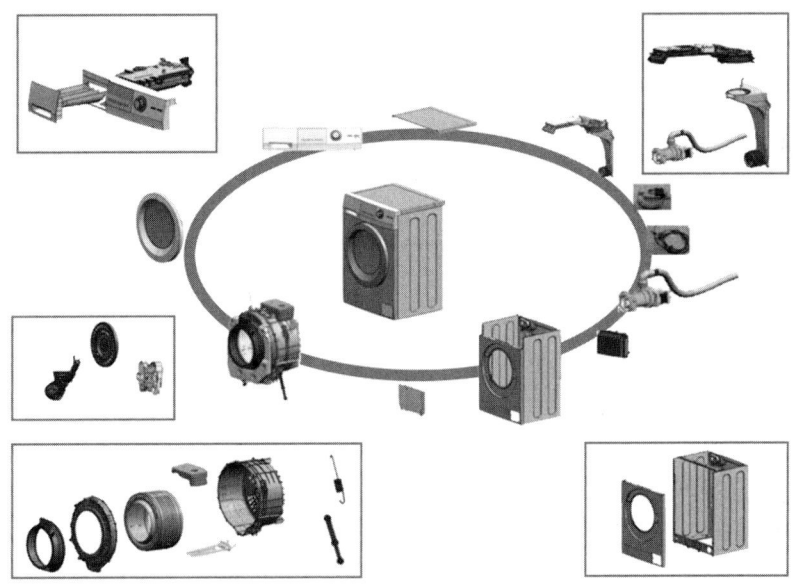

图1-2　滚筒洗衣机模块划分

根据某企业近五年滚筒洗衣机的实际销量和客户需求数据，绘制出滚筒洗衣机的P-Q分析图（见图1-3）。从图中看出，不同型号滚筒洗衣机年规划量存在差异，这就为产品的生产工艺与流程分析及优化提供了目标依据。

依据P-Q分析结果，结合企业在生产质量提升、库存数量降低、运输距离降低、生产设备停机降低、生产稳定性提升、人员变更减少等方面的目标，采用VSM分析工具，对从供应商供货到出厂全流程环节进行生产工艺与流程分析，找出差异和不增值活动，实现对生产工艺与流程的改善。通过对企业或同行业企业当前生产环节（包括供应商生产零部件、前工序生产、半成品物料存储、预装生产、总装生产、成品发运等环节）的调研，绘制出当前价值流程图（见图1-4）。

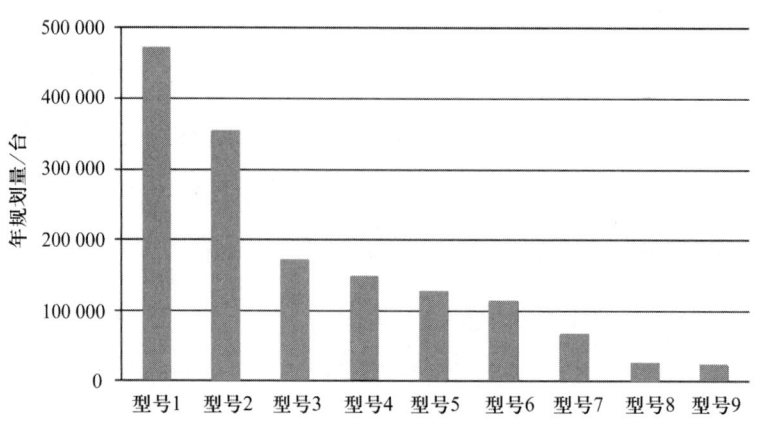

图 1-3 滚筒洗衣机 P-Q 分析图

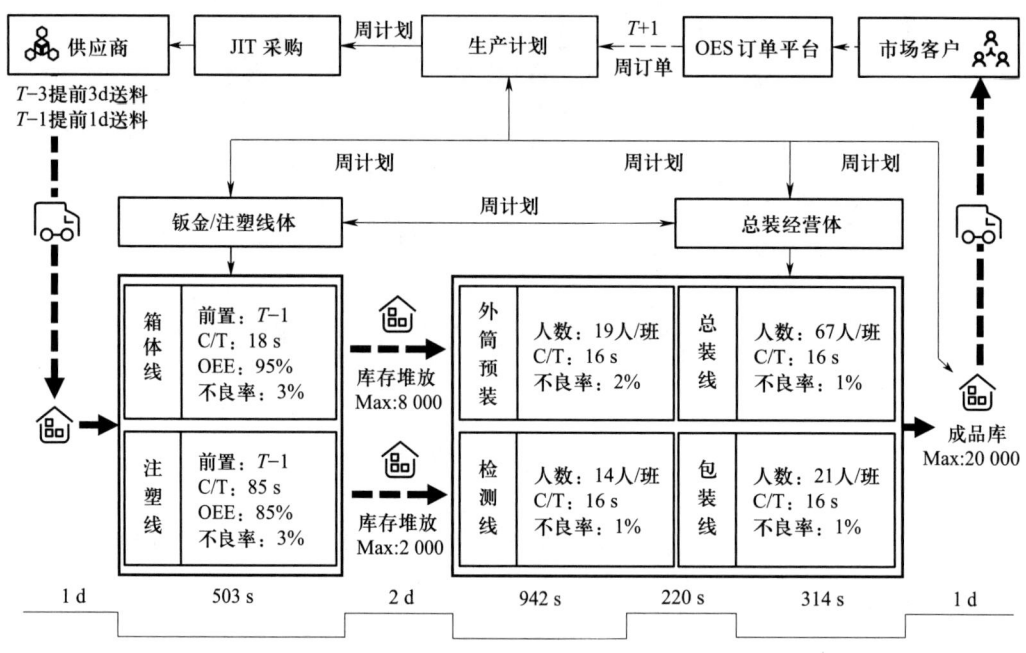

图 1-4 当前价值流程图

通过价值流程图对当前生产工艺与流程进行分析，得到如下结论。

（1）供应商采用 T-1 d 或者 T-3 d 供货模式，须在厂内存放大量库存。

（2）前工序箱体和外筒注塑的生产采用 T-1 d 生产模式，需提前储备库存。

（3）为保障产品总装生产的稳定性，箱体和外筒注塑工序的生产需储备 2 天以上的库存。

（4）外筒预装、总装、检验、打包等工序用人多，节拍优化空间大。

（5）生产出的成品需在库存放 1 天以上。

基于以上分析，相应地识别出供应商、前工序、总装生产、成品等各环节的价值改善点。

（1）当前供应商来料现状为 T–1 d 到 T–3 d 不等，应重点改善供应商供货能力，建议降低至 T–0.8 d，并重新优化产线的物料配送路径。

（2）对前工序与注塑进行自动化改造，以提升产线的生产效率，并降低工序间的库存。

（3）通过工艺优化手段提升总装生产线的效率和下线节拍，从而快速满足客户需求。

（4）通过合理的库存管理使生产完成后的成品库存降低至 0.5 天。

基于以上对各环节的评估和优化，采用改善后的价值流程图，如图 1-5 所示。相较于当前的生产工艺流程，改善后的生产工艺流程在生产效率上取得显著提升。

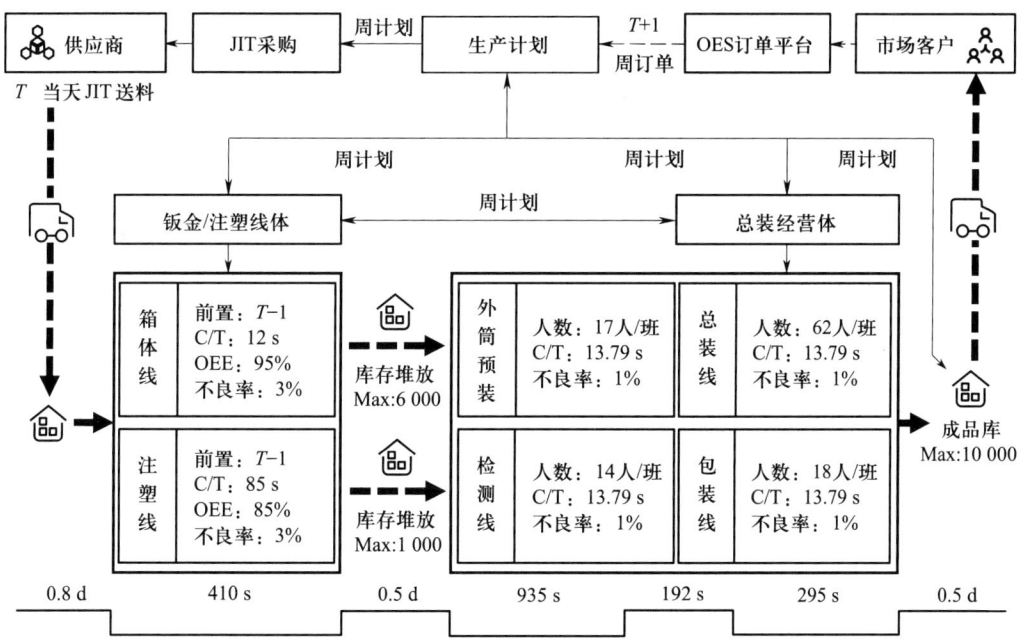

图 1-5 改善后的价值流程图

依据优化后的生产工艺,结合滚筒洗衣机的模块划分,可以快速确定出滚筒洗衣机的生产流程,如图1-6所示。

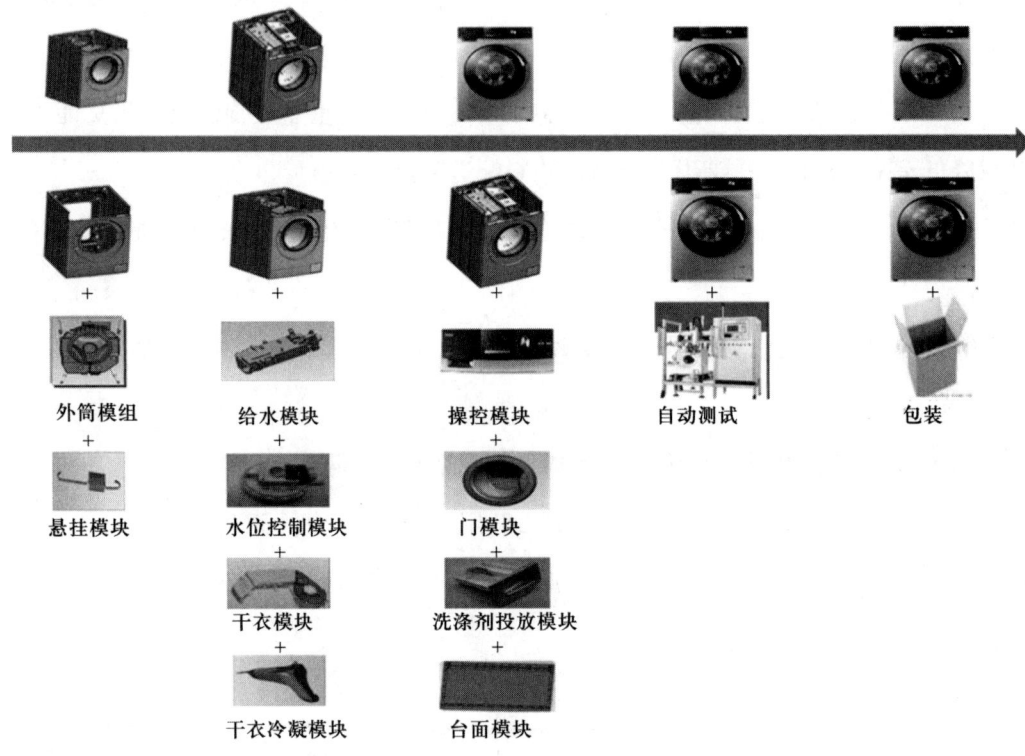

图1-6 滚筒洗衣机生产流程

具体生产流程如下。

(1)外筒模组、悬挂模块等与箱体组装。

(2)给水模块、水位控制模块等内部模块与箱体组装。

(3)操控模块、门模块等外观模块与箱体组装。

(4)洗衣机外观、功能、性能检测和测试。

(5)洗衣机包装下线。

第二节　物流方案设计与优化

考核知识点及能力要求：

- 理解产线物流系统的概念、特点及其重要性。
- 掌握智能产线物流设计与仿真优化方法。
- 以滚筒洗衣机生产线为案例，学习并理解典型智能产线的物流方案设计流程。

一、智能产线物流系统的概念与特点

物流系统是具有某种特定功能的一个有机整体，就产线物流系统而言，其构成主要包括：装卸和搬运设备、包装设备、运输设备、通信设备、物流控制软件以及所需运输的物料与相关操作人员等。此外，物流系统有其特定的空间和时间限制。为了使产线物流合理化，实现其时间和空间效益，将原材料、在制品与成品等物料迅速完好地运至原材料库、在制品库与成品库，必须做到以下几个方面：保证要运输的物料量足、质好、准时、相关配套齐全。物流系统同实际生产活动紧密相关，提高产线生产效率的方法之一就是物流合理化。基于此，越来越多的研究与工程实践均重视对物流系统的设计和仿真优化。

对于复杂机电产品的零部件加工与产品装配生产线来说，其物流系统属于典型的离散事件系统，具有如下特点。

（1）物流系统易受到原材料供需关系、采购准备时间、交付时间、运输时间以及生产瓶颈等影响，具有多因素、多目标、多层次的特点。

（2）物流系统注重节约成本。产品生产过程中离不开物料的流动，过多的装卸搬运、不合理的物料移动路线等会增加生产物流的成本。

（3）物流系统属于小规模的精益物流。对于产线物流而言，其活动范围局限于生产制造过程中。因此，需要采取严谨的生产计划与高效的管理，实现生产物流活动的精益化。

二、智能产线物流设计

智能产线是指利用智能制造技术实现产品生产过程的一种生产组织形式，智能物流是保障智能产线有效运行的关键环节。智能产线物流是指原材料、在制品、成品、损耗性资源（刀具、夹具、量具等）等根据产线不同生产需求，而在不同设备或设施间流动的过程。堆垛机、自动导引小车（Automatic Guided Vehicle，AGV）、输送设备、高速分拣系统、上下料系统、立体仓库、电器控制系统、计算机软件系统等物流相关设备或设施组成了智能产线的物流系统，对智能产线安装与部署方案的设计具有重要影响。因此，本节主要对智能产线的核心物流系统进行设计，重点包括上下料系统设计和 AGV 路径设计两个部分。

（一）上下料系统设计

上下料系统是由产线智能装备（机床、工业机器人等）、运输机、原材料库、缓冲区、成品库等构成的原材料、在制品与成品等的上下料单元。上下料系统通过装卸（Pickup and Delivery，P/D）点和由 AGV 组成的搬运系统的交互实现整个生产过程的自动化上下料。典型的上下料系统，由加工设备、机器人、缓冲区和运输机等组成，如图 1-7 所示。其中，运输机将在制品从装卸点运输至缓冲区并等待，机器人将在制品搬运并安装至加工设备并进行生产加工。

由于产品工艺和生产流程的差异，产品上下料系统的类型也不尽相同。下面介绍五种典型的上下料系统（由机器人来实现物料的上下料操作），供设计时参考。上下料系统的类型取决于机器人和生产设备的数量关系以及生产设备的摆放方式，机器人和生产设备的数量关系有 1∶2、1∶3 等几种，而生产设备的摆放方式也有平行式、垂直式等多种形式。为比较各上下料系统的优缺点，本节以典型机床设备的尺寸为例，

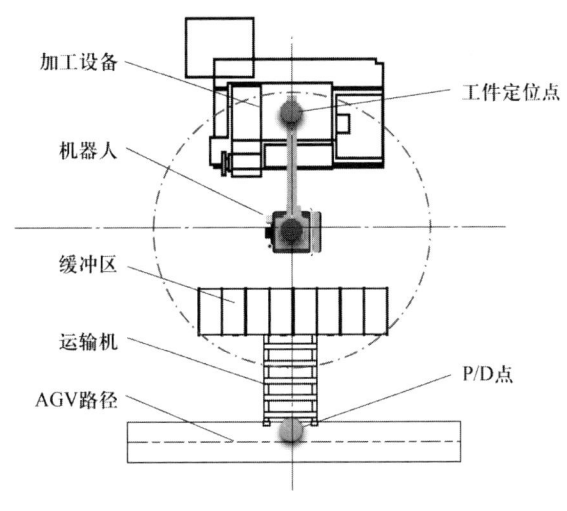

图 1-7 上下料系统示意图

并考虑机器人的作业范围,对常见的五类上下料系统进行对比分析。表 1-3 给出了上下料系统中设备包络区长度 l 和宽度 w、机器人作业半径 r、缓冲区宽度 w_b 以及与机器人的距离 s_b、机器人与设备的距离 s_m、工件在设备内移动区域的长度 l_p 和宽度 w_p 等参数的取值。

表 1-3　　　　　　　　　　上下料系统的设备长、宽等参数值　　　　　　　　　　单位:厘米

参数	l	w	r	w_b	s_b	s_m	l_p	w_p
取值	300	250	170	40	50	100	100	50

结合上下料系统的结构形式,设计了五类上下料系统,结构形式及整体包络区长度等参数如图 1-8 所示。为分析上下料系统的合理性,可选用面积利用率、平均包络区长度和平均缓冲区长度等指标,对不同上下料系统进行对比分析。其中,面积利用率是指加工设备包络区面积与整体包络区面积的比率,其值越大则上下料系统结构越紧凑;平均包络区长度是用包含整个上下料系统的整体包络区长度除以加工设备数量,其值越小则其在长度方向(x方向)占用的空间越小;平均缓冲区长度是用上下料系统的缓冲区长度除以加工设备数量,其值越大则其缓冲的工件越多。

结合五类上下料系统的整体包络区长度等参数,计算出不同上下料系统的面积利用率、平均包络区长度和平均缓冲区长度指标的值,得到五类上下料系统的面积利用率等指标对比分析图,如图 1-9 所示。

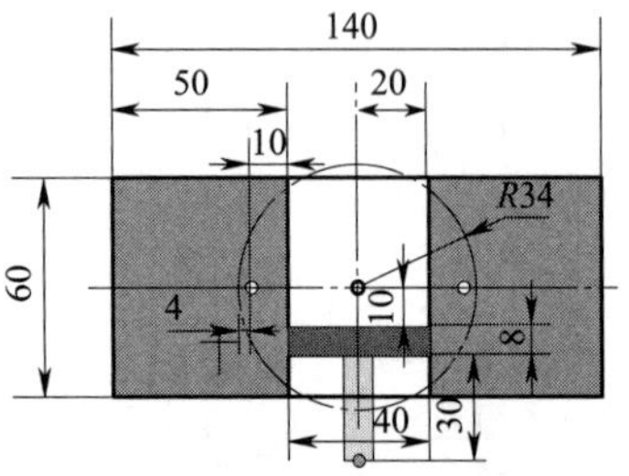

①平行式（设备数量：2）

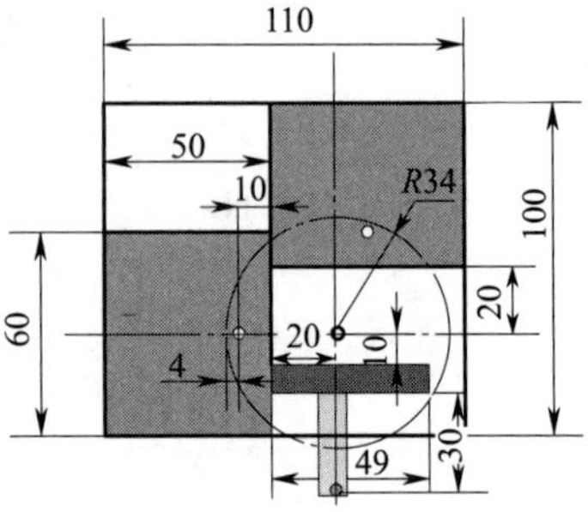

②垂直式（设备数量：2）

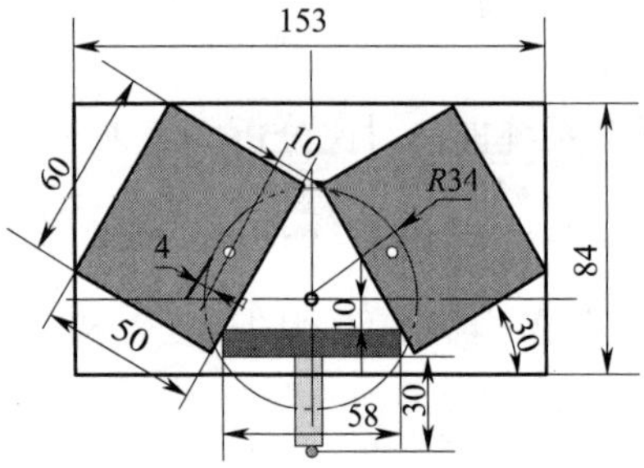

③夹角式（设备数量：2）

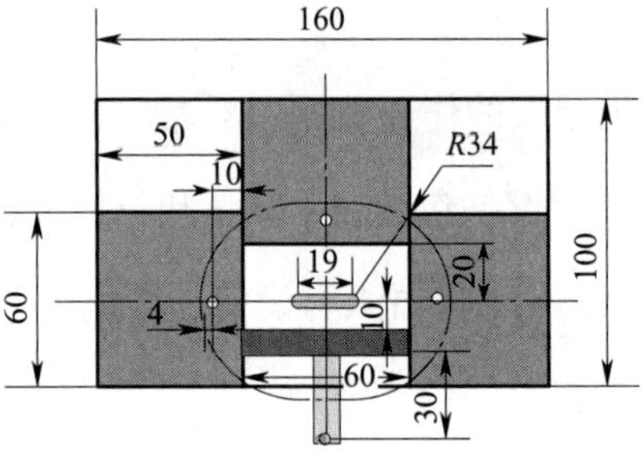

④两边平行，中间垂直（设备数量：3）

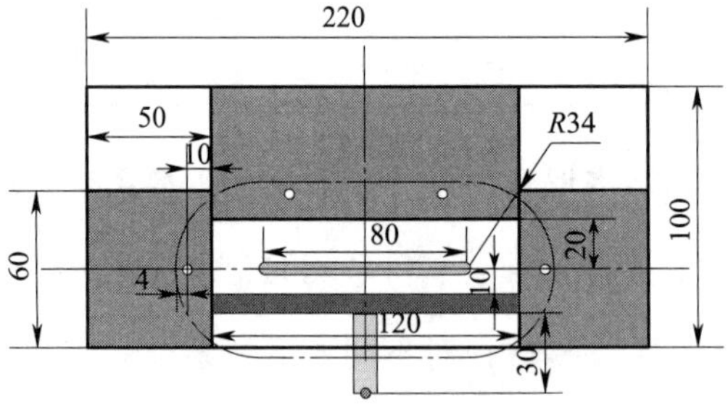

⑤两边平行，中间垂直（设备数量：4）

整体包络区　设备包络区　机器人作业范围　运输机

机器人原点　工件定位点　P/D点　缓冲区　滑动导轨

绘图比例1：5　　单位：cm

图 1–8　五类上下料系统的结构形式及整体包络区长度等参数

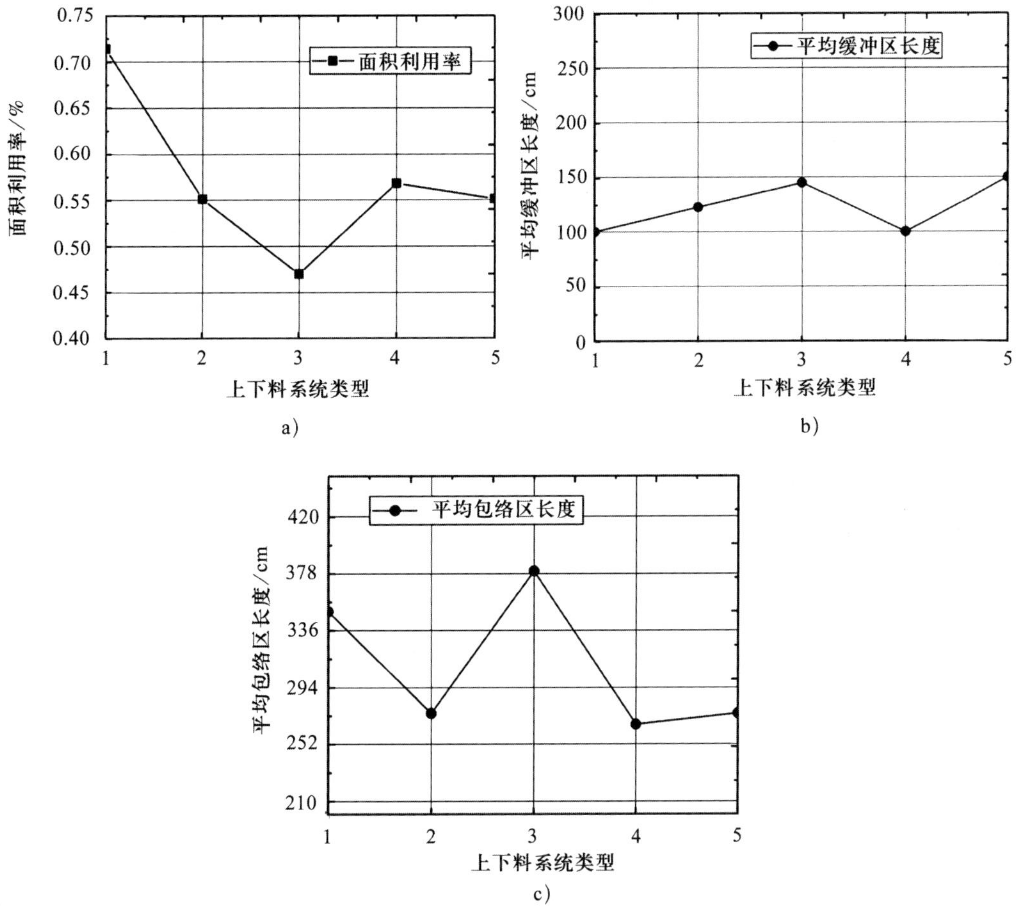

图 1-9 五类上下料系统的面积利用率等指标对比分析图
a）面积利用率　b）平均缓冲区长度　c）平均包络区长度

面积利用率和平均缓冲区长度两项指标越高代表系统的表现越好，而平均包络区长度越大则表示系统占地面积越大、表现越差。通过对五类上下料系统的不同指标进行对比分析，可以得出以下结论。

第一类系统面积利用率指标表现最好而平均缓冲区长度表现最差，适用于对布局区域面积限制较大而对缓冲区面积要求较小的生产过程。

第二类系统平均包络区长度较小，表现较好，且各个指标表现均衡，适应于较多类型的生产过程。

第三类系统平均包络区长度和面积利用率表现最差，但平均缓冲区长度较第一类形式更小，表现更好，适用于对布局区域面积限制较小并需要较大缓冲区的生产过程。

第四类系统平均包络区长度最小,表现最好,机器人利用率较高,适用于对布局区域长度范围限制较大而物料上下料不太频繁的生产过程。

第五类系统机器人利用率最高,但可能会出现因机器人繁忙导致的物料堵塞问题,且较长的滑动导轨降低了机器人的搬运效率,故适用于设备间物料流动不频繁的生产过程。

通过对五类上下料系统对比分析,可以看出第二类上下料系统各指标表现均衡,且在缓冲区和加工设备之间有较大的空闲区域,便于作业人员对设备进行维护和管理。因此,在未有特殊需求的情况下,智能产线上下料系统的设计可选用第二类垂直式上下料系统(见图 1-10)。

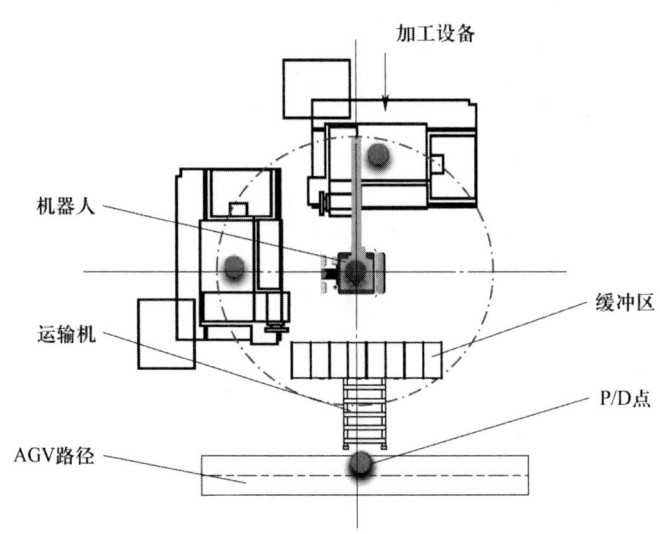

图 1-10 第二类垂直式上下料系统

(二)AGV 路径设计

AGV 是智能产线物流系统中应用最为广泛的一种自动化物料搬运装置。AGV 运行路径的合理与否直接影响着物料搬运距离、物流搬运效率等与生产成本直接相关的指标。因此,结合智能产线设备布局形式,设计合理的 AGV 运行路径至关重要。AGV 路径形式通常包括单循环路径、单向路径网络和双向路径网络等 3 种,其路径形式如图 1-11 所示。单循环路径如图 1-11a 所示,AGV 完成一次搬运任务时需要沿着固定方向走完整个物流通道,搬运过程中不同 AGV 之间不存在物流堵塞或在交叉路口竞争通过次序的问题，每次搬运任务都需要走完整个循环路径，导致物流效率较低。单向路径网络如图 1-11b 所示，其将整个物流路径划分为多个子区域，每个子区域内的物流路径可以认为是单循环路径，AGV 搬运时基于上下料点寻找最短物流路径，不需要走完整个通道，提高了 AGV 搬运效率。双向路径网络如图 1-11c 所示，其将整个物流路径划分为多个子区域，每个子区域内的 AGV 运行方向不定，该路径方式可以有效减小物料搬运距离，但易发生 AGV 相向而行导致的物流堵塞问题，且对 AGV 实时通信系统的要求较高，需要复杂的调度算法来避免 AGV 之间发生碰撞，常用于小型生产系统的物流配送。

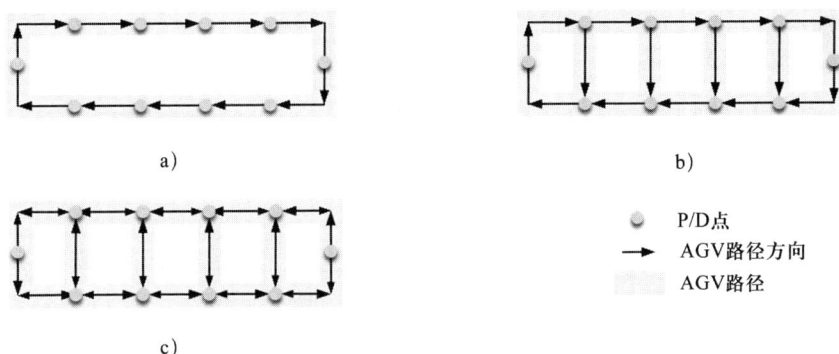

图 1-11　常用 AGV 路径形式
a）单循环路径　b）单向路径网络　c）双向路径网络

综上所述，单循环路径具有控制简单但效率较低的特点，单向路径网络具有较低的控制难度和较高的搬运效率，双向路径网络则具有效率较高但控制复杂的特点。因此，在智能产线的 AGV 路径规划设计中，可根据具体需求选用合适的路径方案。

三、智能产线物流仿真与优化

（一）物流系统的影响因素

在进行物流仿真和优化前，首先需要明确影响智能产线物流系统的因素，主要包含以下几个方面。

（1）产线安装与部署方案。合理的产线安装与部署方案是保证物流系统正常运转的前提，适合生产的部署方案可以避免出现生产路线交叉的情况，能够缩短生产中物料搬运距离，减少搬运浪费。

（2）生产流程。生产流程的顺序以及生产工序间的紧密程度影响着物料的搬运方向，不合理的生产流程会造成在短时间内物料频繁、反复搬运的现象。

（3）物流路线。物流路线简单、无交叉的生产物流系统是高效的；如果物流路线复杂、交叉点多，在物料搬运过程中会出现不通畅的情况。

（4）装卸与搬运。产品生产过程中离不开物料的装卸和搬运，合理的装卸活动可以保证较低的运输成本，提高生产物流系统服务水平。

（5）在制品库存。过多的在制品库存是一种浪费，增加企业的经营成本。产线物流仿真的目标一般是优化现有生产线的生产物流瓶颈并提高生产效率，可通过缩减生产线节拍、提高生产线平衡率这两种方法实现。

（6）生产线节拍。生产线节拍是指生产线输出一个成品的平均间隔时间，生产线节拍越小，说明生产线单位时间产出成品数量越大，是衡量生产线生产速度的指标。在进行产线仿真时，例如在仿真时间 T 内，该产线生产的成品数为 N，则可以通过 $\frac{T}{N}$ 来计算生产线节拍。生产线设计节拍是理论最小节拍，由于理论条件难以完全具备，因此通过仿真得到的节拍应该要比设计节拍大。同时，作为仿真优化的目标，仿真优化改进应使仿真节拍趋近于设计节拍。

（7）生产线平衡率。生产线平衡率用来衡量生产线产能的充分利用程度，其值越大，生产线利用效率就越高。由于理论条件的限制，仿真得到的生产线平衡率一般难以达到生产线设计平衡率，仿真优化设计过程就是仿真生产线平衡率逐渐增大，趋近设计平衡率的过程。

（二）物流仿真优化流程

智能产线物流系统自身的复杂性和多样性，使得对物流系统做出一些具有前瞻性的系统规划变得十分困难，且在物流配置方面，很难保证物流系统的合理性、可靠性和协调性。在实际的物流系统运行中存在很多的不确定性因素，比如原材料或半成品的到达时间和突发运输事件等，由于这些因素的存在，很难找到具体确定的数学模型来求解和描述物流系统内的活动。因此，物流系统仿真技术应运而生，不仅可以消除物流环节中的瓶颈，还能节省人力与物力等费用。

具体而言，物流仿真是一种通过模型代替现实系统的仿真研究系统性能的方法，其主要通过计算机仿真技术和虚拟现实等方法，对产线上物流的运送、暂存、加工等主要环节进行仿真建模，以代替真实的系统，并导入实际生产物流数据模拟运行，输出物流仿真模型的运算结果。根据仿真结果，一方面验证模型的有效性，一方面指导产线的物流规划以及后期的运作管理。通过仿真模拟与优化，制定出可行的产品工艺路线与流程，将产品、资源及流程融为一体进行动态仿真，使得各工位之间与各设备之间的物料和人员流动距离最短，保证物流过程合理，不发生交错和混乱，做到物流畅通、时间少、成本低。

具体而言，首先，依据产线物流设计方案建立物流仿真模型，输入生产计划、工艺流程等信息，通过仿真分析生产线平衡、物流效率、产能等指标。其次，根据分析结果，有针对性地提出改善意见，并进行仿真验证，为现实产线物流的改善提供决策支持。虽然每条产线的生产工艺、设备、物流等差异较大，物流仿真模型也具有个性化的差异，但是利用仿真软件建立物流模型进行分析优化的基本流程大体相似。通用物流仿真优化流程如图1-12所示。

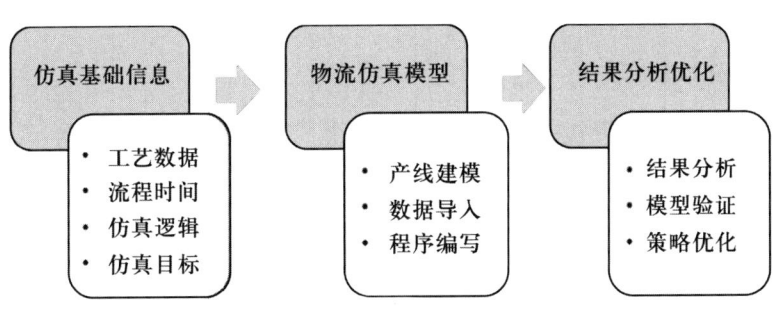

图1-12 通用物流仿真优化流程

（1）收集仿真基础信息。包括生产线进行加工的工艺过程信息，如产品、各工序、流程所用时间（从立库发货到机械手搬运，线上流转、加工，直到成品入库的所有流程以及所需时间），这些也是建模的基础数据需求。此类数据通常可通过收集生产线的历史生产记录信息、查阅工艺文件，以及根据需要对生产线进行现场测量等方式进行收集。同时，根据生产线运行情况明确各生产工位的工作逻辑，以此确定生产线系统仿真的运行逻辑，并且明确物流仿真优化的目标，包括生产节拍和平衡率等。

（2）建立仿真模型。该流程可借助物流仿真软件实现。首先将收集的基础数据导入模型，然后编写模型运行程序，驱动仿真模型运行并进行仿真结果的统计。物流仿真模型是对现实生产线进行映射，应能够完整表明生产线的物流运行过程。但在进行物流系统仿真建模时，与生产活动有关的许多环节实现不了，这是因为现实的生产物流系统往往更加复杂。因此，为了使得所描述的系统更加精简，需要根据仿真的目标对所研究的生产物流系统进行简化和抽象。

（3）分析与优化仿真结果。对物流仿真结果进行分析，以考察生产线的生产运行状况，验证模型的准确性，根据结果表明的产线缺陷，有针对性地优化，给出最终优化方案，并对生产线进行改进。

通过以上流程，可实现对智能产线物流的建模、仿真与优化，为智能产线安装与部署方案的设计提供支撑与指导。

（三）常用的物流仿真软件

物流系统仿真需要计算机仿真软件的支持，当前的物流仿真软件主要包括 Plant Simulation、Flexsim、AutoMod 和 Anylogic 等。

1. Plant Simulation 软件

Plant Simulation 是一款主要用于生产、物流和管理的仿真模拟软件，是面向对象的、图形化的、集成的建模工具，具有分析、可视化与优化生产操作等功能，不仅能够在不干扰现有生产系统的情况下运行实验和假设场景，还可以用于生产系统的开发与规划阶段，在不影响产量的情况下，最大限度地降低生产线的投资成本。因此，Plant Simulation 目前已广泛地应用于生产布局设计，物流路线规划，生产线产量、效率及资源利用优化等场景中。

Plant Simulation 通过建立产线、物流系统等的虚拟仿真模型，帮助产线探索系统特性并优化其性能。Plant Simulation 是基于离散事件的仿真工具，自带了大量的产线设备与生产单元模型（见图1-13），能为生产线建立清晰直观的仿真模型。同时，该软件自带了各种智能算法，用于解决物流优化等问题，通过自带的分析工具、统计数据和图表，可以帮助决策者在生产计划的早期阶段做出快速与可靠的决策。以汽车车身生产线为例，其物流仿真模型如图 1-14 所示。

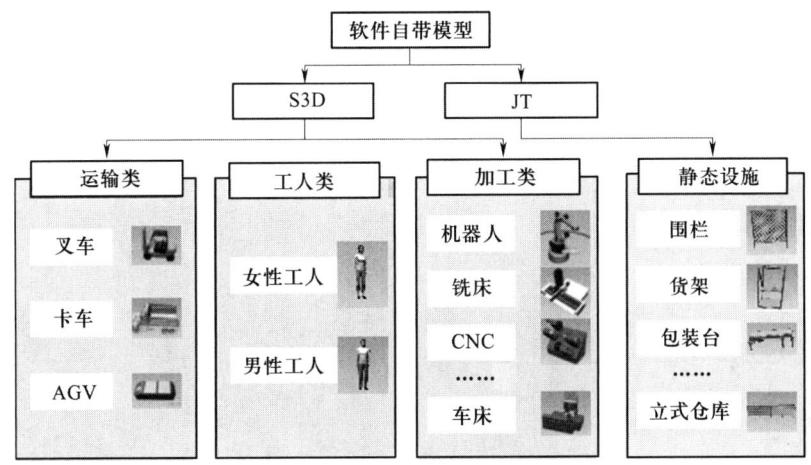

图 1-13　Plant simulation 软件自带模型

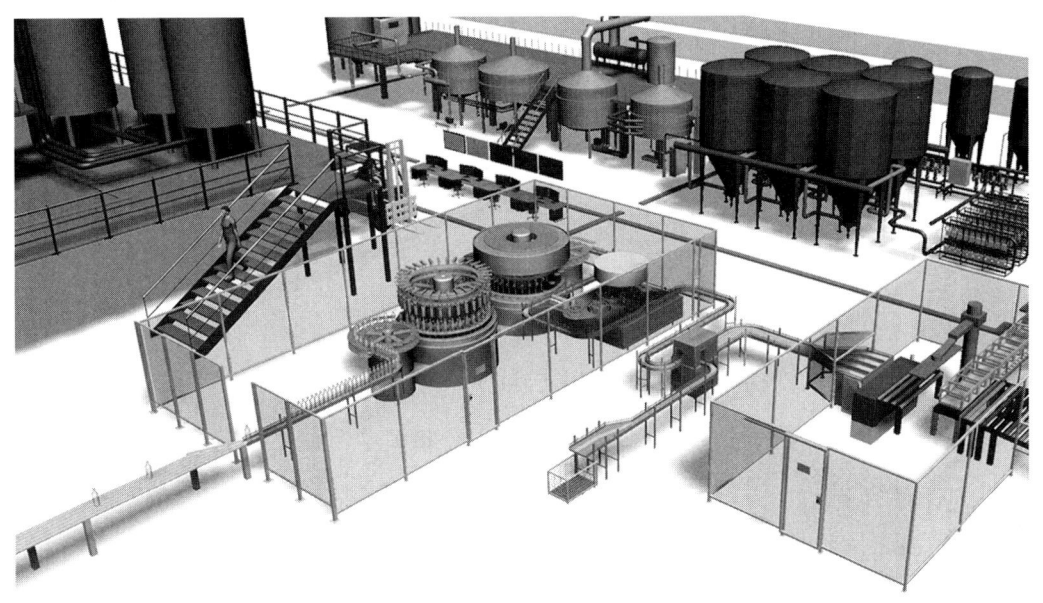

图 1-14　汽车车身生产线物流仿真模型

2. Flexsim 软件

Flexsim 拥有计算机 3D 图像处理技术、仿真技术、人工智能技术和数据处理技术，专门面向制造和物流等领域，非常适合生产物流系统的仿真建模。Flexsim 构建出的模型更直观，能够显示出 3D 效果，还可以系统地分析和验证模型，最终获得优化的设计和改善方案。该软件提供处理器、操作员、暂存区、输送机、合成器、分解器、吸收器等多种物理单元，可以用来模拟表示生产物流系统中的机械设备和搬运装备，方便建立起生产物流系统的物理模型，为物流系统的构建提供技术支持。Flexsim 物流仿真系统界面如图 1-15 所示。

图 1-15　Flexism 物流仿真系统界面

3. AutoMod 软件

AutoMod 是专用于物流过程仿真、实验与优化的软件，是目前市面上比较成熟的三维离散事件仿真软件之一。目前，该软件被广泛地应用于对制造系统、仓储系统及控制系统等的仿真分析、评价和优化设计中。作为物流仿真专用软件，其内部包含多个运输模块，如立体仓库模块、输送机模块和路径搬运模块，为配送中心的仿真建模提供了许多便利。在实际的操作中无须绘制模型，只要改变相应的尺寸就可以得到理想的模型。该软件提供了精确的建模平台，可根据使用者的需求，刻画模型任意一部分的细节，从而提升整个模型的建模精度。AutoMod 物流仿真系统界面如图 1-16 所示。

4. Anylogic 软件

AnyLogic 是由美国和欧洲团队共同运营的功能强大的系统仿真工具，是目前唯一支持多种方法建模的仿真软件，被广泛应用在物流、建筑业、自动化、供应链、医疗、行人交通等复杂系统领域。AnyLogic 内部集成了离散事件建模、系统动力

图 1-16 AutoMod 物流仿真系统界面

学、基于 Agent 建模等多种建模方法。其中，基于 Agent 建模可以与离散事件和系统动力学模型无缝组合，可以将地下物流系统终端模型内的设备操作流程封装成一个独立的智能体，精细化模拟终端内的货物拆装、转移和装卸等流程。

利用 Anylogic 进行配送中心物流建模所需要的数据有：配送中心的整体布局与工作流程、每个功能区的作业时间、货物的发货量、各个功能区的容量及货物处理数量、货物的运输方式以及输送带的速度等。Anylogic 物流仿真界面如图 1-17 所示。

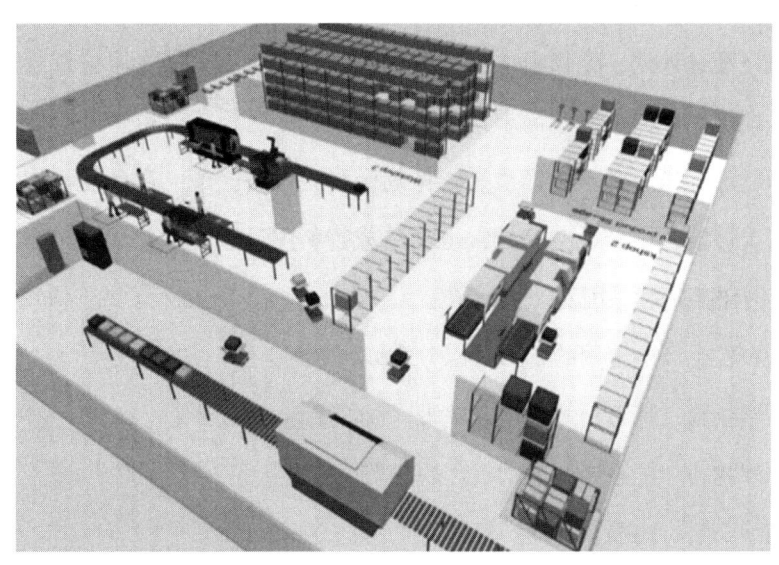

图 1-17 Anylogic 物流仿真界面

四、滚筒洗衣机物流方案设计案例

依据滚筒洗衣机生产工艺流程,这里进一步对滚筒洗衣机产线的物流方案进行设计。

(一)滚筒洗衣机物流方案设计原则

合理的物流系统对滚筒洗衣机智能产线的高效、低成本运行起着决定性作用,产线准时化以及精益化的生产离不开高效率的物流系统。为提高生产线配送效率,制定滚筒洗衣机产线的物流方案。配送要素及原则见表1-4。

表1-4　　　　　　　　　　配送要素及原则

序号	要素	原则
1	搬运距离	路径最短
2	面积	空间利用最大化
3	搬运设备	流动性强
4	人员配置	柔性化
5	在制品周转率	综合效率高
6	安全性	安全性强

根据生产计划或工位物料形态不同,物流系统可以分为推动式配送模式和拉动式配送模式。推动式配送模式是根据排订单的计划自上而下的物料配送模式,根据排订单的计划制订配送计划,把物料在规定的时间内送到所需的操作岗位或线边。拉动式配送模式是根据生产岗位生产需求自下而上的物料配送模式,由生产岗位所需求的物料反向拉动物流配送。由于生产线排查计划会受到设备故障、产品物料质量变化、工艺变更等情况影响,生产线空间异常也会造成物料配送频率、数量、时间存在不确定性,因此实时动态的物料配送至关重要。

滚筒洗衣机生产所使用的物料可以分为以下几种。

(1)小型物料:螺钉、螺钉盖、轧带、洗涤剂盒、皮带等。

(2)中型物料:配重块、电动机、底座等。

(3)大型物料:内筒、外筒、箱体等。

大型物料因体积大不方便运输,行业内更多采用空中悬挂链连续式的运输方式,具有效率高、节省空间等优点。小型物料配送行业内通常采用托盘式叉车、牵引车两种方式。托盘式叉车和牵引车的使用各有优缺点,其中托盘式叉车相对较为灵活,但是配送效率低,每次只能输送一个托盘或一个仓储笼,且货物在前方,造成安全性相对较低;而牵引车可以根据配送频次、数量等要求牵引多个配送小车,配送效率高,适用于一条线使用多种物料的场景,并且安全性较高。

通过以上分析,分别对滚筒洗衣机小型、中型和大型物料采用相应的配送方案(见表1-5)。

表1-5　　　　　　　　　　　滚筒洗衣机物料配送方案

分类	通用标准容器	物料举例	空间	配送形式
小型物料	D型箱 600 mm×400 mm×280 mm	螺钉、轧带、洗涤剂盒	地面	牵引车+台车
中型物料	仓储笼 1 200 mm×1 000 mm×1 000 mm	配重块、底座	地面	牵引车+台车
大型物料	—	箱体、内筒、外筒	空中	立体库悬挂链

(二)滚筒洗衣机物流方案与路径设计

在进行物流方案设计前,首先需对物料位置进行定义,以便量化管理,确定每种物料存储区名称以及生产线使用点位置名称。不同位置的定义代码见表1-6。

表1-6　　　　　　　　　　　不同位置的定义代码

代码	工位	代码	工位
B1	立体库	C1	箱体上线工位
B2	箱体存放区	O2	内筒上线工位
B3	内筒存放区	O1	外筒预装
K1	外筒物料区域	C1	箱体预装
K2	箱体物料区域	O3	吊桶
K1	外筒T-1	C2	总装1
K2	总装T-1	C3	控制盘座生产区
K3	盘座T-1	C4	清洗段
K4	清洗T-1	P	包装段
K5	包材T-1	R	空容器区
O1	外筒上线工位		

基于物料点位置，需进一步梳理物料配送从至关系（见表1-7），输出物流从至表，并计算物流作业负荷，调整输出配送路线。

表1-7　物料配送从至关系

序号	从	至	代表物料	路线	配送工具	包装方式
1	B1	O1	外筒	B1-O1	立体库	裸件
2	B2	C1	箱体	B2-C1	悬挂链	裸件
3	B3	O2	内筒	B3-O2	悬挂链	裸件
4	K1	O1	电动机/减速器	K1-O1-R1-K1	牵引车	通用标准箱/工装车
5	K2	C1	排水管	K2-C1-R1-K2	牵引车	通用标准箱/工装车
6	K1	O3	减震部件、润滑脂	K1-O3-R1-K1	牵引车	通用标准箱/工装车
7	K2	C2	滤波器、电源线	K2-C2-R1-K2	牵引车	通用标准箱/工装车
8	K3	C3	防护带、锁紧带	K3-C3-R2-K3	牵引车	通用标准箱/工装车
9	K4	C4	后盖板、线屑过滤器	K4-C4-R2-K4	牵引车	通用标准箱/工装车
10	K5	P	泡沫件	K5-P-R2-K5	牵引车	工装车

基于以上分析，需进一步对大型物料的配送路线和上下料系统进行设计。

（1）内筒。采用积放式悬挂链输送技术，采用提升机将使用工位降低至地面，地面设置缓冲区域，可存放3车共计12个内筒部件。内筒配送路线和上下料系统设计如图1-18所示。其中，空间需求为16 m×5 m，机器人自动将内筒从悬挂挂具中取出，并将其放置于生产线体工装板。

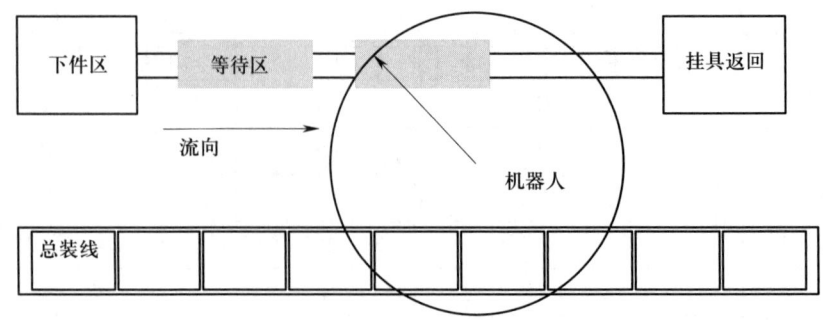

图1-18　内筒配送路线和上下料系统设计

（2）箱体。采用积放式悬挂链输送技术，在空中与线体进行物料自动交接。箱体配送路线和上下料系统设计如图1-19所示。其中，悬挂链高度为6 m，空间需求为16 m×6 m，箱体对接设备采用顶升分离方式实现箱体自动下挂具，采用机械夹爪夹抱箱体搬运至箱体工装板。

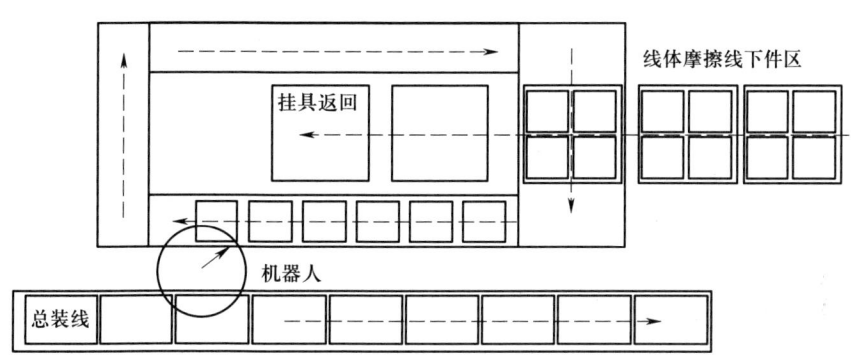

图1-19 箱体配送路线和上下料系统设计

（3）外筒。采用自动化立体库存储，外筒注塑件存储于托盘内，由立体库输送线传送至工位空中，空中存储3~5个托盘，提升机降至地面输送线，地面输送线缓冲2个托盘，人工从托盘中取出外筒。地面需求面积为16 m×5 m，输送线边预留至少1 m维修空间。外筒配送路线和上下料系统设计如图1-20所示。

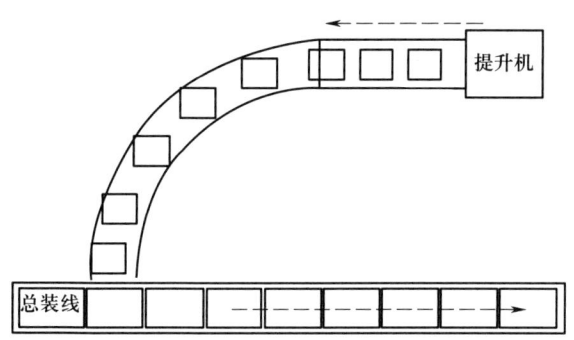

图1-20 外筒配送路线和上下料系统设计

第三节 产线安装与部署方案设计

考核知识点及能力要求：

- 掌握典型的智能产线安装与部署方案。
- 掌握智能产线人机交互系统的设计方法。
- 理解智能产线各生产单元/设备间的接口设计方法。

一、产线安装与部署方案规划

产线安装与部署方案规划是智能产线建设的基础，也是确定产线安装工艺、人机交互方式等的前提。根据产品生产工艺、产线设备和生产场地，可以按照两种不同的产线模式规划产线安装与部署方案，即：流水式部署方案和单元式部署方案。

（一）流水式部署方案

流水式部署方案是把相对单一的组织生产方式与生产对象的移动方向结合起来形成的一种流水线。如图1-21所示，流水线中每一个生产单位只专注处理某一个片段的工作，以提高工作效率及产量。流水线具有节奏性、连续性强等特点，适用产品范围广，同时也要求产品型号之间的工艺差异较小。

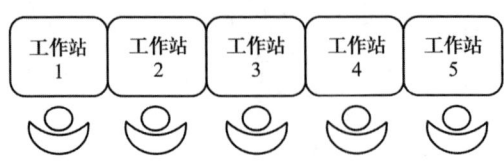

图1-21 流水线示意图

流水式部署方案在使用过程中存在的优势与劣势见表1-8。

表1-8　　　　　　　　　　流水式部署方案优势与劣势分析

优势	劣势
大批量生产，效率高	柔性低，不同产品适应能力较差
物流及配送简单	设备投资大
工序划分清晰，人员培训快速	产品换型时间长
工具设备投入少	生产线平衡率低
—	易出现批量问题

（二）单元式部署方案

单元式部署方案旨在将智能制造设备、物流设备、传感网络、智能网关等制造资源，按照工序集中原则布置在有限且集中的物理空间中，形成单元线，从而缩短物流路径、降低制造成本，同时保持生产柔性。如图1-22所示，单元线是一种适用于多品种、小批量产品的生产方式。与流水式部署方案相比，单元式部署方案具有生产柔性高、换型迅速等优点。

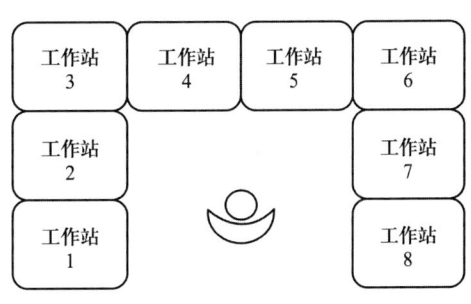

图1-22　单元线示意图

单元式部署方案在使用过程中存在的优势与劣势见表1-9。

表1-9　　　　　　　　　　单元式部署方案优势与劣势分析

优势	劣势
柔性强，适应多品种产品	不便于大批量生产
减少重复动作及等待时间	人员培训复杂
作业人员可跟随产线、工件移动	工具设备投入多
相对可以减少作业场地的使用	工艺流程变更大
生产平衡率高	—
产品换型时间短	—

要结合企业和产品自身的特点及市场要求，选择合适的生产方式，做出产线部署方案规划。通过对流水线和单元线的选用原则和适用场景进行详细对比，为智能产线部署方案的规划与设计提供支撑。产线部署方案对比见表1-10。

表1-10　　　　　　　　　　　产线部署方案对比

项目	流水线	单元线
生产批量	大	小
品类数	少	多
柔性	低	高
自动化程度	高	低
员工要求	低	高
管理难度	低	高
投资	大	小

二、人机交互系统设计

（一）人机交互简介

人机交互（Human-computer Interaction/Human-machine Interaction，HCI/HMI）是指人与计算机之间使用某种对话语言，以一定的交互方式，完成确定任务的信息交换过程，是专门研究用户与系统之间关系的学科。系统可以是各种各样的机器，也可以是计算机化的系统和软件。人与机器的交互可以有很多种方式，而人机交互界面的设计是这种交互设计中的最重要的一个部分，也是最常用的人机交互设计。人机交互界面通常是指用户可见的部分，用户通过人机交互界面与系统进行交流并进行操作，例如收音机的播放按键、飞机上的仪表盘或者发电机场的控制室等。

因此，人机交互界面的设计必须考虑到系统可用性和用户友好性。该领域的研究大多都着力于改善人机交互性能，致力于让用户更好地体验个性化，使用户能够以自定义的熟悉方式与界面高效互动。这就要求人机交互界面能够准确地理解系统功能和命令，充分发掘用户界面的理想属性。总的来说，人机交互的主要目标是增强系统的可用性，保证系统的整体安全，并满足系统的功能性需求。综上所述，在设计人机交互界面和功能时必须考虑到以下几点。

（1）了解人们使用技术的决定因素。

（2）了解合适的开发工具技术以构建合适的系统。

（3）了解高效、有效和安全的交互方法。

（4）了解将人放在第一位的思想。

其中，第（4）点是人机交互设计中必须重点考虑的因素。设计师必须将"以人为本"作为最基本的设计理念，即使用计算机系统的人总是应该排在第一位的，以使用者执行各种任务的需求、能力和偏好，去指导人机交互设计师设计人机交互方式及相对应的系统。因此人机交互设计应符合使用者的需求，必须以用户为中心去设计系统。

人机交互设计涉及多学科的相互融合，如心理学、计算机科学、社会学等，因此人机交互领域应聚焦于以下几个方面。

（1）设计新的计算机界面的方法，从而针对所需的属性（如可学习性、可发现性、使用效率等）优化设计。

（2）实现交互界面的方法，如软件库。

（3）用于评估和比较交互界面可用性和其他所需属性的方法。

（4）人机使用的模型和理论，以及用于设计计算机交互界面的概念框架。

（5）批判性地反思数字化设计、计算机使用和人机交互研究实践所依据的价值观的观点。

（6）聚焦以用户为中心的理念，最大程度上获得客户满意。

人机交互设计开发人员在选择人机交互方式和设计人机交互系统时，必须综合考虑要达到的目标和所有的聚焦点，从以用户为中心出发，思考解决用户需求，找到适合用户的人机交互产品，以满足用户需求，增加企业效益。

（二）人机交互方式

20世纪60年代，随着计算机技术的发明和应用，美国人开始思考如何减轻操控庞大计算机时的疲劳感，并据此不断研究，提出了人机交互的概念。人机交互开始进入人们的视野,人机交互设计进入了蓬勃发展的阶段。从人机交互概念被提出到现在60多年的时间内,主要经历了3个发展阶段:命令行设计方式阶段、图形用户界面设计方式阶段、自然用户界面设计方式阶段。

1. 命令行设计方式阶段

人机交互设计的第一个发展阶段为命令行设计方式阶段。用户通过键盘向命令行界面输入一段指令,计算机会根据指令内容执行者用户的命令,并通过输出字符来与用户进行交互反馈,完成交互过程。虽然命令行交互语法结构比较简单,但是存在很大的弊端,用户必须全部记住各类命令行才可以完成完整的交互过程,这极大程度上增加了用户的负担。随着时间的推移和技术的不断革新发展,命令行设计方式逐渐退出了主流,图形用户界面(Graphical User Interface,GUI)开始登上历史舞台。

2. 图形用户界面设计方式阶段

人机交互方式设计的第二个发展阶段为GUI阶段。所谓GUI,是指采用图形方式显示计算机操作用户界面,是一种人与计算机通信的界面显示格式,允许用户使用鼠标等硬件输入设备操纵屏幕上的图标或者菜单选项,以选择命令、调用文件、启动程序或者执行其他相关任务。GUI交互界面如图1-23所示。与通过键盘输入文本或字符的命令行交互方式来完成任务执行的字符界面相比,图形用户界面交互方式具有诸多优点。图形用户界面由窗口、下拉菜单、对话框及相应的控制机制构成,在各种新式应用程序中都是标准化的,即相同的操作均以同样的方式来完成。在图形用户界面,用户看到和操作的对象均为图形对象,使得人机交互操作变得更加便捷。随着技术的不断进步,用户不仅考虑操作界面的实用性,还注重美观性,美观、友好的界面设计更能够吸引用户,成为企业用户的关键竞争优势。GUI综合了人机工程学、认知心理学、设计艺术学、语言学、社会学、传播学等众多学科领域的知识,所设计的界面具有艺术性、美观性、实用性等特征,使得企业用户获得更好的操作体验与性能,有助于提高经济效益。

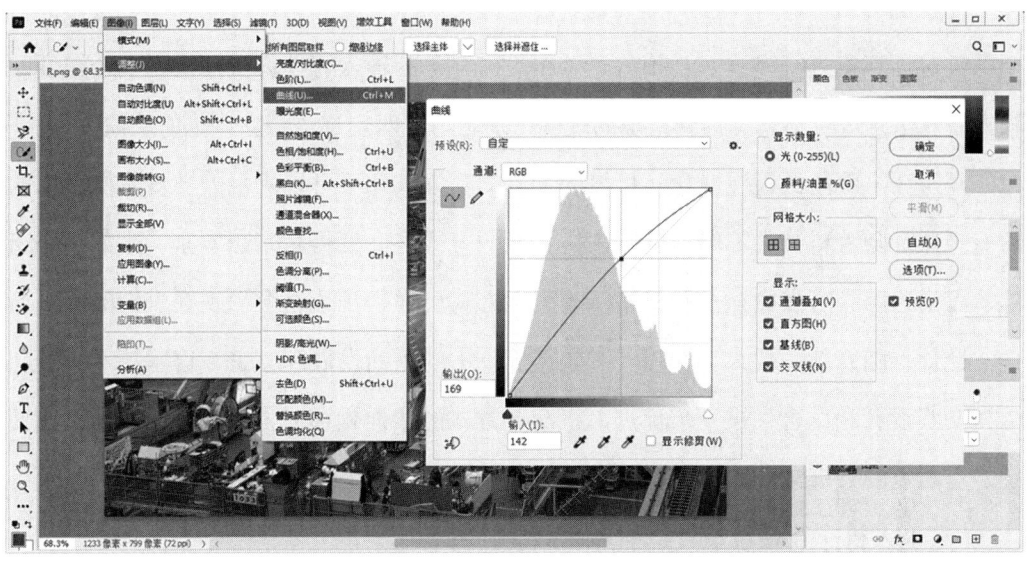

图 1-23 GUI 交互界面

3. 自然用户界面设计方式阶段

人机交互方式设计的第三个发展阶段是自然用户界面（Nature User Interface，NUI）设计方式阶段。虽然 GUI 极大程度上方便了用户与计算机系统之间的操作，但是用户必须事先掌握软件开发者预先设置的系统模块与接口功能。采用 NUI 交互方式，用户不需要事先学习操作方法和功能，只需采用最自然的交流方式（如语言、表情、动作等）与机器系统互动。NUI 交互原理如图 1-24 所示。NUI 的操作可以完全摆脱对键盘和鼠标的依赖，使得用户对计算机的输入方式变得多样化和多维

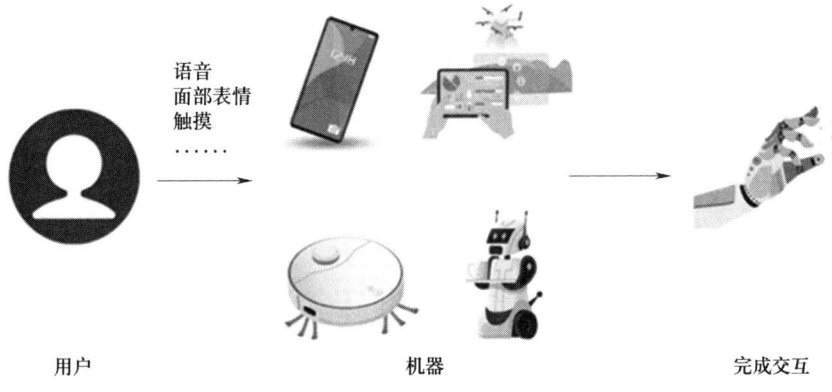

图 1-24 NUI 交互原理

化，计算机对用户进行反馈的方式也更加立体化和多维化。用户可充分利用身体的多个部位对计算机进行多维非精确信息（相对而言）的输入，计算机接收到多个维度的输入后对信息进行整合，达到精确的理解识别之后，对用户进行立体化的反馈。

经过3个阶段的发展变化，目前的人机交互方式几乎可以满足人类对人机交互的所有想象。随着科技的不断发展，人机交互的方式将会变得越来越丰富，诸如手势追踪、眼睛追踪、自然交互及脑机接口等交互方式已经初步或将会出现在人们的视野当中。此外，随着新一代人工智能、大数据等技术的不断发展和完善，这些技术有望与人机交互设计相结合，进一步促进人机交互方式的多样化和完善性，为用户提供更便捷、更高效的人机交互选择。

（三）人机交互系统设计

1. 人机交互系统设计流程

人机交互系统设计的核心是要把握和遵循好其设计原则。交互系统设计原则如图1-25所示。交互系统设计原则包括简洁化原则、可访问性原则、一致性原则、反馈原则、可原谅原则和帕累托原则（80/20法则）六大原则，具体内涵如下。

（1）简洁化原则要求交互系统界面应尽量简洁，利用新技术对复杂操作加以重组，整合成易于接受的概念框架，降低用户的短期记忆负担。

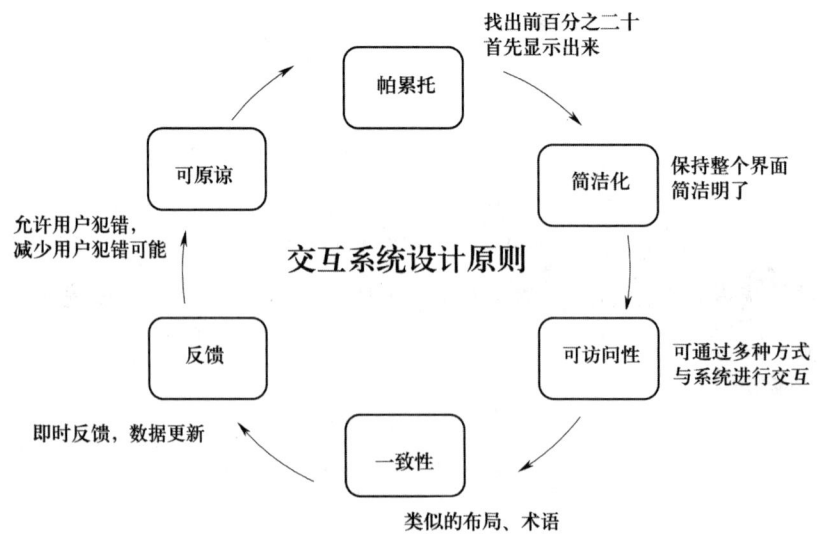

图1-25 交互系统设计原则

（2）可访问性原则要求交互系统适应多元用户群体的需求，允许用户通过多种方式控制交互过程，避免给用户造成无所适从的无力感。

（3）一致性原则要求交互系统从功能命名、控件样式、界面布局、视觉风格到提示信息的措辞，应该始终保持一致，给人简洁、和谐的美感。

（4）反馈原则要求交互系统对所有用户操作做出适当反馈，对于高频操作做出相对隐蔽的响应，对错误/低频操作做出较为明显的响应。

（5）可原谅原则要求交互系统通过限制和引导等尽量降低用户犯错的可能性，并对错误进行检测和修正，在不改变系统状态的前提下提供简单且具体的指引，使用户能快速改正错误。

（6）帕累托原则（80/20法则）强调交互系统能够满足用户的控制欲，首先显示出更为关键的20%，防止冗余操作和响应缓慢使用户焦虑和失望，注重操作的因果性，使用户成为操作的发起者而非响应者。

在设计或评估一个新的人机交互系统时，重点需考虑以下3个方面的需求与内容。

（1）早期关注用户和任务。确定需要多少用户来执行任务，确定合适的用户应该是谁（如从未使用过界面的人，若以后不使用该界面，则很可能不是有效用户）。此外，需定义用户将执行的任务以及执行该任务的频率。

（2）实际测量。由每天接触界面的真实用户进行测量，结果可能随用户的性能水平而变化，并且可能并不总是具有代表性。确定定量可用性细节，例如执行任务的用户数量、完成任务的时间以及任务期间发生的错误数量。

（3）重复迭代设计。确定包括哪些用户、任务并进行经验测量后，需进行设计结果分析与评估。在最后阶段，人机交互系统设计开发人员必须与实际的应用场景相结合，不断对系统进行测试改进，以适应特定的用户和使用场景，不断完善人机交互系统。

2. 人机交互系统设计概念模型和原则

只有在用户拥有正确的概念模型时，才可以学习如何正确地使用人机交互系统和界面。此外，当出现问题时，用户所理解的模型也会很快帮助其发现存在的错误。因此，对于用户来说，建立起正确的概念模型非常重要。

概念模型主要分为3个部分：设计模型、用户模型和系统表象。其中，设计模型是指设计人员头脑中对系统的概念；用户模型是指用户认为的该系统的操作方法；系统表象是指系统的外显部分，包括系统的外观、操作方法、操作反馈以及操作说明等。在理想状态下，用户模型应与设计模型相吻合，但实际上用户和设计人员之间的交流只能通过系统本身来进行，即用户只能通过外观、操作反馈等系统的外显部分来建立概念模型，因此系统表象就显得尤为重要。设计人员必须保证产品的各个方面都与正确的概念模型保持一致。

此外，在设计人机交互系统时，设计人员应简化产品的操作方法，通过实时更新的新技术和新理念对产品的复杂操作进行重组。因此设计人员必须注意用户的心理特征，考虑人的短时记忆、长时记忆以及注意力的局限性。短时记忆的特点决定一个人一次最多只能记住五条独立信息，因此系统应提供技术上的帮助来增加用户的短时记忆。对于长时记忆，信息如果具有某种意义或能整合成某个概念框架，用户就能够更轻松牢靠地记住这些信息。从长时记忆中提取信息的过程缓慢而易错，所以那些存在于外部世界的信息很重要，它们可以提醒我们哪些应当做与如何做。人的注意力也存在严重局限，系统应当尽量减少操作过程中的干扰因素，在不改变任务结构的基础上，提供适当的心理辅导手段。可以利用新技术，将原本看不见的部分在适当的位置显示出来，改善反馈机制，让人机交互系统更好地与用户"无障碍交流"，增强控制力，提高控制效率。

三、智能装备接口设计

计算机数字控制（Computer Numerical Control，CNC）机床（简称"数控机床"）、智能仪表、工业机器人等智能装备通过数据接口与信息系统进行数据交互，接收上层控制指令的同时反馈任务执行状态，是生产制造系统平稳运转的重要媒介。信息系统与智能装备的数据传输以可编程逻辑控制器（Programmable Logic Controller，PLC）为界。其中，单机PLC接入生产线PLC，不直接接入信息系统；生产线级PLC作为中介与远程输入/输出（Input or Output，I/O）站和信息系统连接，形成完整的监视控制与数据采集（Supervisory Control And Data Acquisition，SCADA）系统。

(一)设备硬件接口

根据是否使用 PLC 进行控制,设备硬件接口可以分为两类。

(1)采用 PLC 和计算机进行控制的设备。配置以太网接口,从 PLC 实现数据读取。具体数据传输路径是:设备管理系统→制造执行系统→设备 PLC。其中,PLC 通常采用西门子 1500 系列,并且预留超过 15% 的 I/O 接口作为备用。

(2)不采用 PLC 和计算机进行控制的设备。设备控制器上具备 485 或 232 通信端口,并使用上位机计算机进行数据读取和设备控制。同时 485 或者 232 端口配置协议转换器,以便接入以太网。

(二)设备接口规格与通信协议

智能装备中的数据可以正常被采集,其前提是负责采集数据的硬件设备明确定义了物理接口和通信协议,所有的设备按照统一拟定的标准执行。物理接口和通信协议见表 1-11。对通信协议的详细介绍将在后续章节展开。

表 1-11 物理接口和通信协议

硬件	物理接口			通信协议
	类型	接口	速率	
PLC	以太网	10/100 Base-TX 电口	10/100 Mbit/s 自适应	PROFINET、OPC UA
智能仪表	以太网/RS485/CAN	10/100 Base-TX 电口(以太网)、串口(RS485)	10/100 Mbit/s 自适应	Modbus TCP(以太网)、电力 104 规约(以太网)、Modbus RTU(RS485)
板卡	以太网/RS485	10/100 Base-TX 电口(以太网)、串口(RS485)	10/100 Mbit/s 自适应	Modbus TCP(以太网)、Modbus RTU(RS485)
触摸屏等终端	以太网	10/100 Base-TX 电口	10/100 Mbit/s 自适应	OPC UA、数据口、API 接口(需提供开发支持,支持标准 SQL 语句)

以某智能装配线为例,采用 7 台西门子 1500 系列 PLC 作为主控设备。SCADA 系统通过对接 PLC 的中央处理器(Central Processing Unit,CPU)网口实现与生产线的数据交互,配备西门子系列 PLC 的驱动程序,通过以太网直接对接西门子系列 PLC。总装生产线数据接口连接如图 1-26 所示。

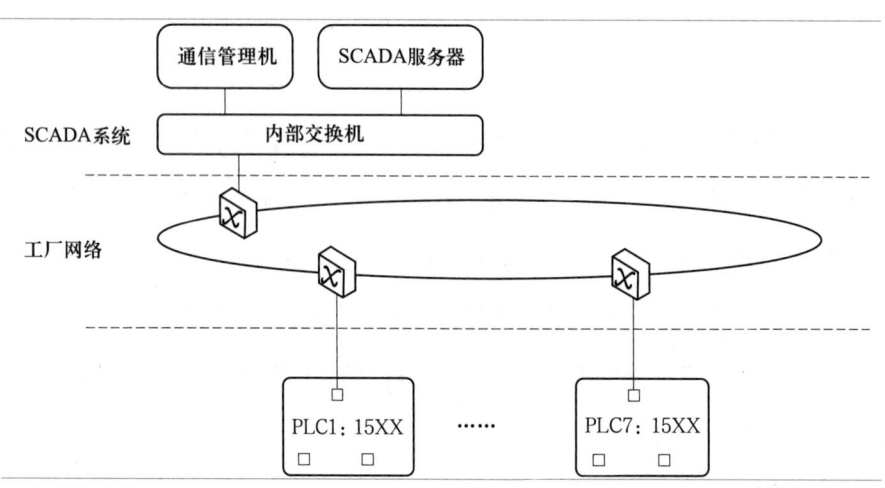

图 1-26 总装生产线数据接口连接

SCADA 系统与生产线对接后可实现如下功能。

（1）实时生产状态监控。实现对订单生产状态、生产线累计生产状态、实时产品位置、实时生产线节奏、能耗信息等功能的实时监控。

（2）设备状态监控。实现对生产线设备及 PLC 运行状态、运行轨迹等功能的实时监控。

（3）报警监控。实现生产线设备、PLC 等的报警功能，得到生产状态报警信息。

（4）设备预测性维护。将生产线运行数据上传到上层制造执行系统（Manufacturing Execution System，MES）和全员生产维护（Total Productive Maintenance，TPM）系统，并与其协同工作，可实现对生产线设备的预测性维护功能。

（5）修改生产订单下发。接收上层 MES 下发的生产订单和修改订单指令，下发指令，实现在线修改订单功能。

（6）与 MES 协同工作。通过上层 MES 与 PLC 之间传递信息，可实现生产线与 MES 之间的协同工作。

（7）校时。通过校时功能实现 PLC 时钟与全厂时钟统一，保证 PLC 上传信息的准确性。

四、滚筒洗衣机产线安装与部署方案设计案例

在第一节滚筒洗衣机的生产工艺与第二节滚筒洗衣机产线物流方案的基础上，本

节将进一步对滚筒洗衣机的安装与部署方案进行设计。根据实际生产需求,确定滚筒洗衣机产线按照流水式和单元式相结合的方式进行部署。

(一)产线安装与部署区域规划

根据滚筒洗衣机的生产需求,将其产线的安装与部署区域划分为生产区、物流区、配套区三大类不同功能区。功能区规划见表1-12。

表1-12　　　　　　　　　　功能区规划表

编号	区域	具体功能区	主要设备	功能区用途
1	生产区	注塑区	注塑机	外筒后、外筒前的生产加工
2		钣金件区域	箱体线、内筒线	箱体、内筒的生产加工
3		预装区域	单元线	主控板的装配加工
4		总装区域	倍速链流水线	洗衣机整机的装配加工
5	物流区	零部件收货区	叉车	零部件收货
6		塑料箱托盘回收暂存	叉车	零部件容器周转
7		成品暂存仓	夹抱车	成品暂存
8		T-1区	叉车	零部件暂存
9	配套区	厂内通用办公区	—	人员日常办公
10		生产辅助区	—	洗衣机及零部件实验等
11		园区相关	空压机等	能源供给等

下面对与生产线部署关联相对较大的生产区和物流区空间需求进行分析。

通过现场调研,生产区共包括外筒预装线、总装线1、总装线2、检验线、包装线等5个子区域,根据其功能用途、物流配送的频次、每次配送量的大小,核算出生产区空间需求(见表1-13)。

表1-13　　　　　　　　　　生产区空间需求

编号	功能区明细	主要设备	功能区用途	长/m	宽/m	高/m	面积/m²
1	外筒预装线	倍速链流水线	外筒的装配	51	10	3	510
2	总装线1	倍速链流水线	箱体+外筒的组合装配	51	5.2	3	265.2
3	总装线2	倍速链流水线	箱体+外筒+其他模组的组合装配	60	10	3	600
4	检测线	倍速链流水线	产品关键质量指标在线测量	40	10	3	400
5	包装线	板式链流水线	产品防护包装	75	10	3	750

根据部署规划尽量短距离、避免物流交叉的原则要求，物流区规划采用分散存储配送，根据不同零部件的状态以及生产的节拍效率等，对物料存储面积分别进行核算。物流区空间需求见表1-14。

表1-14　　　　　　　　　　　物流区空间需求

编号	功能区明细	功能区用途	平均库存周转天数 /d	面积 /m²
1	外筒预装 T-1 区	外筒零部件存储	1	200
2	总装线 1 T-1 区	总装线 1 部件存储	1	15
3	总装线 2 T-1 区	总装线 2 零部件存储	1	100
4	包装线 T-1 区	包装线零部件存储	1	200
5	成品暂存仓	洗衣机整机暂存	1.5	1 000

根据物流方式选择，参考人因工程学、物流设备技术资料等，对物流通道的宽度进行设计。物流通道宽度见表1-15。

表1-15　　　　　　　　　　　物流通道宽度

名称	步行通道 /m	手动叉道 /m	单向通道 /m	双向通道 /m
距离	0.8～1.0	1.5	1.8	3.5～4.5

（二）产线安装与部署方案设计

结合滚筒洗衣机的生产工艺流程、物流方案、产线空间需求、场地限制条件等，输出3种部署方案。

首先，根据各区域的空间需求和关联关系，初步绘制生产线区平面关联图（见图1-27）。

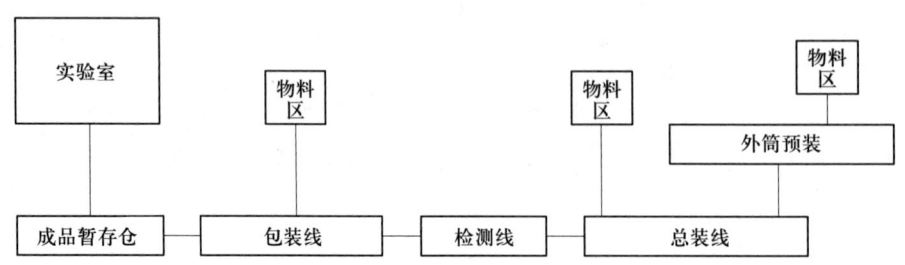

图1-27　生产线区平面关联图

其次，根据场地等限制因素，设计3种不同的部署方案，如图1-28所示。其中，方案一将功能区细分，特别是将物料区打散，实现就近配送；方案二将与管理相关的功能区靠近中间设置，便于管理人员以最快的速度辐射到现场；方案三将物料区集成化，配送距离相对较远。

方案一：

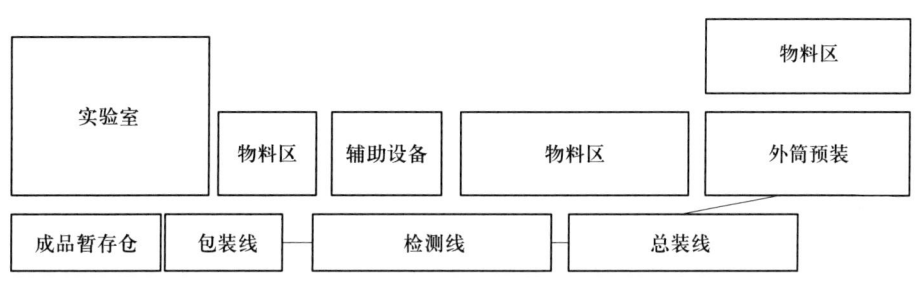

方案二：

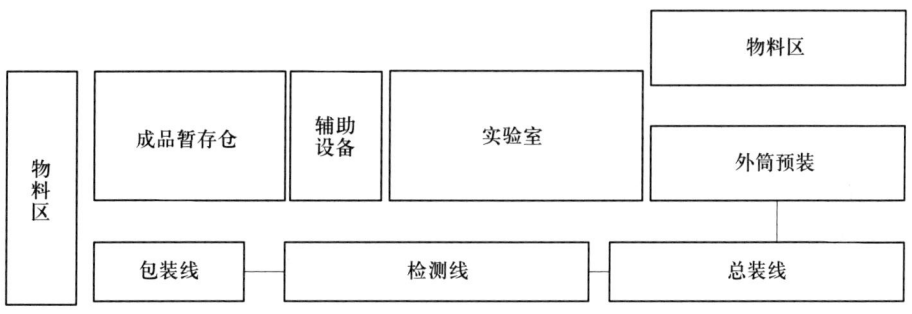

方案三：

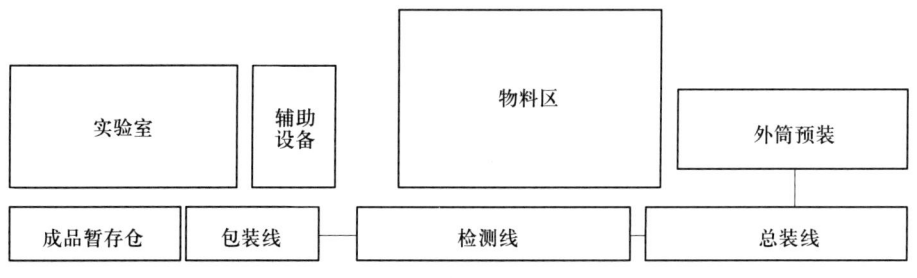

图 1-28　3种部署方案

为决策出最优的产线安装与部署方案，采用层次分析法对所设计的3种方案进行评估，得到空间利用率评估矩阵。不同部署方案在10项指标中的权重见表1-16。

表1-16　　　　　　　　　不同部署方案在10项指标中的权重

评价原则	可参观性	灵活性	可扩展性	成本节约	安全可靠性	优化质量	高效物流	缩短生产周期	有效利用空间	功能区一致性
方案一	67%	33%	33.3%	33.3%	67%	67%	33.3%	33%	67%	33.3%
方案二	0%	0%	33.3%	33.3%	33%	0%	33.3%	67%	0%	33.3%
方案三	33%	67%	33.3%	33.3%	0%	33%	33.3%	0%	33%	33.3%

最后，针对以上3种方案分别按照10项评价原则评分（见表1-17），由相关工程师按照评分标准进行评分和决策。

表1-17　　　　　　　　　不同部署方案评分

评价原则	可参观性	灵活性	可扩展性	成本节约	安全可靠性	优化质量	高效物流	缩短生产周期	有效利用空间	功能区一致性	评价得分
各要素权重	4.4	6.7	17.8	13.3	13.3	6.7	6.7	8.9	20	2.2	—
方案一	67%	33%	33.3%	33.3%	67%	67%	33.3%	33%	67%	33.3%	48.1
方案二	0%	0%	33.3%	33.3%	33%	0%	33.3%	67%	0%	33.3%	23.6
方案三	33%	67%	33.3%	33.3%	0%	33%	33.3%	0%	33%	33.3%	28.0

通过以上分值评价可以看出，方案一在可扩展性、成本节约、高效物流、功能区一致性等方面与其他方案持平，但在可参观性、安全可靠性、优化质量、有效利用空间等4个方面具有明显优势。从最终评价得分来看，方案一总体得分为48.1分，明显高于方案二的23.6分与方案三的28.0分。因此，最终选择方案一作为滚筒洗衣机生产线的安装与部署方案。

在此基础上，对方案一展开进一步的细化设计与完善，得到滚筒洗衣机的最终安装与部署方案。外筒预装线与总装生产线的安装与部署方案分别如图1-29和图1-30所示。

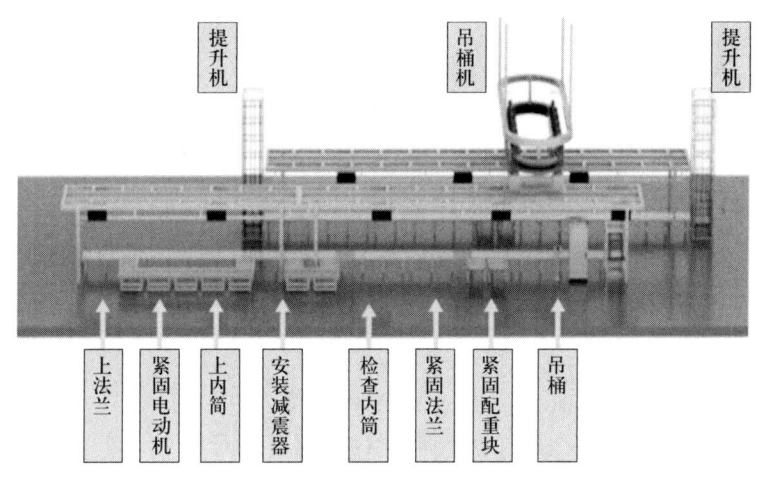

图 1-29　外筒预装线的安装与部署方案

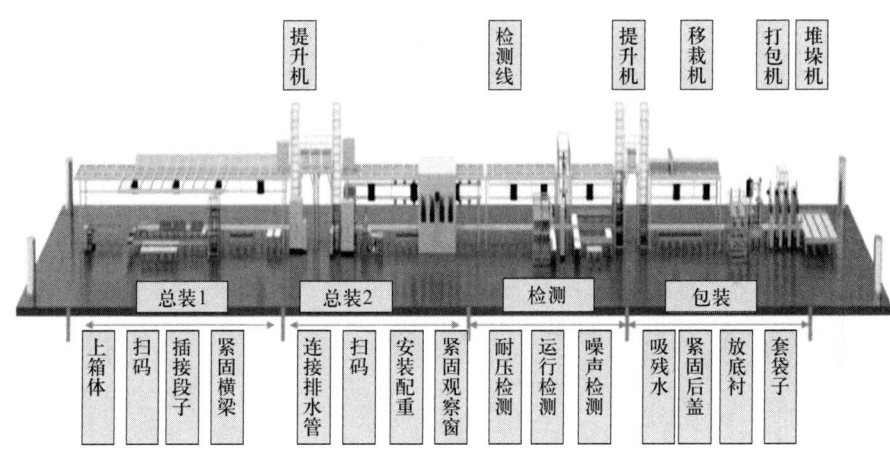

图 1-30　总装生产线的安装与部署方案

思考题

1. 阐述典型的生产工艺分析方法，明晰各方法的异同。

2. 阐述典型上下料系统类型，分析其特点及应用场景。

3. 根据影响产线物流系统的各类因素，分析仿真优化的基本逻辑。

4. 分析流水式部署方案和单元式部署方案的特点及应用场景。

5. 阐述智能产线安装与部署方案的设计过程。

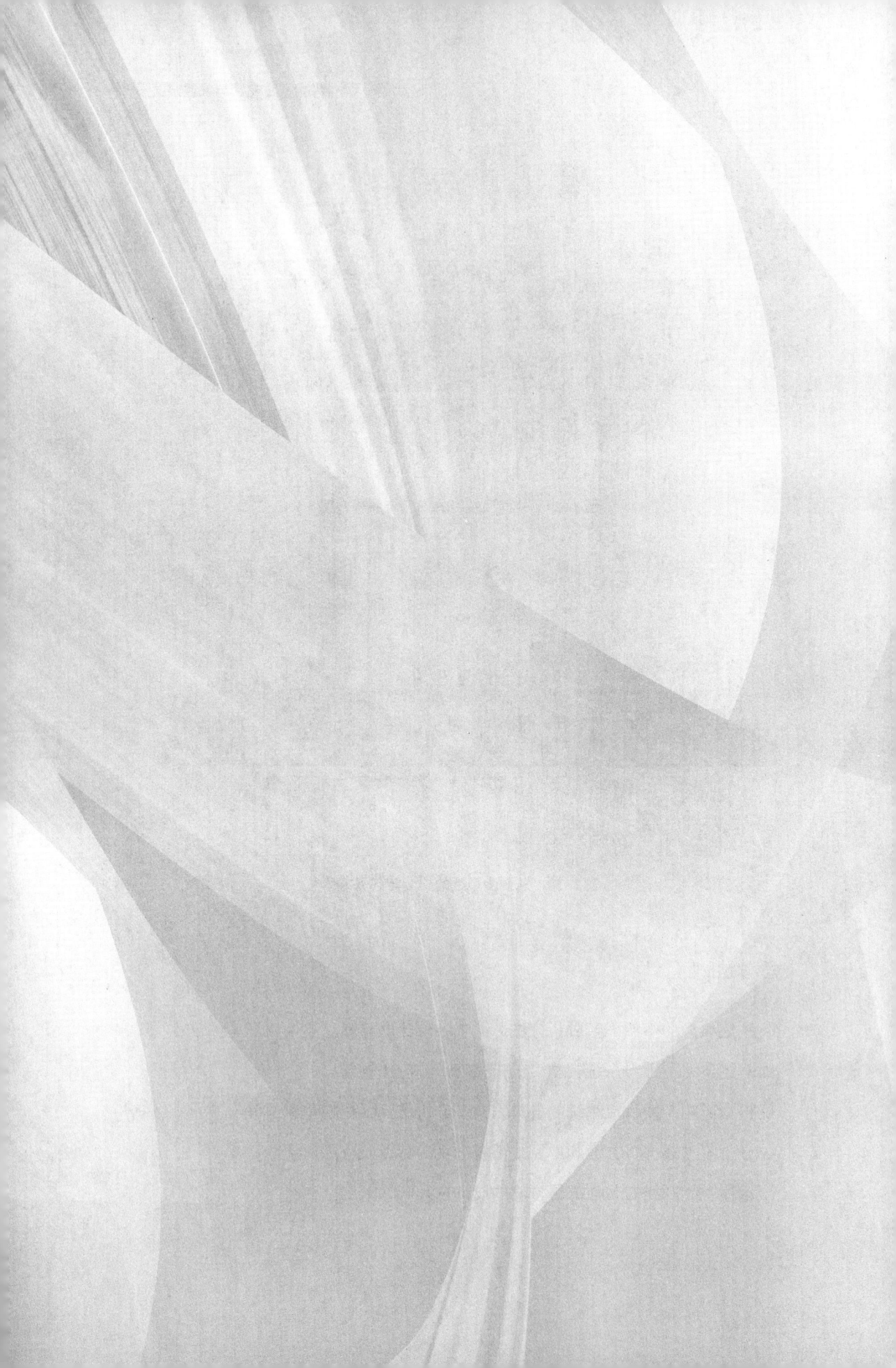

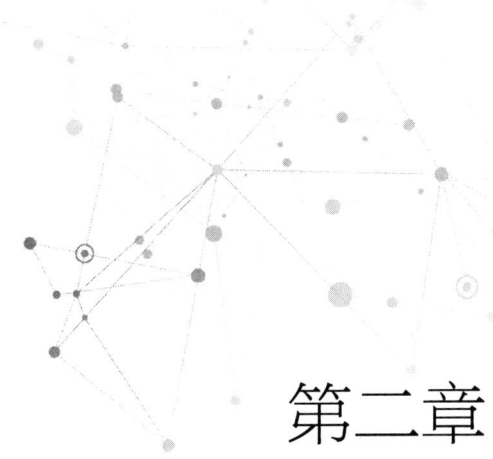

第二章
智能产线数字孪生建模与虚拟调试

数字孪生被定义为对系统的多物理场、多尺度集成模拟。虚拟空间中的数字孪生体利用高精度物理模型、实时传感器和历史数据等,真实反映其在现实世界中相应的活动。凭借其强大的实时感知、仿真和优化能力,数字孪生已在智能产线领域提供了许多可靠的解决方案。

本章分为四节,内容包括智能产线数字孪生相关概念与参考架构、可视化模型构建方法及虚拟调试方法,并提供了数字孪生智能产线全流程应用实例。

- **职业功能:** 数字孪生技术应用。
- **工作内容:** 数字孪生可视化模型构建、产线虚拟调试。
- **专业能力要求:** 能根据生产实际需求实现智能产线的虚拟部署环境搭建,完成数字孪生仿真建模,构建数字孪生虚拟调试环境,实现智能产线的数字孪生建模与虚拟调试。
- **相关知识要求:** 了解数字孪生产线的基本概念、内涵及参考架构;掌握面向产线虚拟调试的数字孪生可视化模型构建流程;掌握基于数字孪生的产线部署方案仿真与优化方法。

第二章 智能产线数字孪生建模与虚拟调试

第一节 数字孪生架构设计

考核知识点及能力要求：

- 了解数字孪生产线的基本概念和内涵。
- 理解数字孪生产线的参考架构。
- 学会分析数字孪生产线的典型特征。

一、数字孪生产线的兴起

制造业是国民经济的基础，是立国之本、兴国之器、强国之基。新一代信息技术（如云计算、物联网、边缘计算、大数据分析、人工智能等）与制造业的持续融合和落地应用正引领第四次工业革命的浪潮。以德国工业4.0、美国先进制造伙伴计划与工业互联网等为代表的国家战略的出台，标志着世界各国均将制造业创新作为驱动经济转型发展的核心力量，纷纷把发展智能制造业提升到国家发展战略层面，推进传统制造业的转型升级，力图占领全球制造业的制高点。为应对发达国家和其他发展中国家"双向挤压"的严峻挑战，抢占制造业新一轮竞争制高点，实现从"制造大国"向"制造强国"迈进，我国制定了一系列发展战略，将发展智能制造作为制造业实现转型升级和创新发展的突破口，将发展智能产线作为推进智能制造落地的核心任务。

智能产线是多种软硬件结合，基于对企业人员、机器、原料、方法、环境（人、机、料、法、环）等制造要素全面精细化感知采集和传输，采用多种物联网感知技术手段，支持生产过程科学决策和精细化管理的新一代智能化制造过程管理系统，实现生产过程的自组织、自适应和智能化。如何构建智能产线软硬件模型并在此基础上实现生产过程的优态运行控制，是当前学术界和工业界研究、践行智能产线面临的主要挑战。

数字孪生因其能够建立物理世界与虚拟世界的双向动态连接，而成为实现制造信息物理融合、推进智能制造落地应用的关键使能技术和研究热点。探索采用数字孪生技术来构建智能产线的数字孪生模型，进而通过智能产线物理世界和数字世界之间的互联互通和智能化决策来实现生产过程的自组织、自适应和智能化运行，已成为当前研究和践行智能产线的主要路线。近年来，国内外学术界和工业界围绕数字孪生产线开展了大量探索，从不同角度对数字孪生产线模式模型、基础理论框架、关键使能技术及软件系统进行了广泛研究与实践，标志着数字孪生产线已成为推进智能制造落地实施的关键技术之一。

二、数字孪生产线的基本内涵

数字孪生产线是指从数据—知识混合驱动的角度出发，通过将物联网、边缘计算、云计算、数字孪生、区块链、深度学习、知识工程等新兴技术融合应用到产线生产过程中，所构建的集物理空间、数据空间、虚拟空间、知识空间和业务交互空间五维智能时变空间于一体的智能制造系统。从应用服务的角度出发，数字孪生产线的理论构型包括感知层、优态控制层和服务层，如图2-1所示。

（一）感知层

感知层通过传感网络感知物理空间中在制品、智能制造设备等的实时状态（工件位置、设备工况等），并采用发布-订阅（Publish-Subscribe）架构，通过智能网关实现实时运行数据的上传及控制指令的下达。

（二）优态控制层

优态控制层通过数据空间、虚拟空间和知识空间的数据、信息和知识共享与业务协同，按照感知→仿真→预测→优化→控制的闭环优态运行控制逻辑，支撑产线的自治运行。数据空间采用适配器实现物理空间中PLC、CNC、传感网络等实时数据的快速接入、协议解析与预处理，并存入实时数据库，通过数据库接口协议与虚拟空间和知识空间进行数据交互与共享；虚拟空间利用设备层数字孪生模型、单元层数

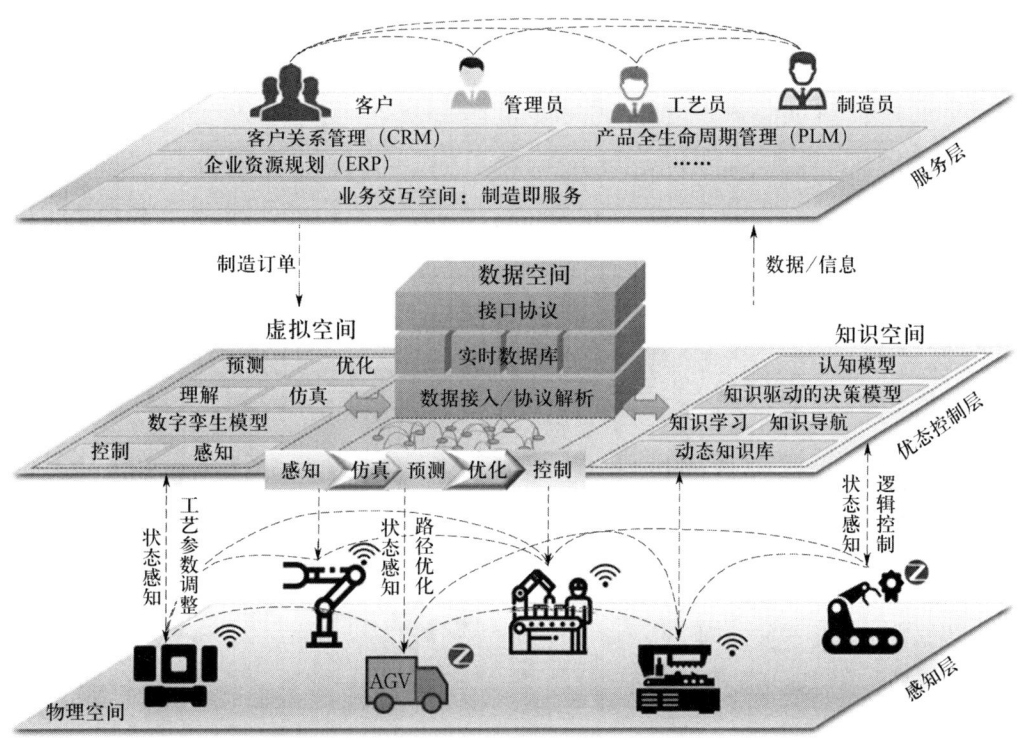

图 2-1　数字孪生产线的理论构型

字孪生模型、产线层数字孪生模型等多尺度、高保真数字孪生模型，通过调用历史 / 实时数据，结合知识空间的陈述类知识或知识模型，实现工艺智能决策、制造扰动分析处理、加工过程工艺参数优化调整等典型应用场景的智能决策与优化控制，有效支撑数字孪生产线智能、稳定和安全运行。以工艺参数迭代优化为例：数字孪生产线物理空间以工艺参数及其对应的数控加工代码作为理论优态，指导智能制造设备的运行过程，同时以设备层数字孪生从实时数据中感知或预测的刀具磨损、加工质量超差等制造扰动为输入，通过该扰动的上下文触发相应的知识模型，实现该扰动影响下局部工艺参数的优化调整及仿真验证，将验证合格的工艺参数调整量映射为数控加工代码，从而实现对智能制造设备的优化控制，形成工艺参数驱动的数字孪生产线"以虚控实"机制。

（三）服务层

服务层将感知层和优态控制层的制造资源和制造能力进行封装，从而为业务交互空间中的客户、工艺员、制造员、管理员等提供服务。具体而言，服务层可自主感知发现客户的个性化制造服务需求，并通过制造服务配置、服务运作与服务反馈优化等业务流程，将服务最终施用到物理空间不同的制造实体。业务交互功能主要由车间服务系统完成，如：企业资源计划（Enterprise Resource Planning，ERP）系统、MES、产品全生命周期管理（Product Lifecycle Management，PLM）系统等。

从某种意义上讲，数字孪生产线正如一个具有自主感知、自主学习、自主思考、自主决策、自主执行等能力的人。物理空间、虚拟空间和数据空间共同构成了数字孪生产线的躯体，赋予其自主感知、执行的能力；知识空间构成了数字孪生产线的大脑，赋予其自主学习、思考和决策的能力；业务交互空间构成了数字孪生产线的五官，赋予其与外部客户沟通交流的能力。

三、数字孪生产线的参考架构设计

依据数字孪生产线的理论构型，构建了包含物理层、感知层、边缘层、云计算层，以及应用层在内的数字孪生产线参考架构，如图2-2所示。

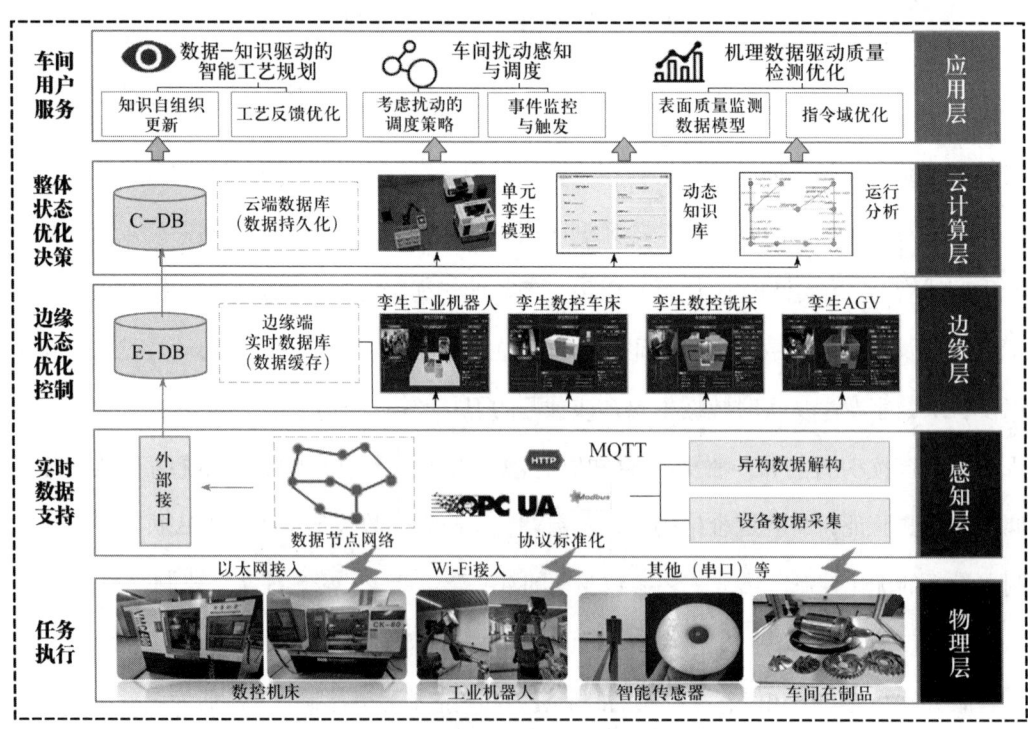

图2-2　数字孪生产线参考架构

（一）物理层

物理层由数字孪生产线内部的各类制造资源组成。物理层内的设备是实现产线业务逻辑的主要工具与载体，同时也是各类生产数据的产生者与决策的执行者。因此数字孪生产线内部物理实体需要具备基础数据的感知与捕获能力，以及基础的远程控制能力。具体而言，数字孪生产线的基础功能是执行加工与装配等生产活动，因此物理层内涉及的物理实体主要包含CNC、工业机器人、AGV与有轨制导车辆（Rail Guided Vehicle，RGV）等物料转运设备，以及料仓、物料等车间制造资源。具备外部数据与调用接口的CNC、工业机器人、AGV、RGV等，都具有远程数据获取与指令执行的功能。原材料、在制品、成品以及刀具、夹具、量具等消耗类制造资源因为其加工流转的特殊性，需要根据加工实际采用射频识别（Radio Frequency Identification，RFID）、二维码等技术来实现数据的实时感知能力。除此以外，根据实际业务以及分析需求，可以进一步添加诸如电流、电压等传感器以及用于资源三维空间位置获取的传感器等，以实现对物理生产现场各类相关制造资源生产数据与位置数据的实时采集。

（二）感知层

感知层是连接物理层与上层的边缘层、云计算层及应用层的中间层。一方面，感知层需要保证数据平面与控制平面相互分离，从基础上保证数字孪生系统双向联动功能的实现；另一方面，数据感知的任务需与物理层内物理实体一一对应，从不同的维度与层级提供相关数据与信息来支撑上层各个分析与服务功能的实现。由此看出，感知层与下层物理设备是紧密相连的，与上层的各个分析与服务系统则需实现解耦。感知层作为上层分析与服务功能的实现基础，需具备实时性与健壮性特征，以支持数字孪生模型的实时性要求。此外，感知层需依据上层各个分析与服务系统的不同业务逻辑要求，提供多视图数据的自组织服务方法与模型，解决传统业务逻辑下数据与信息高度耦合问题。

在实际工业现场中，设备供应商与集成商的不同，导致生产线在建设与运行中存在大量异构协议与异构数据。以生产线的典型设备——机床为例，一方面同一机床加装的数控系统不同，其数据获取与表征方式存在差异；另一方面厂商鉴于自身知识产权的需要，对数控系统进行了高度封装，使用者难以实现对机床运行数据的直接获取与使用。因此，在感知层生产线中，对各类异构设备数据的实时采集与标准化处理，成为急待解决的问题。

（三）边缘层与云计算层

边缘层与云计算层是根据生产线的业务计算需求、能力以及实时性要求对数字孪生空间的垂直拆分。由于数字孪生模型的空间内部面向不同的业务，在不同的领域内存在不同的模型，而不同模型面向的物理实体也不同，因此对于模型的计算能力与数据实时性要求也不同。同时，工业现场网络存在一定的延时性，将所有模型放在一个空间内进行处理显得与业务逻辑不符，因此需对业务进行垂直拆分。具体拆分可遵循如下原则：将涉及实时性高、以单设备为主体的数字孪生模型置于边缘层进行处理，在有效利用靠近数据源的边缘端算力的同时，可以保证数据的实时性；将涉及产线整体业务逻辑以及整体数据分析决策的数字孪生模型置于云计算层进行处理，充分利用云端的丰富算力，保证业务执行的可靠性。置于边缘层的实时数据库与云计算层的云端数据库运行遵循主从策略，为整个生产线数字孪生模型的决策赋能。

在生产线数字孪生模型类型划分方面，根据模型属性与决策方法的不同，可以分为机理模型与数据模型。机理模型是指利用相关学科领域知识对物理要素进行一对一的信息空间映射表征，采用演绎推理计算方法，对物理领域内的某一现象进行定性定量描述而形成的面向物理对象的可解析性模型；数据模型是指利用统计学、机器学习等方法，依托生产运行过程中的海量数据通过学习拟合形成的统计性概率性模型。机理模型与数据模型是数字孪生模型在模型方法论上的不同体现，而且相辅相成，共同构成了数字孪生模型的基本要素，在不同学科领域内各有千秋。

（四）应用层

应用层基于数字孪生产线边缘层和云计算层的感知、仿真、决策、优化与控制能力，有效支撑产线智能工艺规划、生产调度、生产过程优化控制等典型应用场景。同时，也可以通过拆解产线的数字孪生模型，有效支撑产线物流仿真优化、安装与部署方案调试等应用场景。

四、数字孪生产线的特征分析

本节针对构成要素、运行逻辑和支撑技术，分析数字孪生产线的主要特征，即多维多尺度特征、人－机－物共融与协同自治特征和新一代信息技术使能特征。

（一）多维多尺度特征

从构成要素看，数字孪生产线具有多维多尺度特征。多维特征是指数字孪生产线由物理空间、虚拟空间等多个维度构成，通过多维智能时变空间的数据、信息和知识交互与共享，支撑数字孪生产线的自治运行。多尺度特征体现在空间尺度和时间尺度。其中，空间尺度是指各空间按粒度大小划分的不同功能节点，例如物理空间按粒度大小可分为产线、制造单元、智能制造设备、执行机构等不同空间尺度。时间尺度是指各功能节点具备时、分、秒等不同粒度的性能统计指标或响应速度，支撑时间敏感型任务和计算密集型任务对性能统计指标和响应速度不同的时间尺度要求。

（二）人－机－物共融与协同自治特征

从运行逻辑看，数字孪生产线具有人－机－物共融与协同自治特征。智能制造系统又被称为新一代人－信息－物理融合系统，人在系统运行的智能决策、控制等方面仍起着关键作用。数字孪生产线中的智能制造设备、智能工件等，通过数据感知并借助设备孪生模型和产线孪生模型的局部和全局获取仿真分析能力，与人协同认知制造状态，并依据制造知识对制造状态进行优化控制，支撑数字孪生产线按照感知→仿真→理解→预测→优化→控制→执行的优态控制逻辑运行，共同赋予数字孪生产线自主感知、自主学习、自主完善、自主思考、自主决策、自主优化、自主控制、自主执行等自治特征。

（三）新一代信息技术使能特征

从支撑技术看，数字孪生产线具有新一代信息技术使能特征。首先，工业物联网、边缘计算、云计算等技术实现了数字孪生产线运行状态的实时感知以及数据、信息和知识的安全传输与协同共享；其次，深度学习、知识工程等技术赋予数字孪生产线实时数据深度认知、制造状态可视化仿真分析与预测等能力；最后，依据认知或预测的制造扰动，采用智能合约、知识主动服务等技术，实现对运行状态的优化决策与控制，从而提升数字孪生产线自主感知、自主学习、自主完善、自主思考、自主决策、自主优化、自主控制、自主执行等自治能力。

第二节 数字孪生可视化模型构建

考核知识点及能力要求：

- 了解面向产线虚拟调试的数字孪生可视化模型构建流程。
- 掌握智能产线二维仿真模型的构建方法。
- 掌握智能产线三维模型的构建方法。

一、面向虚拟调试的数字孪生可视化模型构建流程

基于数字孪生智能产线参考架构，虚拟调试主要利用该架构边缘端和云端的数字孪生可视化模型，对智能产线物流、安装与部署方案进行调试与优化，在智能产线建设前期就能对其安装与部署方案进行全面的评估，从而尽可能地消除智能产线在实际安装过程中可能存在的问题。

Plant Simulation 等建模分析软件作为智能产线建模与仿真的重要工具，已成为构建智能产线数字孪生可视化模型的重要手段。因此，本节主要以 Plant Simulation 为例，阐述如何构建面向虚拟调试的智能产线数字孪生模型。Plant Simulation 提供了一种面向对象的建模和可视化工具——Plant Simulation 3D 查看器，3D 查看器中的虚拟对象和二维仿真模型中的仿真对象——对应。在智能产线虚拟调试过程中，二维仿真模型可用于模拟智能产线的工艺流程，而三维仿真模型可用于实现智能产线生产过程的可视

化及关键工位部署方案的仿真优化。基于此，本节提出了智能产线数字孪生可视化模型构建方案，如图 2-3 所示。

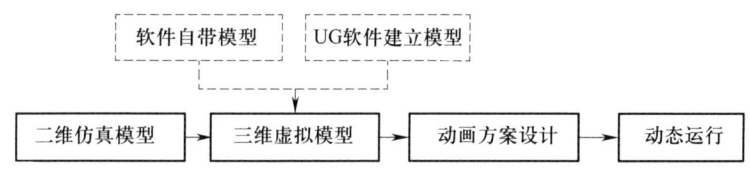

图 2-3 智能产线数字孪生可视化模型构建方案

首先，结合 Plant Simulation 仿真软件建模特点，建立产线的二维仿真模型，实现对其生产过程的模拟；其次，在此基础上，通过软件自带的三维模型和根据实际产线需求建立的三维模型，构建形成产线的三维虚拟模型；最后，基于二维和三维仿真模型，通过设计动画方案和动态运行控制策略，实现对产线物流和安装部署方案的仿真调试与优化。

二、数字孪生可视化模型构建方法

本节以某企业的模具智能生产线为例，阐述其数字孪生可视化模型构建、虚拟调试方法与流程。该生产线的安装部署方案如图 2-4 所示，总共包括 6 个生产工位，每个工位包括 2 台机床、1 台工业机器人和若干 AGV 设备，12 台机床分别用 M1~M12 表示。

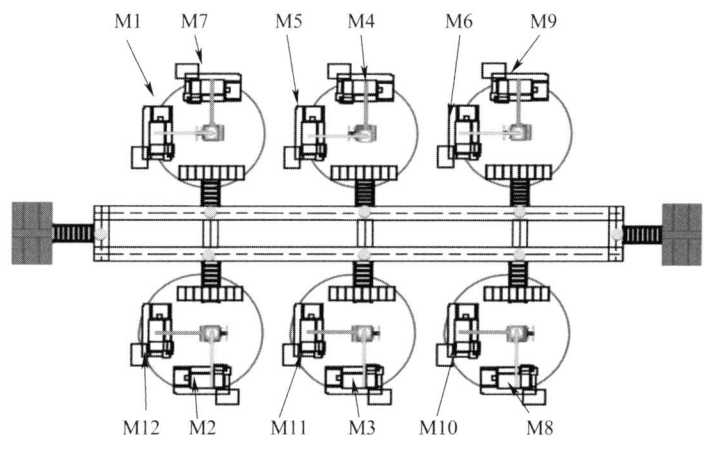

图 2-4 模具智能生产线的安装部署方案示意图

（一）二维仿真模型构建

二维仿真模型主要用于模拟仿真该智能生产线的工艺流程。考虑到该模具智能生产线采用 AGV 和机器人等设备实现物料流转，因此其二维仿真模型的构建不仅涉及生产订单数据生成、仿真对象建模，而且涉及 AGV 配送策略和机器人上下料控制策略的构建。

1. 建模准备

建模准备阶段主要是根据建模软件的特点，梳理需要用到的建模对象。该案例采用 Plant Simulation 仿真软件，建模对象包括机器人、设备、AGV、轨道、变量和程序等。仿真建模对象见表 2-1。

表 2-1　　　　　　　　　　仿真建模对象

序号	名称	图标	源对象	功能
1	源		Source	生成零件
2	机器人		Robot	上下料
3	设备		SingleProc	加工
4	运输机		Line	运输
5	AGV		Transport	搬运
6	工件		Entity	工件
7	回收		Drain	回收零件
8	轨道		Track	通道
9	变量		Variable	变量
10	程序		Method	控制实现
11	缓冲区		Buffer	缓存工件
12	数据表		Table	储存数据

2. 控制策略构建

如前所述，二维仿真模型主要用于模拟产线的工艺流程，因此需要依据产品的工艺流程构建相应的控制策略。本案例主要涉及机器人上下料控制策略、AGV 配送策略的构建。这些控制策略也基本适用于大部分的智能生产线。

（1）机器人上下料控制策略。机器人上下料控制是指当工件发布上下料任务后，机器人读取该搬运任务信息，并判断工件是否满足上下料条件，如满足则抓取工件，不满足则等待直到上下料条件满足。机器人上下料控制策略随工件加工状态的不同而有所差别，如机器人执行的是将工件从工件台移动到加工设备的上下料操作，则其控制策略与流程如图 2-5 所示。

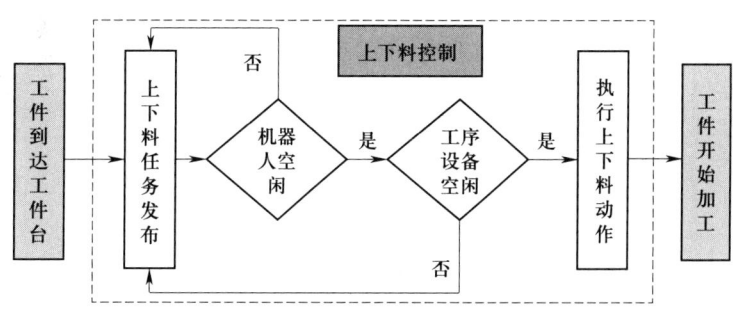

图 2-5　机器人上下料控制策略与流程

具体步骤如下。

1）工件到达上下料系统中的工件台，控制程序发布上下料任务。

2）机器人控制程序判断机器人是否空闲，如果是，则进一步判断加工设备是否空闲，如果是，则执行下一步，如果否则返回上一步。

3）机器人执行上下料动作，将工件移动到加工设备。

（2）AGV 配送策略。智能产线中往往配置了多台 AGV 来实现工件的自动化搬运。以该模具智能产线为例，由于模具加工中工件和设备的种类及数量较多，AGV 搬运工件时容易出现堵塞问题使得仿真模型无法运行。为确保仿真模型合理运行，需要构建出完备的 AGV 配送策略。为此，采用拉动式策略与出口锁定策略相结合的方法来设计 AGV 的配送策略。

1）拉动式策略。拉动式策略指只有当工件下一道工序的设备为空闲时，AGV 才能将工件搬运至该设备进行加工，该策略的流程如图 2-6 所示。实现步骤如下。

①完成加工的工件被放置在缓存区，相关控制程序获取工件下一道工序的加工设备编号。

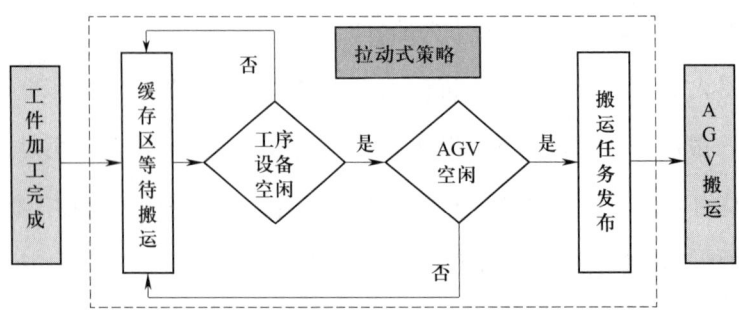

图 2-6　AGV 配送的拉动式策略流程

②判断下一工序的加工设备状态，如空闲，则进一步判断 AGV 是否空闲，如空闲，则发布搬运任务，如不空闲，则跳转到第一步。

③AGV 接受搬运任务。

2）出口锁定策略。在上一道工序加工完成后，搬运任务将被写入工序任务队列，当多个工件的下一道工序为同一个加工设备，且有多个 AGV 可执行搬运任务时，可能出现多个 AGV 同时搬运多个工件至同一个加工设备的问题。为解决该问题，采用出口锁定策略实现冲突消解，其原理为：对于有多个 AGV 的搬运系统，确保同一时刻只能发布一次到某个加工设备的搬运任务；当多个工件工序任务队列中的 AGV 搬运任务发布后，将工序任务队列出口锁定，直到搬运任务完成后再将出口解锁，其流程如图 2-7 所示。

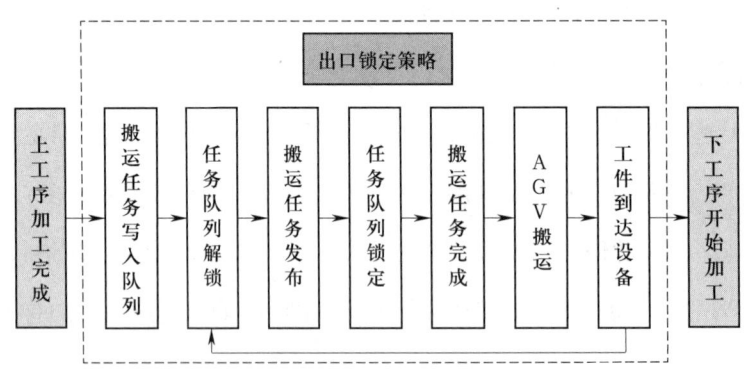

图 2-7　AGV 配送的出口锁定策略流程

3. 二维仿真模型建立

基于以上设计的 AGV 配送策略与机器人上下料控制策略，结合模具智能产线的安装部署方案，构建了如图 2-8 所示的模具智能产线二维仿真模型。

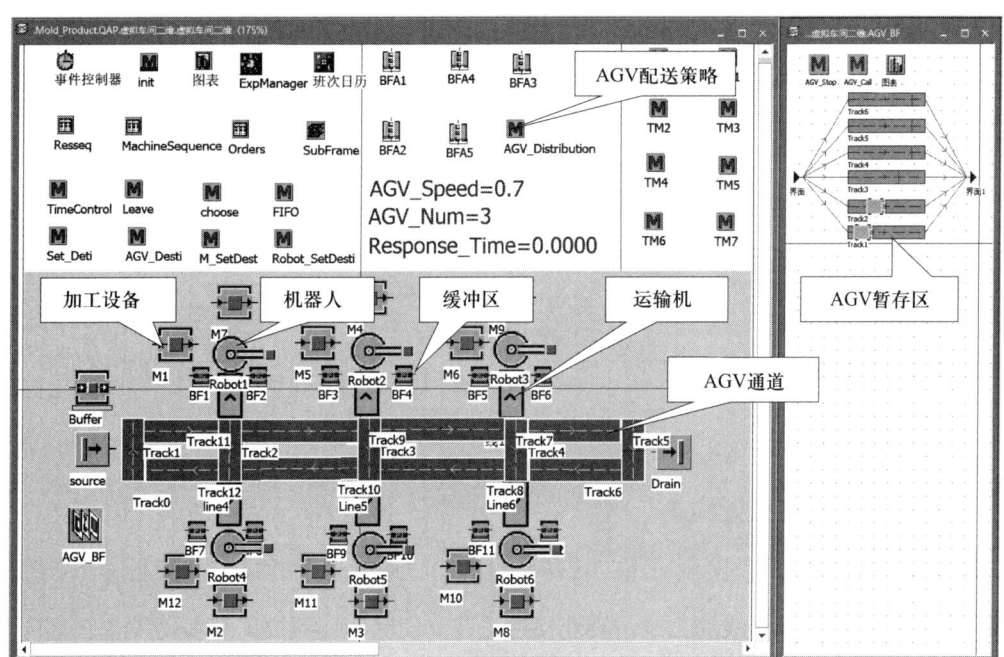

图 2-8 模具智能产线二维仿真模型

该仿真模型主要用于模拟模具智能产线的工艺流程,具体分为以下步骤。

(1) Source 对象生成工件并存放到名为 Buffer 的缓冲区中。

(2) Buffer 出口控制程序将工件搬运任务发布给 AGV 配送策略控制程序。

(3) AGV 配送策略控制程序判断搬运任务是否可执行,如可执行则调用 AGV 搬运,如不可执行则等待。

(4) AGV 从暂存区出发,沿着 AGV 轨道以设定的速度行驶,当到达轨道传感器位置时,AGV 暂停并触发相应的装载控制程序,若满足条件则装载工件,若不满足条件则沿着轨道向前行驶。

(5) AGV 装载工件后,沿着轨道继续行驶,到达目的地后将工件卸载到运输机上,AGV 返回暂存区等待下次搬运任务。

(6) 运输机将工件运输到工件台,发布工件上下料任务。

(7) 机器人上下料控制策略判读是否上下料,若是则抓取工件,若否则返回上一步。

(8) 机器人将工件转移到加工设备中,开始加工工件。

二维仿真模型运行逻辑如图 2-9 所示。

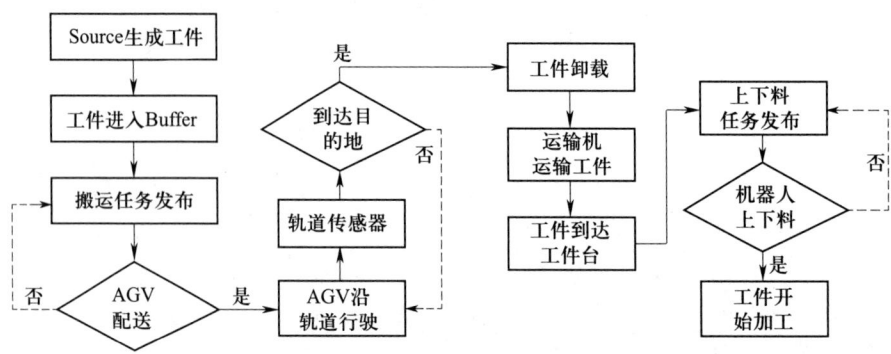

图 2-9 二维仿真模型运行逻辑

（二）三维仿真模型构建

Plant Simulation 软件实现了将二维仿真模型与三维模型无缝集成，在上述二维仿真模型的基础上，智能产线的三维仿真建模通过建立实际产线的加工与辅助设备、建筑设施等资源对象的三维模型并进行融合集成，来实现对智能产线的三维可视化仿真。首先利用 Plant Simulation 软件的 2D/3D 转换功能，将二维仿真模型转化为初始的虚拟仿真模型，然后利用 Plant Simulation 自带的三维模型和 UG（Unigraphics NX）等建模软件建立的三维模型，对原有虚拟对象的相关模型进行替换，最终实现智能产线三维仿真模型的构建。智能产线的三维仿真模型构建流程如图 2-10 所示。

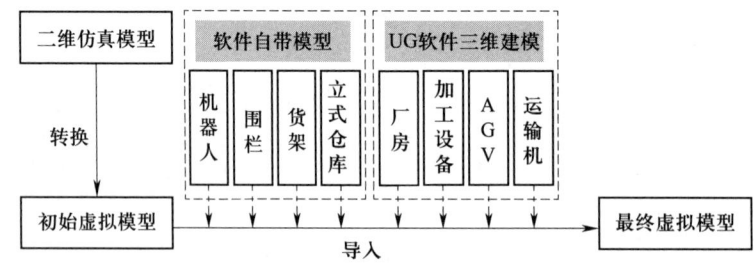

图 2-10 智能产线三维仿真模型的构建流程

1. 二维/三维仿真模型转换

如图 2-11 所示，点击"打开 2D/3D"按钮，即可将建好的二维仿真模型转换为三维虚拟模型。该虚拟模型中相关对象的三维模型只是 Plant Simulation 软件提供的通用模型，要实现产线的整体可视化与动态仿真，还需要利用 UG 等软件根据设备的具体几何结构进行三维建模，并在虚拟模型中增加墙体、门窗和立柱等产线建筑设施，以及控制台、控制柜等与生产相关的辅助设施。

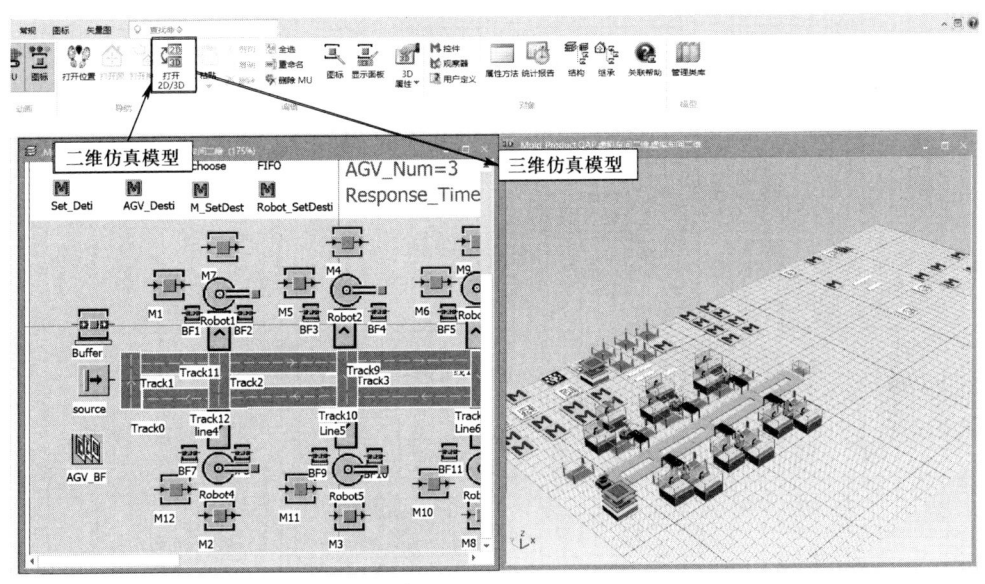

图 2-11　二维 / 三维仿真模型转换

2. 软件自带模型

Plant Simulation 软件自带的模型包括简单动态三维模型（Simply 3D，S3D）和静态可视化三维模型（Jupiter Tessellation，JT）两种，如图 2-12 所示。S3D 类模型包括运输类、工人类和加工类等 3 类；JT 类模型包括围栏、货架和包装台等静态设施模型。Plant Simulation 提供的部分三维模型，如机器人和围栏等，可直接用于模具产线的虚拟模型中，但机床等设备的三维模型是通用的简单模型，用户还需要通过 UG 等软件建立相关设备的三维模型，再将建好的三维模型导入 Plant Simulation。

3. UG 软件三维建模

利用 UG 软件（也可以采用 SolidWorks、Pro-E 等三维建模软件）建立产线相关设备、设施的三维模型，如图 2-13 所示。设备相关的三维模型包括 AGV、工件台和运输机等，设施相关的三维模型包括产线建筑设施如墙体、门窗、地面和立柱等，以及与生产相关的辅助设施如控制台、电脑桌、机器人控制柜和配电箱等。上述建立的三维模型统一按照 JT 文件格式保存。Plant Simulation 软件提供了将 JT 文件自动

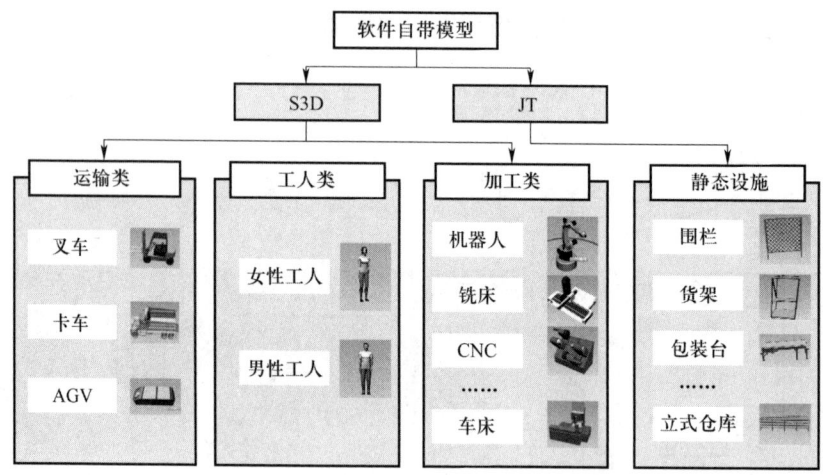

图 2-12 Plant simulation 软件自带模型

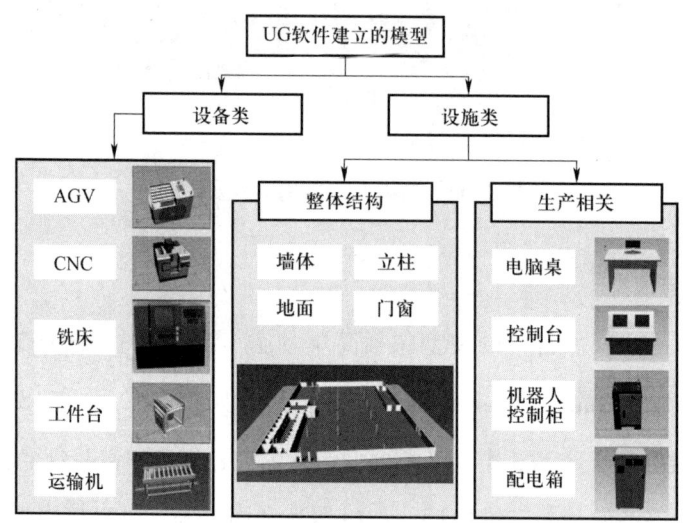

图 2-13 UG 软件建立的三维模型

转换为 S3D 文件格式的功能,用户将上述 JT 文件格式的三维模型导入 Plant Simulation 软件后,可以根据具体的建模需求决定是否进行格式转换。

4. 三维仿真模型建立

将上述 Plant Simulation 软件自带三维模型和 UG 软件建立的三维模型导入转换后的虚拟模型,即可实现产线三维可视化模型的构建。图 2-14 为模具产线三维可视化模型的整体图。图 2-15 为模具产线设备部署方案图。图 2-16 为模具产线设备部署方案局部图。

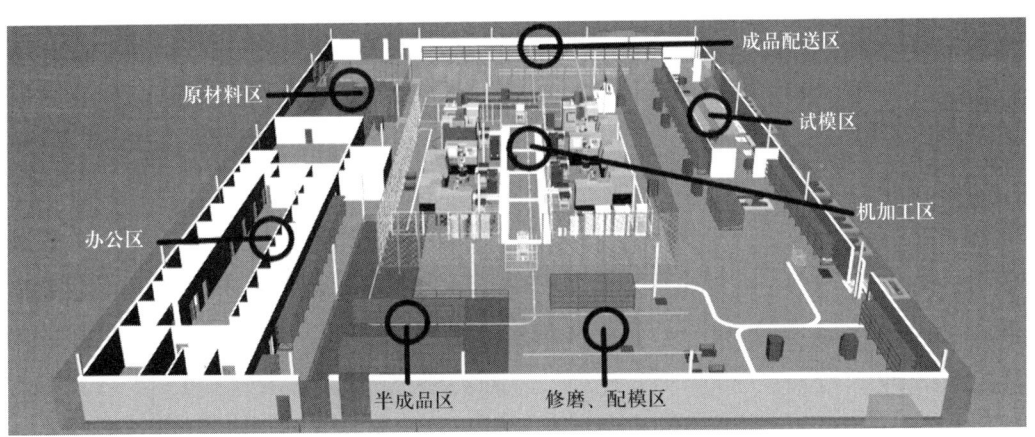

图 2-14 模具产线三维可视化模型整体图

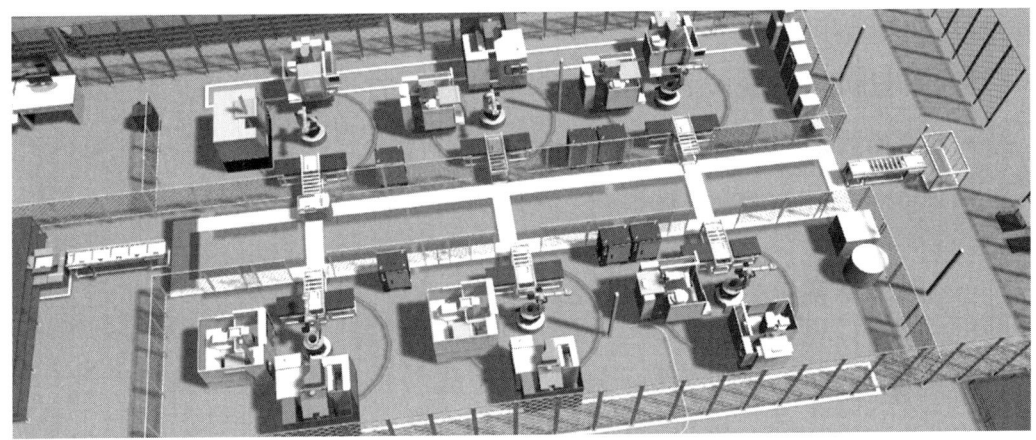

图 2-15 模具产线设备部署方案图

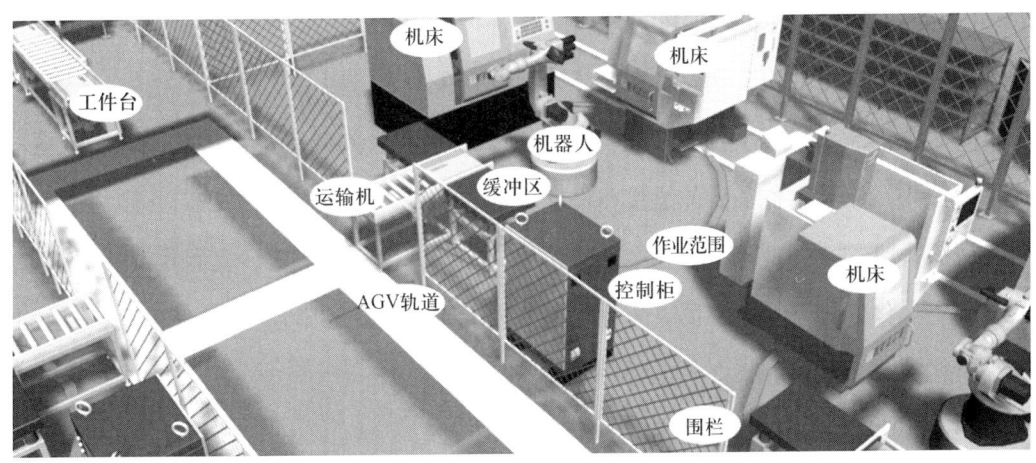

图 2-16 模具产线设备部署方案局部图

第三节 基于数字孪生的产线虚拟调试方法

考核知识点及能力要求：
- 理解基于数字孪生的产线动态仿真方法。
- 掌握基于数字孪生的产线部署方案仿真与优化方法。

一、基于数字孪生的产线动态仿真方法

第二节中建立的三维仿真模型仍是静态模型，尚不能支持产线的动态仿真。为此，本节通过定义工业机器人、生产设备和物流的动态仿真策略，实现对产线的动态仿真。

（一）工业机器人动态仿真方法

如图 2-17a 所示，工业机器人关节分为一级关节、二级关节和三级关节。一级关节负责机器人旋转至相应加工设备方位处，二级和三级关节负责物料的抓取和放置。为了解决物料流转中各个设备位置和尺寸多变的问题，本节设计了机器人运动控制策略，底层为机器人各级关节的基本运动路径，中间层为物料抓取、机器人旋转、机器人复位等操作的控制策略，顶层为针对机器人上下料设计的整体控制策略。层式控制逻辑结构如图 2-17b 所示。

1. 工业机器人运动路径仿真

机器人运动路径是指机器人各级关节按照设定的旋转角度绕着其坐标系做旋转运

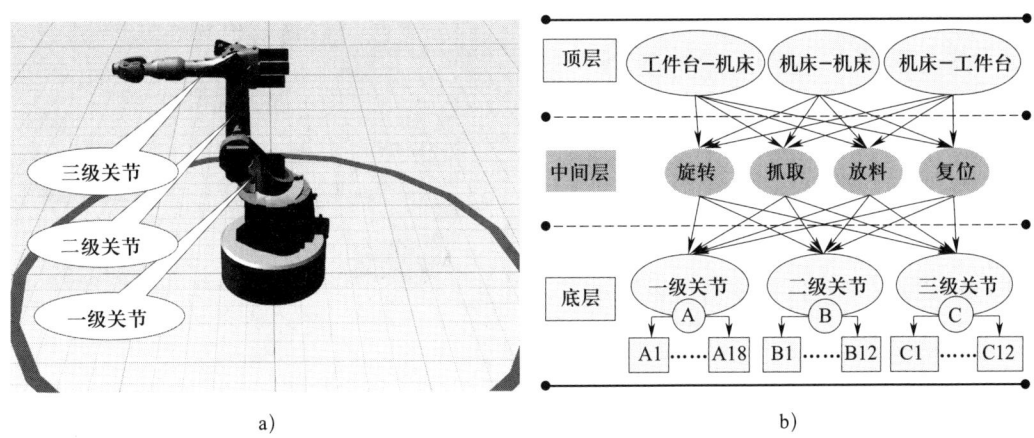

图 2-17 机器人动画控制

a)机器人关节示意图 b)层式控制逻辑结构图

动所形成的运动路径。在 Plant Simulation 中,机器人的控制面板可以设定每级关节的运动路径。如图 2-18 所示,以机器人三级关节运动路径设定为例,用户可以建立不同的运动路径并设定其需要旋转的角度,每个运动路径有唯一的名称标识,路径控制程序可据此控制机器人关节执行相应操作。

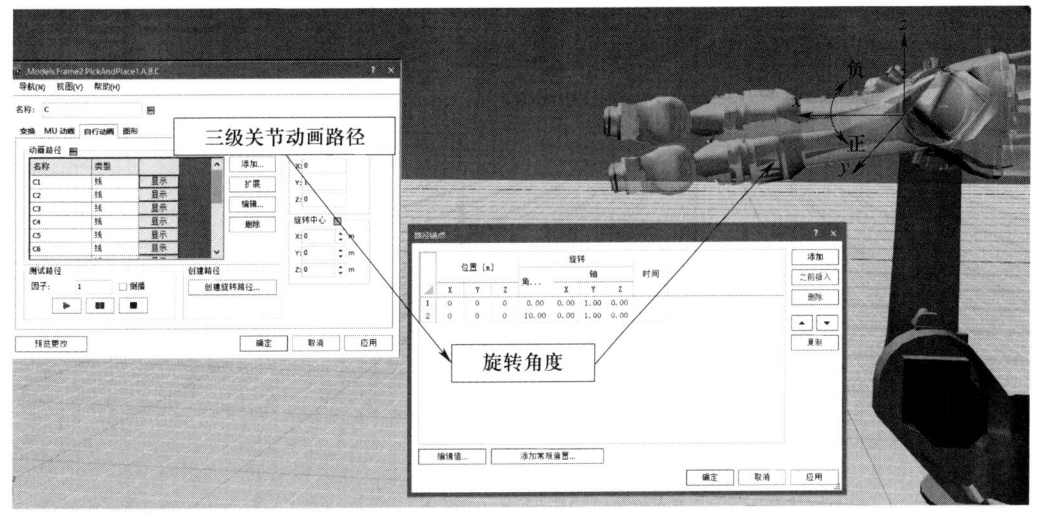

图 2-18 机器人三级关节运动路径设定

(1)一级关节运动路径。一级关节负责机器人旋转至相应加工设备的方位处,为了使机器人仿真具有较好的适应性和扩展性,考虑到机器人和设备的布局形式,将与一级关节有关的运动方位划分为如图 2-19 所示的 4 个方位。机器人一级关节记为 A，相应的一级关节运动路径记为 Amn。例如，A12 表示从方位 1 旋转到方位 2。值得注意的是，一级关节方位设置在父类对象中，在建立每个具体实体时可以继承父类对象的运动路径，也可根据机器人和设备的搭配形式做角度的调整，这有助于减少建模时的工作量并使仿真模型具有很好的扩展性。

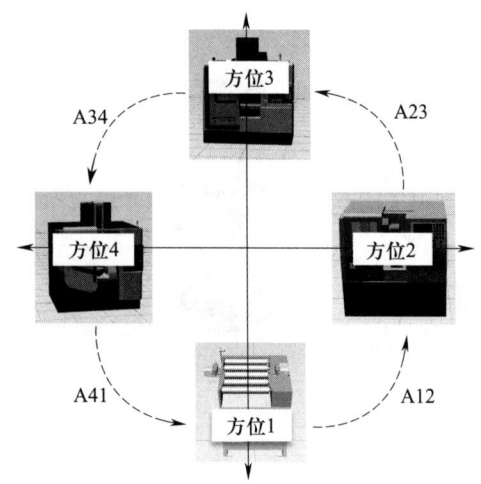

图 2-19 机器人一级关节运动方位

（2）二、三级关节运动路径。二、三级关节运动路径的旋转角度取决于工件在加工设备上的装夹位置，为使机器人能够适应不同装夹位置的变化，将二级、三级关节运动路径的旋转角度按照每 10 度做划分，不足 10 度的以实际角度为准。机器人二、三级关节动画名称及旋转角度见表 2-2。

表 2-2　　　　　机器人二、三级关节动画名称及旋转角度

关节	动画名称及旋转角度			坐标示意图
二级关节（B）	B1（0~10°）	B2（10°~20°）	B3（20°~30°）	
	B4（30°~40°）	B5（40°~45°）	B6（45°~40°）	
	B7（40°~30°）	B8（30°~20°）	B9（20°~10°）	
	B10（10°~0）	B11（0~-10°）	B12（-10°~-20°）	
	B13（-20°~-30°）	B14（-30°~-40°）	B15（-40°~-30°）	
	B16（-30°~-20°）	B17（-20°~-10°）	B18（-10°~0）	
三级关节（C）	C1（0~10°）	C2（10°~20°）	C3（20°~30°）	
	C4（30°~20°）	C5（20°~10°）	C6（10°~0）	
	C7（0~-10°）	C8（-10°~-20°）	C9（-20°~-30°）	
	C10（-30°~-20°）	C11（-20°~-10°）	C12（-10°~0）	

2. 机器人运动学仿真

机器人在上下料时的完整动作由旋转前姿态调整、从默认方位旋转至指定方位、执行抓料及放料动作等子动作构成。机器人运动学仿真是为这些子动作编写控制程序，利用控制程序控制机器人的3级关节执行相应的操作。子动作的控制程序包括Dh0（机器人一级关节从默认位置旋转至指定方位）、Dh1（机器人的二、三级关节旋转前姿态调整）等5种控制程序。这些控制程序基于不同上下料动作需求，通过调用机器人关节的运动路径名称来控制机器人关节执行相应的基本动画。子动作控制程序及对应动作见表2-3。

表2-3 子动作控制程序及对应动作

程序名称	对象类别	动作关节	执行动作
Dh0	Method	一级	旋转至指定方位处
Dh1	Method	二级、三级	调整旋转前姿态
Dh2	Method	二级、三级	抓取姿态复位
Dh3	Method	二级、三级	抓料、放料
Dh4	Method	二级、三级	从工件位置处复位

3. 机器人整体仿真控制

机器人整体仿真控制属于机器人仿真控制的顶层，整体控制的逻辑为：整体仿真控制调用若干子动作控制程序，子动作控制程序再控制机器人关节执行相应的基本动作，从而完全实现对上下料动作的控制。根据工件加工状态不同，整体动作控制分为以下3类。

（1）工件台-设备。机器人将工件从工件台移动到加工设备中加工时所执行的动作。

（2）设备-设备。机器人将工件从上一工序设备移动到下一工序设备所执行的动作。

（3）设备-工件台。机器人将完成加工的工件从加工设备移动到工件台所执行的动作。

以工件台-设备类的机器人动作为例，伴随着工件到达工件台，机器人执行包括从工件台抓取物料、旋转到设备方位、放料、放料完成后复位等子动作，这些子动作构成了机器人上料时的完整动作（见图2-20）。

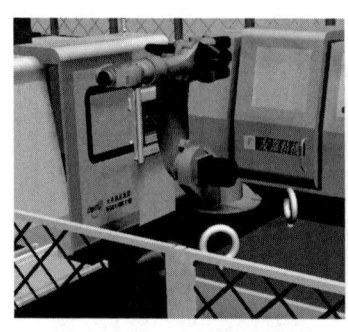
1. 机器人初始状态

2. 工件到达工件台

3. 机器人抓取物料

4. 旋转到设备方位

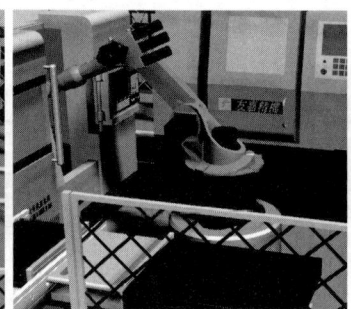
5. 放料

6. 放料完成后复位

图 2-20 机器人上料动作图

（二）生产设备和物流动态仿真方法

基于三维仿真模型和机器人动态仿真控制策略，结合二维模型输出的工艺流程模拟数据，即可实现产线生产设备和物流的动态仿真。不同加工时刻的模具产线虚拟仿真结果如图 2-21 所示。图 2-21a 和图 2-21b 所示分别为 AGV 装载工件和到达目的地时刻的虚拟仿真场景。图 2-21c 所示为 AGV 返回暂存区时刻的虚拟仿真场景。

二、基于数字孪生的物流方案仿真与优化

物流方案仿真和优化主要关注 AGV 可达性、运行路径、数量等，其中 AGV 可达性和运行路径可以通过三维仿真模型较为直观地观察，这里不再赘述。本节主要阐述如何根据数字孪生模型对 AGV 的数量和运行速度等参数进行仿真和优化。

产线利用 AGV 搬运工件时，最重要的是确保 AGV 能够及时响应工件的搬运任务需求，但 AGV 数量和速度的限制往往造成搬运任务并不一定能被及时响应。AGV 响应

图 2-21 不同加工时刻的模具产线虚拟仿真场景
a）AGV 装载工件时刻　b）AGV 到达目的地时刻　c）AGV 返回暂存区时刻

工件搬运任务需求的快慢可以用任务平均响应时间 $\bar{t}_{AGV}$ 来表征。所谓平均响应时间，是指 AGV 搬运一批工件时，在平均每次搬运任务中，从搬运任务发布时刻到执行该工件搬运任务时刻的差值。为合理确定 AGV 数量和运行速度，本节通过数字孪生仿真实验对其进行优化。仿真试验采用 2 因素多水平试验，试验的变量为 AGV 数量和速度，因变量为 AGV 任务平均响应时间 $\bar{t}_{AGV}$。AGV 数量和速度产线需求以及 AGV 运行特点确定，该案例中 AGV 数量取值范围设定为 1 到 5，增量为 1；AGV 速度取值范围设定为 0.2～0.8 m/s，增量为 0.1 m/s，试验总共进行 5×7=35 组。AGV 参数优化试验相关数据见表 2-4。

表 2-4　　　　　　　　　AGV 参数优化试验相关数据

序号	仿真模型中的名称	取值范围	步长	物理意义
1	AGV_Num	1～5 个	1 个	AGV 数量
2	AGV_Speed	0.2～0.8 m/s	0.1 m/s	AGV 速度
3	Response_Time	—	—	平均响应时间

AGV 参数优化试验结果如图 2-22 所示，其中横坐标表示试验方案序号，纵坐标为 AGV 任务平均响应时间 $\bar{t}_{AGV}$。由图 2-22 可知，AGV 速度和 AGV 数量对 $\bar{t}_{AGV}$ 都有影响，随着 AGV 数量增大，$\bar{t}_{AGV}$ 逐渐减小。当给定 AGV 数量时，AGV 速度增大，$\bar{t}_{AGV}$ 也逐渐变小。当 AGV 数量和 AGV 速度分别为 3 个和 0.7 m/s 时（试验方案序号 20），$\bar{t}_{AGV}$ 为 1.18 s，此后无论是 AGV 数量增大或是 AGV 速度增大，$\bar{t}_{AGV}$ 基本不变。考虑到成本因素和面积约束，一方面，较少的 AGV 数量可以节省采购成本并减少产线的 AGV 暂存区面积；另一方面，AGV 在拐弯、装卸载物料时需要加速/减速，速度并不是越大越好。因此本次试验确定的 AGV 参数：数量为 3，速度为 0.7 m/s。

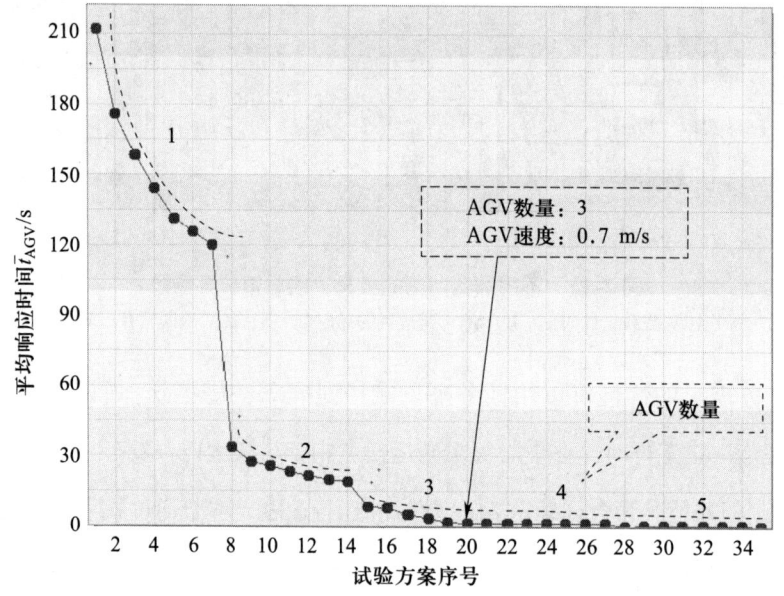

图 2-22 AGV 参数优化试验结果

三、基于数字孪生的产线部署方案调试与优化

基于数字孪生可视化模型，能够直观地对产线部署方案中存在的干涉进行分析，并在产线建设前对部署方案进行调整，从而大幅降低在产线实际安装和调试过程中出现问题的概率。

（一）干涉分析

基于三维仿真模型对产线的工艺流程进行仿真，能够直观地发现产线各工位存在的干涉现象。如图 2-23 所示，通过三维仿真模型发现模具产线的部分设备和产线立柱发生了干涉。

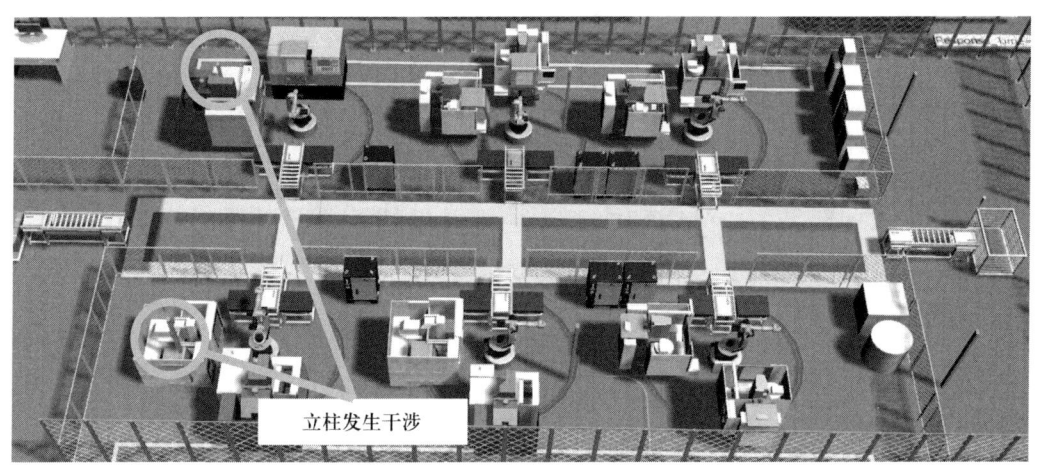

图 2-23　模具产线干涉分析

（二）产线部署方案调整

针对发生干涉的位置，可以通过调整设备位置对部署方案进行优化。本案例中发生立柱干涉的设备位置调整方式如图 2-24 所示。该调整方式不改变原有设备布局方案中上下料位置，只对上下料系统中加工设备的位置进行调整，可以保证前述章节获得的物流方案不受影响。调整后的模具产线设备部署方案如图 2-25 所示。

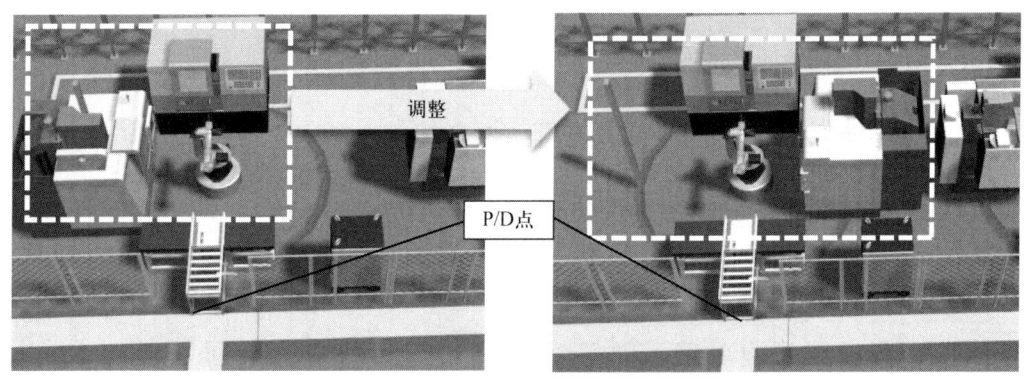

图 2-24　发生立柱干涉的设备位置调整方式

图 2-25 调整后的模具产线设备部署方案

第四节 汽车智能产线虚拟调试案例

考核知识点及能力要求：

- 掌握实际工业环境下面向虚拟调试的数字孪生建模方法。
- 掌握基于数字孪生的汽车智能产线虚拟调试流程。

一、汽车智能产线虚拟部署环境搭建

以某汽车产线为对象，根据生产工艺计划要求所需设备的数量、种类和布局，利用 UG 等建模软件建立生产线各个设备的三维模型，将建立的三维模型导入仿真系统（Plant Simulation 等），搭建该产线的线体模型。该产线的虚拟部署环境如图 2-26 所示。

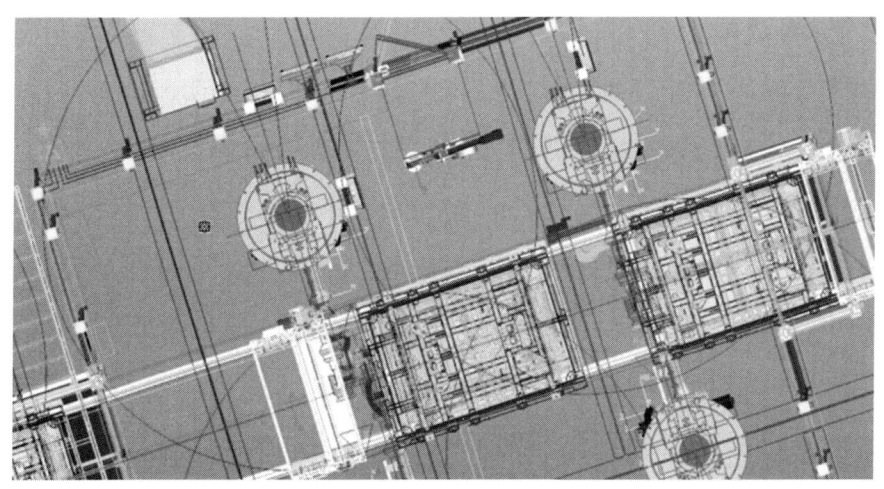

图 2-26 汽车智能产线虚拟部署环境

二、汽车智能产线数字孪生仿真环境搭建

（一）数字孪生可视化模型构建

基于产线虚拟部署环境，通过设备拆分及动作定义、工艺特征导入和仿真、机器人轨迹制作、安全方案及干涉验证等步骤，使仿真环境进一步完善，并可通过标准作业程序（Sequence of Operation，SOP）完成以安全区或者整线为单位的线体联动。该步骤输出的仿真环境已达到安全方案验证、工艺验证、干涉验证和节拍验证的阶段。正在进行轨迹制作和干涉验证的虚拟生产线如图 2-27 所示。

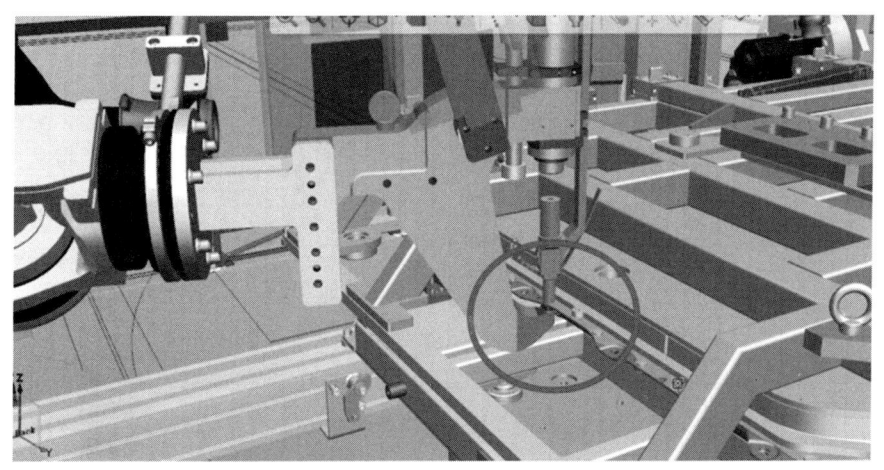

图 2-27 正在进行轨迹制作和干涉验证的虚拟生产线

(二)控制软件设计

软件设计前应先进行基准文件收集,在收集到生产工艺说明、电气控制方案、气路时序图、电气图纸等输入后,便可开始 PLC 离线程序和 HMI 程序设计工作。

离线程序设计工作可分为 6 个流程,分别是程序模板建立、硬件组态建立、符号表导入、安全程序设计、普通程序设计和程序自检流程。

HMI 程序设计工作可分为 5 个流程,分别是程序模板建立、组态配置、定义变量、画面制作和 HMI 自检流程。

在以上控制设计工作完毕后,便可准备进行虚拟调试测试。

三、数字孪生虚拟调试环境搭建

前序阶段的仿真环境搭建主要是基于 3D 实体进行侧重于机械层面的调试验证,虚拟调试环境搭建则是对 3D 实体进行侧重于逻辑控制层面的调试验证。虚拟调试环境搭建包括传感器创建、线体信号创建、工件流控制制作、逻辑和智能组件制作、机器人程序系统创建等步骤。驱动设备智能组件如图 2-28 所示。

在经过虚拟调试环境设计后,仿真环境已具备了与实际线体自动运行环境一致的逻辑条件,此时便可通过外部链接方式连接 PLC 进行虚拟调试操作。

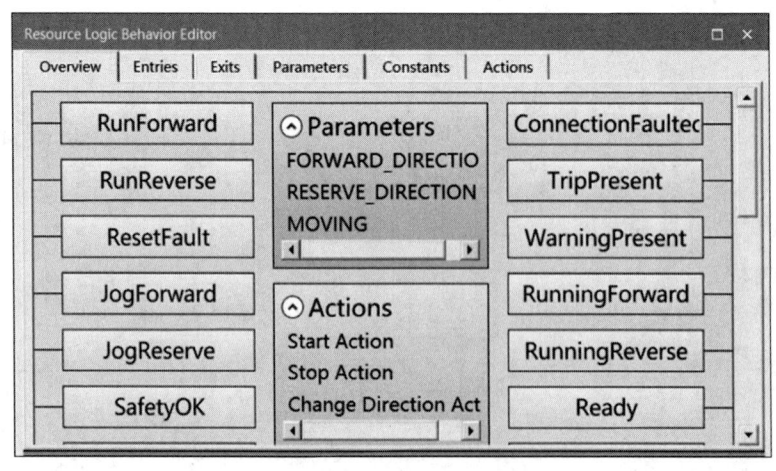

图 2-28 驱动设备智能组件

四、外部数据与控制程序连接

在 PLC 程序及虚拟调试仿真环境都准备就绪后,制作外部连接,搭建虚拟环境与 PLC 的通信接口,以便虚拟环境与 PLC 连接和通信。传统的对象连接与嵌入(Object Linking and Embedding,OLE)协议经过不断发展,形成了用于过程控制的 OLE(OLE for Process Control,OPC)协议。虚拟环境与 PLC 的连接方式可分为硬在环和软在环两种,通常都通过 OPC UA 协议进行通信。硬在环和软在环连接方式分别如图 2-29 和图 2-30 所示。

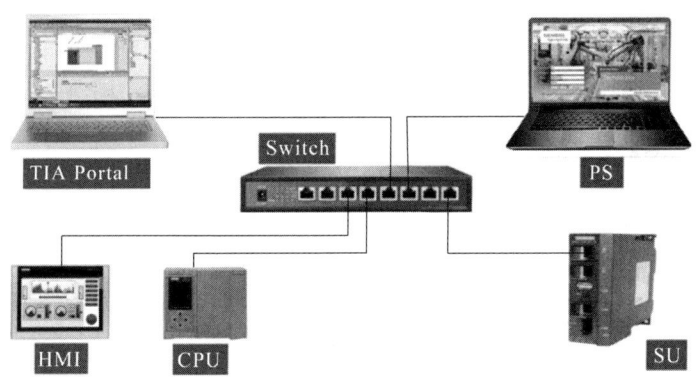

图 2-29 硬在环连接方式

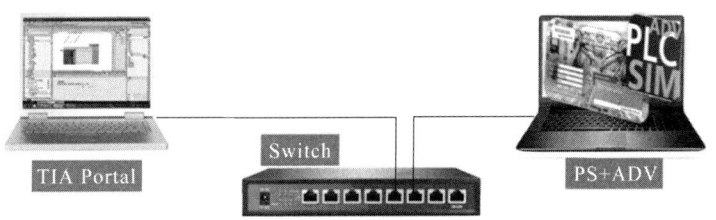

图 2-30 软在环连接方式

某些 PLC 品牌虽然拥有自己的 OPC UA 软件(如西门子 1500 PLC 配套的 PLCSIM Advanced、AB PLC 配套的 RSLinx 软件),但也可以使用通用类软件,如 UAExpert、KepServer 等,实现虚拟调试仿真环境与 PLC 的连接和通信功能。相关软件外部连接原理如图 2-31 所示。

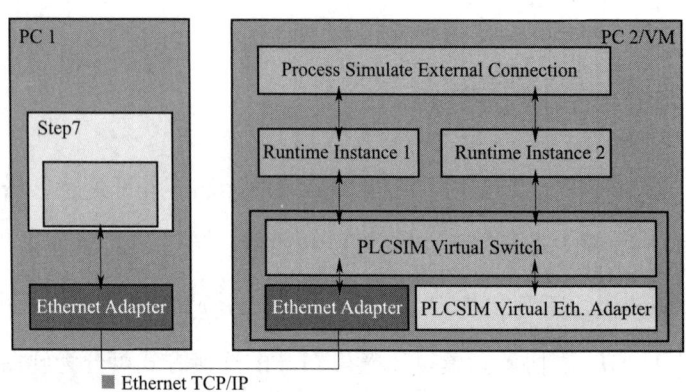

图 2-31 PLCSIM Advanced 与 Process Simulate 外部连接原理

五、汽车智能产线虚拟调试

虚拟调试步骤由手动调试、自动调试、功能测试三个部分组成。

（一）手动调试

手动调试即操作 HMI 画面对 HMI 功能逐项进行检查，以保证画面的显示和功能满足需求。手动调试也包括线体安全功能检查，核对在逻辑控制方面的动态干涉问题，保证安全性。

（二）自动调试

自动调试按阶段可分为单工位空运行、权限空运行、全线带件自动调试、自动生产等步骤。通过自动调试，验证 PLC 程序逻辑的有效性和完整性，完善 PLC 程序，实现虚拟环境下线体自动连续生产。

（三）功能测试

功能测试是根据线体程序实际功能情况，在完成虚拟产线自动调试后，逐项进行检查或测试的过程。通过功能测试，验证 PLC 程序功能的有效性和完整性。功能测试可分为 HMI 功能检查、线体报警检查、设备功能恶意检证等步骤。功能测试阶段的恶意检证如图 2-32 所示。

在最接近实际生产的虚拟调试各阶段，PLC 程序在程序完整性、功能性、安全性等方面都经过了最完整的验证，再经过质量检查和评审后便可应用于现场调试。与此同时，被验证后的机器人离线程序可同步下载输出供现场应用。

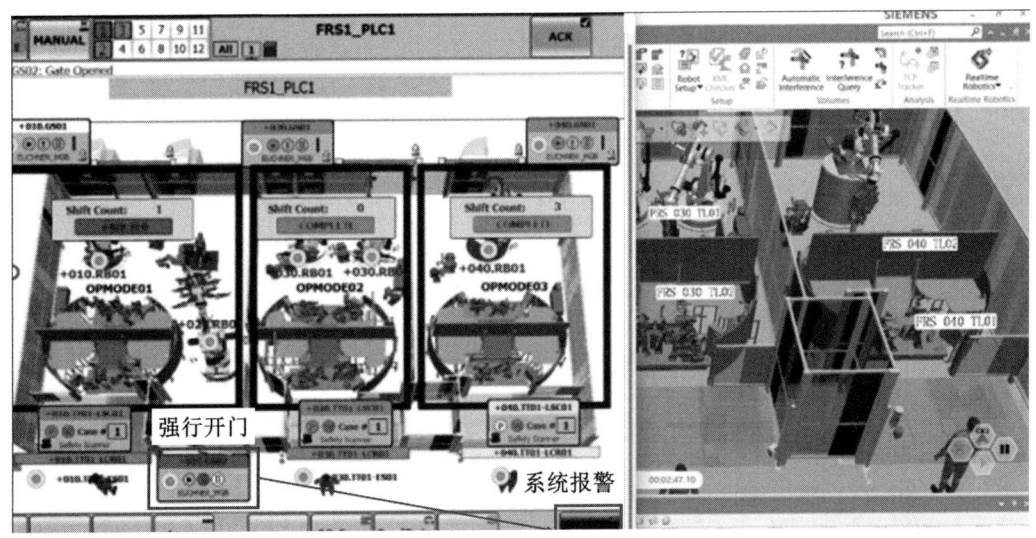

图 2-32　功能测试阶段的恶意检证

思考题

1. 阐述数字孪生的理论构型，明晰其与传统数字化仿真的异同。

2. 阐述数字孪生参考架构中不同层的特点，分析其核心作用。

3. 阐述数字孪生可视化模型的构建流程。

4. 分析数字孪生虚拟调试方法与传统调试方法的特点及优劣。

5. 阐述智能产线虚拟调试的过程。

第三章
智能产线数据采集、处理与分析

工业数据采集是智能制造和工业物联网的基础，是信息化和工业化融合的先决条件，是推动工业物联网全面深度应用的起点，也是制造业转型升级的必要条件。

本章分为四节，内容包括智能产线的数据采集与存储、数据解析与标准化方法及数据标识的相关概念与技术，并提供了产线制造单元应用实例。

- **职业功能：** 智能产线共性技术应用。
- **工作内容：** 工业物联网配置、数据库设计、数据采集与分析。
- **专业能力要求：** 能根据生产实际需求完成智能产线的数据采集与存储、数据清洗与融合以及数据表示等流程，实现智能产线数据的管理与应用。
- **相关知识要求：** 了解智能产线的数据采集方式、物联配置及数据库设计方法；掌握智能产线多源异构数据的解析与标准化方法；了解智能产线物联网数据标识的基本概念及技术，掌握工业互联网标识数据的管理与应用方法。

第一节　数据采集与存储

考核知识点及能力要求：

- 了解智能装备与产线的数据类型，熟悉典型的数据采集方式。
- 了解物联网相关概念及体系，掌握物联网的配置和优化方法。
- 了解数据集成方法，掌握历史数据库和实时数据库的设计方法。

一、数据采集方案设计

（一）智能装备与产线数据采集概述

当前，为实现智能装备与产线的数据采集及应用，国内外工业巨头们纷纷布局工业物联网应用平台：GE 推出工业物联网软件平台 Predix，连接各类工业智能装备，采集智能设备数据（如航空发动机、油气工业设备、风电设备等），通过 Predix 平台中的分析软件对相关数据进行远程分析和业务优化；西门子推出 MindSphere 工业物联网平台，提供设备连接、数据采集、传输和安全存储服务，实现设备状态监测、预防性维护、能源数据管理以及工厂资源优化等；海尔推出 COSMOPlat 平台，构建面向智能制造的工业物联网平台，帮助企业实现全流程的业务模式创新，为中小企业提供柔性制造、供应链协同、设备远程诊断与维护等一体化智能制造解决方案。

针对生产制造过程，工业数据采集可以实现对生产现场各种工业数据的实时采集和整理，为企业的 MES、ERP 系统等信息系统提供大量工业数据，从而实现生产过程的动态优化和智能决策。如图 3-1 所示，典型智能制造单元主要包括数控车床、数控加工中心、工业机器人、工业 AGV、仓储货架及工业看板等。本节将围绕该单元，设计其具体的数据采集和物联配置方案。

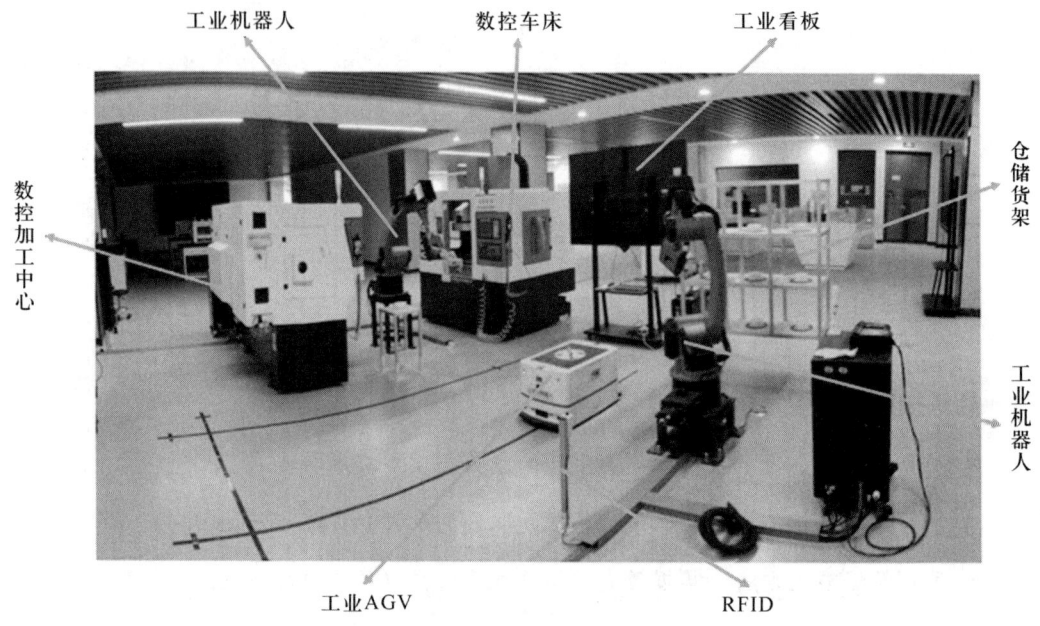

图 3-1　智能制造单元

（二）智能制造单元制造数据特征与分类

制造数据是指从制造车间生产现场到制造企业顶层运营所有生产、交换和集成的数据，包含了所有与制造相关的业务数据与衍生附加信息。制造数据的特征包括以下3个方面。

（1）主要集中于工业设备所产生的大量数据，数据变动频繁，实时性强。

（2）面向具体应用场景进行采集，价值密度较低。

（3）具备物理含义，反映了生产过程或生产设备的某一具体特性。

智能制造单元通过配置大量的传感器与数据采集装置等智能设备，感知车间中的制造数据。这些数据涉及人员管理、质量检测、生产制造、仓储物流等环节。依据制造单元的基本功能以及单元组成，从生产过程数据、设备运行数据、物料产品数据3个方面，归纳分析制造单元的数据类型。智能制造单元制造数据如图 3-2 所示。

（1）生产过程数据。包括人员、质量、生产执行等方面的数据，见表 3-1。

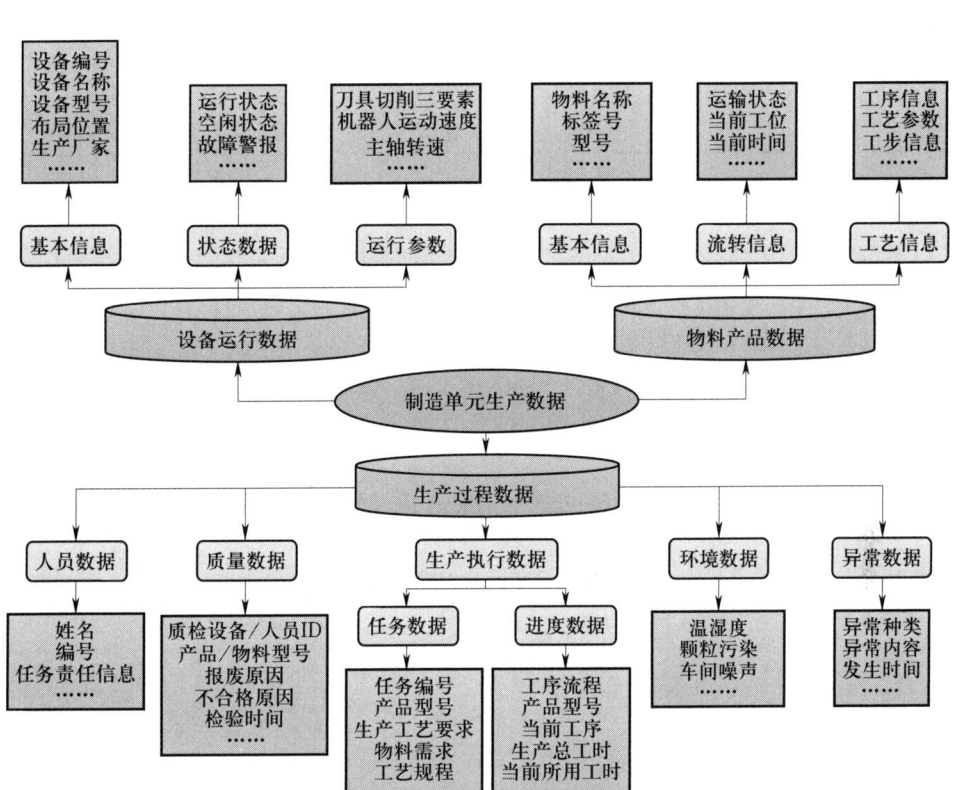

图 3-2 智能制造单元制造数据

表 3-1　　智能制造单元生产过程数据

数据项	数据含义	数据条目
人员数据	与车间的工作人员相关,是生产派工和数据追溯的重要依据	任务责任信息、人员姓名、编号等
质量数据	记录毛坯料、在制品以及成品的质量信息,为产品质量追溯提供可靠依据	质检设备、检验人员、不合格原因、报废原因、检验时间等
生产执行数据	反映了智能制造单元的实时生产加工进展情况	分为任务数据和进度数据。主要包括物料需求、生产工艺要求,以及工序流程、当前工序、生产总工时等
环境数据	描述智能制造单元环境信息的数据	温湿度、$PM_{2.5}$ 颗粒污染、车间噪声等
异常数据	记录生产过程中,人员、设备、物料等出现的异常信息	异常种类、异常内容、发生时间等

（2）设备运行数据。包括设备的基本信息、状态数据和运行参数，见表3-2。

表3-2　　　　　　　　　　　智能制造单元设备运行数据

数据项	数据含义	数据条目
设备基本信息	生产设备的基础信息	设备编号、设备名称、设备型号、生产厂家等
设备状态数据	描述设备当前的生产状态，是实现设备管理与调度的依据	运行状态、空闲状态、故障警报等
设备运行参数	加工过程中预设的各类参数指标以及运行过程中各类动态数据	刀具切削三要素、机器人运动速度、主轴转速、机器人六轴坐标等

（3）物料产品数据。包括物料的基本信息、流转信息以及工艺信息，见表3-3。

表3-3　　　　　　　　　　　智能制造单元物料产品数据

数据项	数据含义	数据条目
物料基本信息	描述产品加工所需物料的基本信息	物料的名称、标签号、型号、供应商、采购日期、加工工艺等
物料流转信息	描述物料转运过程中产生的数据信息，反映智能单元的实时生产状态	运输状态、当前工位、当前时间等
物料工艺信息	描述当前加工物料的工艺信息	工序信息、工艺参数、工步信息以及工位信息等

（三）智能制造单元制造数据采集方案设计

制造单元以生产的智能化、信息化为目的，因此现场生产设备普遍具备一定的数据感知能力。设备内部通过分布式数字控制、编码器等进行数据采集，并通过以太网或串口通信等方式向外界输出。制造单元设备见表3-4。制造单元设备均通过加装无线传感模块，令其具有在无线网络环境下进行数据传输的能力。

表3-4　　　　　　　　　　　制造单元设备

设备名称	型号	采集方式
工业机器人	BRTIRUS1510A	以太网、串口通信、Wi-Fi
工业AGV	TL-BF-300SX-001	以太网、Wi-Fi、串口
数控车床	CK80	以太网、Wi-Fi
监控摄像头	Hikvision	以太网、Wi-Fi

制造单元的生产设备自身可以提供数据集成所需要的下列部分数据。

（1）工业机器人可以提供的数据包括机器人的六轴机械臂位姿信息、PLC 输出信号、机器人工作状态及运行速度等。

（2）工业 AGV 可以提供的数据包括 AGV 的运行状态、当前位置及运行速度等。

（3）数控机床、加工中心可以提供的数据包括刀具加工坐标、机床加工状态、主轴转速及内部 PLC 信号等。

（4）监控摄像头可以提供制造单元的生产影像数据。

现场设备可以提供生产制造所需的部分数据，但无法满足整个制造单元的数据需求，因此还需要配置相应的传感器，对制造单元的数据进行扩展。通过对制造单元制造数据的分析，通过配置 RFID 传感器、能耗传感器、切削力传感器，以及超宽带（Ultra Wide Band，UWB）位置传感器、温湿度传感器等，对制造单元现有的数据进行扩展。制造单元传感器选型信息见表 3-5。

表 3-5　　　　　　　　　　制造单元传感器选型信息

设备名称	采集方式	配置数量	扩展数据
RFID 传感器	Wi-Fi	2 个	物料流转信息
能耗传感器	以太网、Wi-Fi	4 个	设备运行数据
切削力传感器	USB	1 个	设备运行数据、质量数据
超宽带位置传感器	Wi-Fi	4 个	设备运行数据、异常数据
温湿度传感器	串口通信	1 个	环境数据

设备数据需要通过数据采集装置进行感知与获取。本单元所选取数据采集装置为树莓派，在数据采集的基础上，具备一定的计算性能，可以实现数据在边缘端的预处理与协议的标准化等。数据采集设备具体参数见表 3-6。

表 3-6　　　　　　　　　　数据采集设备参数信息

设备图示	参数类型	参数详情
	CPU	64 bit 架构，1.5 GHz 主频，4 核
	蓝牙	蓝牙 5.0
	USB 接口	USB 2.0/USB 3.0
	HDMI	micro HDMI
	Wi-Fi	基于 802.11AC 无线标准 支持 2.4 GHz/5 GHz 双频频段信号

二、物联网配置与优化

物联网（Internet of Things，IoT）又叫"传感网"，指的是利用 RFID、传感器等各种信息传感设备，把所有物品的信息与互联网实时连接起来，实现智能化管理与识别。物联网由三类要素组成：一是智能设备，指工业机器人、数据机床、AGV 等可以完成生产任务和实现智能感知的设备；二是传感设备，即以二维码、射频标签和传感器来识别"物"；三是传输网络，即通过以太网、Wi-Fi、Bluetooth 等方式实现数据的传输与计算。

在智能装备产线中，为实现对产线设备数据的感知，需要考虑在已有设备的基础之上，添加传感器与数据采集设备进行物联配置，构建高效可靠的物联网络，并要求数据的感知具有低时延、高可靠的特性。为减少数据传输延迟、提高通信质量以及降低数据采集设备冗余，以智能制造单元为例，介绍物联网配置与优化方法。以制造单元的物联网络为基础建立物联配置的网络模型，然后从数据采集设备配置入手，实现传感网络的优化配置。

（一）物联配置网络模型

整个物联网络的核心为数据感知节点，即数据空间中具有自感知能力的设备，主要负责数据的采集与传输，包含从节点、主节点与根节点。其中，从节点（Slave Node，SN）是指能够感知物理层设备制造数据的节点，例如机器人的编码器、机床的伺服电动机以及能耗传感器等；主节点（Master Node，MN）是指可以接收从节点感知的物理层设备数据，并将其转发至根节点的数据采集设备，例如树莓派、单片机等；根节点（Root Node，RN）是所有感知数据的汇聚中心，接收主节点采集的设备数据，例如服务器、网关等。如图 3-3 所示，物理层通过从节点（包括工业机器人与 AGV 的内部编码器、数控机床的能耗传感器以及伺服电动机）感知设备获取实时数据，并由主节点（主要是指树莓派）执行数据的传输与转发，由根节点实现数据的云端汇聚。主、从、根节点共同构成了智能制造单元的物联网络。

整个智能制造单元的物联网络围绕根节点进行搭建，因此可将根节点视作物联网络的坐标原点，将其作为数据汇入的中心，围绕坐标原点开展相应的物联配置。由于

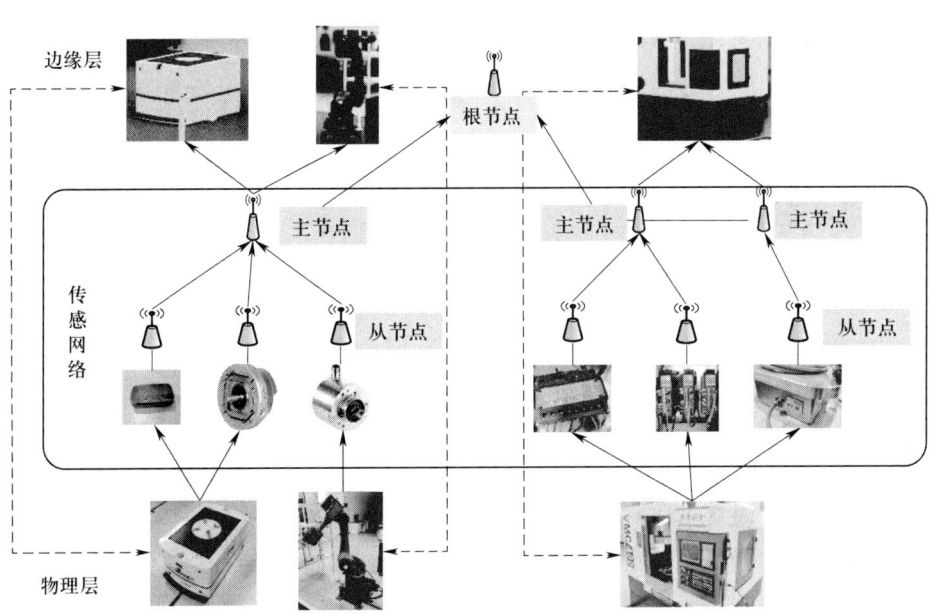

图 3-3 智能制造单元物联配置示意图

制造单元需要面向具体的生产加工过程，会优先考虑设备在生产调度方面的布局需求，根据实际的生产需要进行设备的布局，因此需要基于已有的设备布局进行制造单元的物联配置。

在配置的过程中，需要避免与实际生产活动产生冲突，同时为了规避车间障碍物对于通信效果的不良影响，通常只在某一部分预先设定好的节点上进行节点的配置。基于以上分析，提出以下4点配置过程的合理前提。

（1）为了满足制造单元对于可拓展性的要求，避免出现网状网络拓扑结构的特征，网络通信应采用多对一的方式，即同级节点之间不能直接进行通信。

（2）制造单元传感网络基于树状网络拓扑搭建，制造单元由根节点作为数据汇入的中心。

（3）考虑到实际生产过程中往往存在各类障碍物与禁止区域等，为防止限制数据感知节点的部署，主节点只能够通过预定义的候选位置（Candidate Deployment Location，CDL）部署。

（4）由于设备间距离较近，因此延迟主要取决于数据设备与跟节点的转发次数，即从节点到根节点的最小跳数。

制造单元物联网络（Wireless Network，WN）由传感网络中所有的感知节点组成。其中，$\forall u, v \in WN (u \neq v)$，设备间的网络通信距离为 R，两个设备之间的欧式距离为 $d(u, v)=\|u-v\|$，若满足 $d(u, v)<R$，那么称 u、v 节点相互近邻，设备 u 的所有近邻节点可定义为：

$$Adj(u) = \{\forall v \in WN | Cover(u, v, WN)\} \tag{3-1}$$

式中　$Adj(u)$——设备 u 的所有近邻节点集合；

$Cover(u, v, WN)$——在节点集合 WN 中，u、v 节点相邻。

如果 u、v 两个节点互不相邻，希望实现两个节点的数据通信，那么必须要求这两个节点间存在一个 WN 的子集 R，R 中的点可以通过两两相邻的方式，建立一条 u 到 v 的数据通道，记为：

$$p(u,v) = \sum_{i=1}^{n} p_{adj}(r_i, r_{i+1}), (r_i \in R, r_1=u, r_n=v) \tag{3-2}$$

式中　$p(u, v)$——u、v 之间的数据通路；

$p_{adj}(r_i, r_{i+1})$——两个相邻节点 r_i 与 r_{i+1} 之间的通路；

R——u、v 之间的节点集合（包含 u、v）。

通过追溯数据在路径中的转发过程，可以得出数据的转发次数，亦即节点转发所经历的跳数，记为：

$$\mathcal{H}(u, v) = \mathcal{H}(p(u, v)) \tag{3-3}$$

式中　$\mathcal{H}(u, v)$——数据在路径 $p(u, v)$ 中转发的跳数。

由于设备间的传输延迟主要由数据的转发次数决定，因此为保证设备之间数据通信的延迟最小，需要选取转发次数最小的路径，记为：

$$S(u, v) = \arg\min \mathcal{H}(p(u, v)) \tag{3-4}$$

式中　S——令跳数次数最小的数据转发路径。

数据传输的可靠性主要依赖于数据包的成功接收率（Packet Reception Rate，PRR），在本文中 PRR 的大小主要与两个节点的距离有关。两个相邻节点之间的 PRR 可定义为：

$$PRR(u, v) = PRR(d(u, v)) \tag{3-5}$$

式中　PRR——数据包接收成功率；

$d(u, v)$ ——节点 u、v 之间的欧式距离。

在计算实际的数据包接受率时，往往需要依赖于一条完整的数据转发链路，而每一次的数据转发都可能伴随着部分数据的丢失，因此数据包接收成功率的计算方式有如下定义：

$$\text{PRR}_{\text{path}}(u,v) = \text{PRR}_{\text{path}}(p(u,v)) = \prod_{i=1}^{n} \text{PRR}(r_i, r_{i+1}) \qquad (3-6)$$

式中 $\text{PRR}_{\text{path}}(u, v)$ ——u、v 节点之间整条通信链路数据包接收成功率；

$\text{PRR}(r_i, r_{i+1})$ ——链路中，某两个相邻节点之间数据包接收成功率。

（二）物联网配置方法

物联配置的首要目的是保证每台设备可以通过数据的转发最终将数据交付到数据服务器（根节点）中，智能制造单元对于数据感知的实时性与可靠性具有较高的要求，因此要实现设备的物联配置，既要解决节点的连通性问题，保证每个 SN 都可以建立一条到 RN 的通路，又要对传输延迟与通信质量进行约束。

具体到配置过程中，在实现所有 SN 与 RN 数据互联互通的基础上，所配置的 MN 应保证整个网络的时延与通信质量达到指定的标准，且所有的 MN 部署位置需要从 CDL 中选取。通过在最合适的 CDL 部署 MN，可得到整个制造单元物联网络的优化配置结果。同时，应限制每个 SN 的最大转发次数以及单跳的数据传输质量，保证物联网络获得较低的传输延迟以及较好的网络通信质量。

基于覆盖的中继节点布局（Cover-based Relay Node Placement，CRNP）算法主要用于解决跳数约束下的中继节点部署问题。合理的中继节点布局，将解决整个网络的连通性问题。结合智能制造单元的物联配置网络模型，CRNP 算法总体由三部分组成：一是检测目前给定的设备节点可否实现与 RN 的数据互通，如果可以实现，那么无须部署 MN。二是如果上一步无法实现，那么将部署多个 MN 以建立设备节点与 RN 之间的数据通路。这个阶段主要解决连通性问题，但会引入较多的冗余节点。三是在上一步的基础上，基于对连通覆盖性的分析，对冗余节点进行删除，最终得到整个制造单元的 MN 配置方案。

基于 CRNP 算法，引入时延与通信质量两种约束，在解决整个单元物联网络连通性问题的基础上，尽可能地降低传输延迟，提高通信质量，最终实现制造单元物联网络的优化配置。下面对算法的各个步骤进行详细讲解。

1. 原始网络连通性判断

原始网络连通性的判断过程如图 3-4 所示。

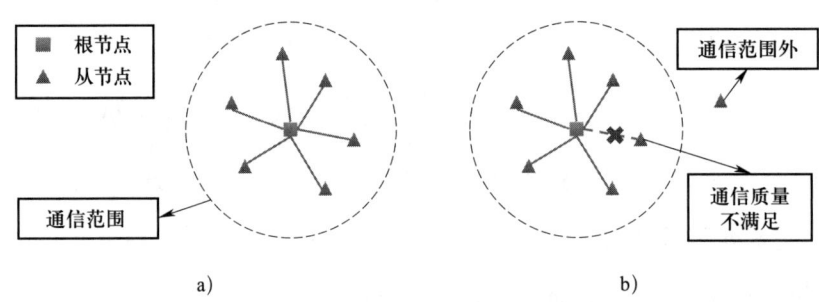

图 3-4 原始网络连通性判断过程
a）原始网络满足条件 b）原始网络不满足条件

建立 RN 到各个近邻 SN 的直接通路，此时对于每一个可以建立通信的设备节点，应满足跳数的约束。如果 SN 不在 RN 的通信范围内，或者 RN 的某一相邻 SN 不满足通信质量的条件约束，则判定原始网络无法在不添加任何 MN 的基础上解决节点连通性问题。否则，则证明目前的网络不需要增设其他的 MN，即原始网络可以满足优化配置的需求。

2. 建立连通网络

连通网络的建立是一个迭代的过程，每一次迭代的目的都是建立相邻节点的数据通信，最终构成所有设备节点到 RN 的数据通路。而节点的通路选择必须受到约束条件的限制，避免出现转发次数过多或者通信质量较差的情况。节点所需要满足的约束主要有两方面：转发的最大跳数限制与单跳通信质量限制。

针对最大跳数限制，有基于跳数的连通性准则，记为：

$$\mathcal{H}(S(v, RN)) \leq \Delta(u) - 1, u \in adj(v) \tag{3-7}$$

式中 $\mathcal{H}(S(v, RN))$——节点 v 到 RN 最短路径的转发跳数；

$\Delta(u)$——节点 u 的最大转发跳数，其中，u 是 v 的某一邻接节点。

同时，节点间建立连接时，需要计算 PRR，当且仅当两个节点之间的 PRR 不小于设定的最小 PRR（PRR_{min}）时，才可建立两个节点之间的连接。其公式为：

$$PRR(u, v) = PRR(d(u, v)) \geq PRR_{min}, v \in adj(u) \quad (3-8)$$

在满足上述约束条件的基础上，连通网络的建立步骤如下：

（1）找到各个与 SN 最近的 CDL，建立连接。

（2）进入迭代过程，每一次迭代在上一次迭代的基础上找到一个最相邻的节点，并与之建立连接，节点之间的连接需要满足通信质量约束。

（3）迭代完成后，建立 SN 与 RN 之间的数据通路，此时需要进行最大跳数的验证，如果出现超过最大跳数的情况，需要跳至第二步，重新进行路径的选择。

（4）完成连通网络的建立。

3. 冗余节点优化

在连通网络的建立过程中，只考虑连通性的要求，可能会导致冗余节点的出现，增加额外的网络配置成本，因此需要对冗余节点进行优化，如图 3-5 所示。

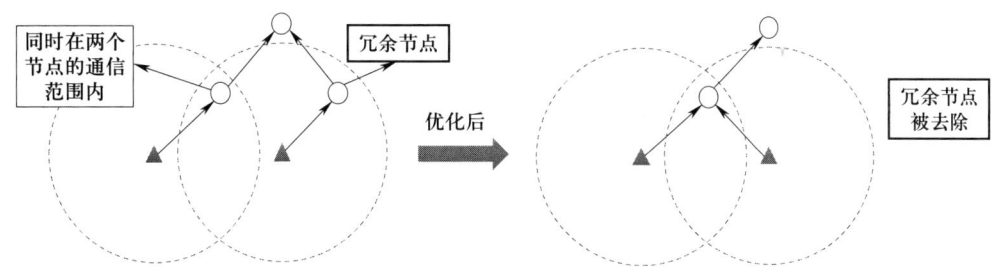

图 3-5　冗余节点优化示意图

对冗余节点进行优化的主要步骤如下：

（1）遍历整个连通网络，找到所有已经选中节点作为 MN 的 CDL。

（2）选择其中的一个 CDL，将该节点去除，验证网络是否依然满足质量约束与连通性准则。

（3）如果满足，那么去除该 CDL。否则，对该 CDL 进行还原。

（4）重复第（2）、第（3）步，直到对所有的 CDL 完成检测，从而去除所有冗余节点。

基于上述内容，得到 CRNP 算法的整体流程，如图 3-6 所示。

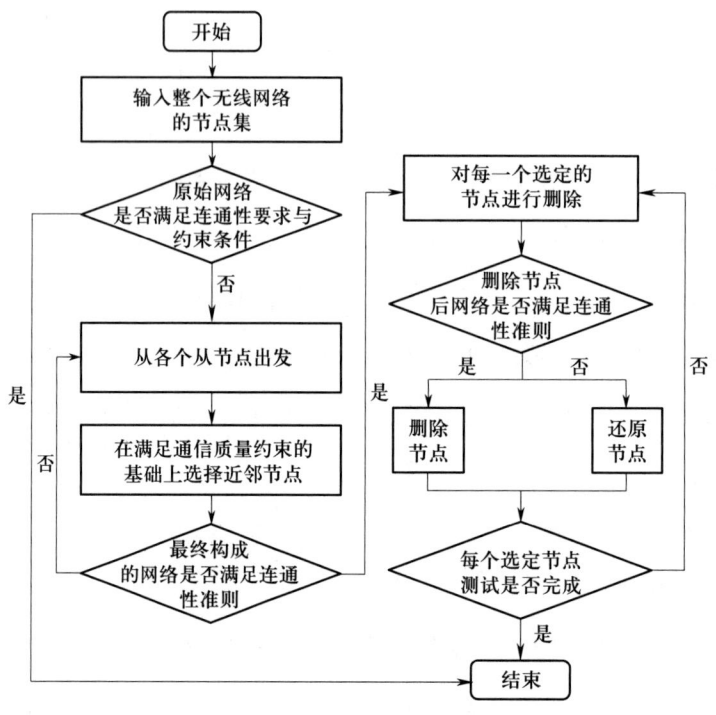

图 3-6 CRNP 算法流程

下面将以智能制造单元具体场景为对象,介绍数据采集设备配置方法的应用。

制造单元的原始设备主要包括云服务中心、数控车床、工业机器人、AGV 和工业看板等。建立以云服务中心为原点的物联网络坐标系,测量得到相关设备的具体位置坐标见表 3-7。其中,云服务中心是数据感知节点中的根节点,其他的设备将被视为从节点。

表 3-7　　制造单元设备坐标信息

设备名称	X 轴坐标 /cm	Y 轴坐标 /cm
云服务中心	0	0
数控车床	60	160
加工中心	56	500
加工区机器人	56	320
仓储区机器人	425	320
AGV	315	275
车床图像传感器	-15	119
加工中心图像传感器	117	550
工业看板	280	500

为了保证 MN 电源供应，且考虑到制造单元中的部分区域无法部署 MN，只能在预定义节点中选择满足要求的节点部署相应的 MN。智能制造单元 MN 部署如图 3-7 所示。

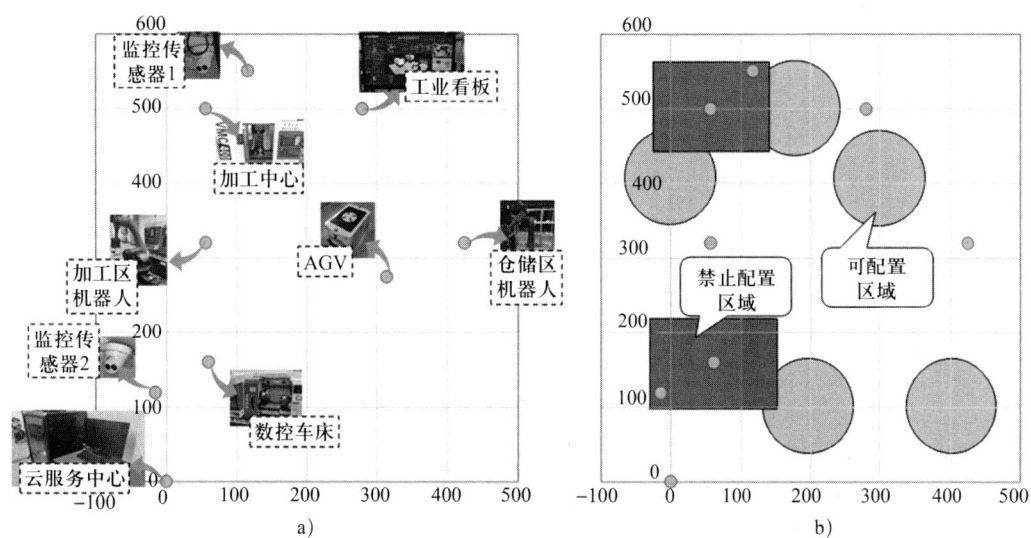

图 3-7　智能制造单元 MN 部署示意图

a）智能制造单元设备布局　b）智能制造单元 MN 可配置区域

图 3-7a 为智能制造单元的设备布局，图 3-7b 为智能制造单元 MN 的可配置区域。黑色部分是禁止部署的区域，在本例中主要原因是数控机床占用面积；而灰色部分是可部署的区域，可以保证 MN 的电源供应。MN 配置的具体区域限制见表 3-8。

表 3-8　　　　　　　　　　　MN 配置的区域限制

区域限制	区域范围
可配置区域	中心为（180，200），半径为 100 的圆形区域
	中心为（400，200），半径为 100 的圆形区域
	中心为（300，400），半径为 100 的圆形区域
	中心为（200，100），半径为 100 的圆形区域
	中心为（180，500），半径为 100 的圆形区域
禁止配置区域	对角线顶点分别为（-25，97）与（143，219）的矩形区域
	对角线顶点分别为（-32，435）与（144，578）的矩形区域

经过 CRNP 算法，获得主节点最终配置结果，其中各个主节点的坐标见表 3-9。主节点在制造单元中的实际配置效果如图 3-8 所示。

表 3-9　　　　　　　　　　主节点配置坐标

配置设备	X 轴坐标 /cm	Y 轴坐标 /cm
主节点	375	454
	206	386
	341	131
	185	64

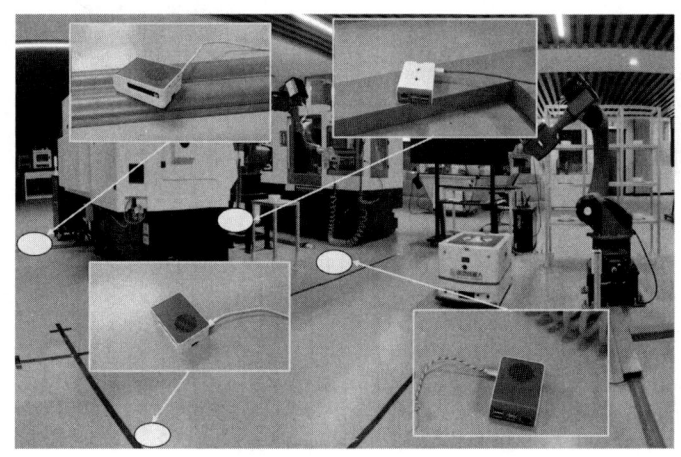

图 3-8　主节点配置效果

三、智能装备与产线数据库设计

（一）基于 OPC UA 信息模型的数据实体映射

OLE 协议经过不断发展，形成了用于过程控制的 OLE 统一框架（OLE for Process Control Unified Architecture，OPC UA）协议。OPC UA 协议内部通过结构化的信息模型来描述设备数据节点的关联关系，实现了对离散节点的有效组织，并通过 NodeId 对节点进行唯一标识。在智能装备产线数据采集过程中，为了实现对多源异构数据的统一描述，通常采用 OPC UA 协议实现数据的获取。为了将采集的数据集成到数据库中，则需要建立 OPC UA 信息模型与数据库数据实体的映射关系。

OPC UA 信息模型中主要包含对象节点、变量节点以及对象类型节点，且要求节点之间明确其父子关系，以构成具有可回溯性质的节点网络。

OPC UA 的对象节点是对设备某一类数据项集合的抽象，有如下定义：

$$on=(id, fn, N)$$
$$N=\{on_1, on_2, \cdots, vn_1, vn_2, \cdots\}$$
（3-9）

式中　on——对象节点；

　　　id——节点的身份编号；

　　　fn——对象节点的父级节点；

　　　N——对象节点的成员节点集合，包括子级对象节点 on_i 与变量节点 vn_i。

OPC UA 的变量节点是描述设备某一具体特性，具有特定数值或语义的节点。为了使 OPC UA 信息模型具有更为清晰的数据结构，在其原有定义的基础上，对变量节点做出如下规定。

（1）变量节点必须是某一条节点网络通路的终点。

（2）变量节点不允许拥有成员节点。

（3）可以通过变量节点访问其父级节点，以保证网络的可回溯性。

综上所述，对变量节点有如下定义：

$$vn=(id, fn)$$
（3-10）

式中　vn——变量节点；

　　　id——变量节点的身份编号；

　　　fn——变量节点的父级节点。

为了对设备的共性元素进行抽象，在对象节点的基础上，对具有共性元素的相似设备类型节点进行统一描述，定义为对象类型节点。以 KND 2000Ti 加工中心为例，对于制造单元中不同的加工中心，可建立 KND 2000Ti 的对象类型节点描述这一类机床，而每一个具体机床则代表了满足对象类型定义的某一个设备节点。该加工中心的类型定义如图 3-9 所示。

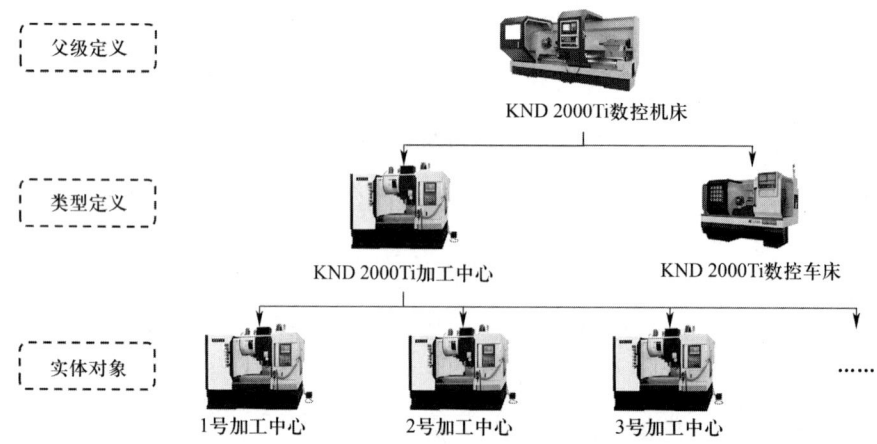

图 3-9 KND 2000Ti 加工中心的类型定义示意图

基于以上论述，对象类型节点有如下定义：

$$otn=(id, fn, N, DN) \tag{3-11}$$

式中 otn ——对象类型节点；

id ——节点的身份编号；

fn ——对象类型节点的父级节点；

N ——对象节点的成员节点集合；

DN ——类型节点所定义的设备节点集合，是一种特殊的对象节点，其结构与对象类型节点相同，用于表征设备的全部生产信息。

机床的 OPC UA 信息模型如图 3-10 所示。类型节点定义了机床设备的结构化模型，通过类型节点的定义复用，可以派生与类型节点具有相同结构的设备节点。OPC UA 信息模型不仅可以实现向下逐级遍历，还可以通过节点的被包含关系找到其父级节点，实现搜索的回溯。模型中的每一条路径，其终点必须为变量节点。

数据集成需要面向历史数据库与实时数据库两种存储实体。历史数据库存储的主要是设备的历史制造数据，数据量较大，通常使用基于硬盘的关系型数据库 MySQL、Oracle 等进行存储；而实时数据库中的数据要求与设备的实时数据保持一致，更新频繁，对数据访问的实时性要求较高，通常采用具有微秒级访问响应的非关系型数据库 Redis、Memcached 进行数据的存储与获取。因此，结合 OPC UA 模型，需要分别设计两种数据库的映射方法。

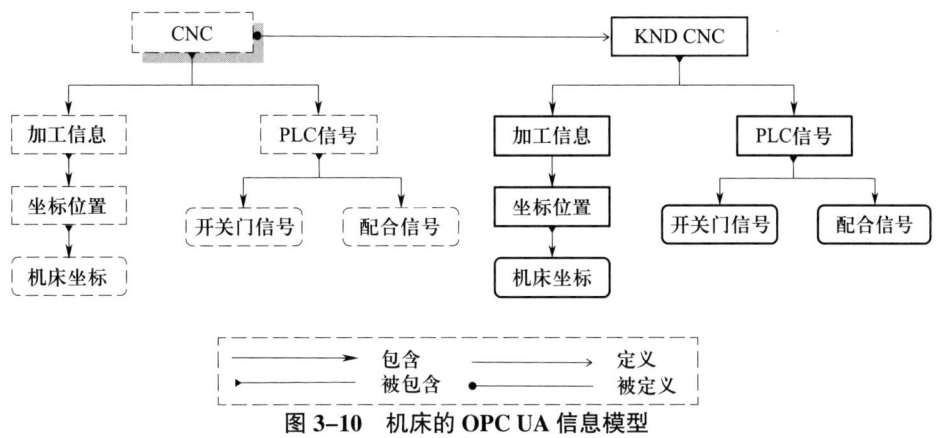

图 3-10 机床的 OPC UA 信息模型

1. 历史数据库映射方法

历史数据库的设计主要由描述数据实体间关系的实体联系（Entity Relationship，ER）图表示。ER 图由数据实体、数据属性与实体关系三部分组成。其中数据实体表示数据模型中的实际数据对象，例如机床数据、机器人数据等；数据属性表示数据对象所具有的具体属性，例如机床的刀具坐标、机器人的转速等；实体关系则用来表示数据对象之间的联系，在数据库中主要通过数据库的外键表示。

数据库的 ER 图与 OPC UA 的信息模型具有极为紧密的联系，基于两者的相似性，建立了历史数据库与 OPC UA 信息模型的映射。其中历史数据库模型有如下定义：

$$
\begin{aligned}
e &= (dn, t, A, FK) \\
A &= \{a_1, a_2, a_3, \cdots\} \\
FK &= \{f_{k1}, f_{k2}, f_{k3}, \cdots\}
\end{aligned}
\tag{3-12}
$$

式中　e——历史数据库的数据实体；

dn——数据所属的具体设备；

t——数据的时间戳；

A——数据项集合；

FK——数据库的外键关系集合；

a——数据表中的数据项；

f_k——数据表的外键。

数据实体可与OPC UA信息模型中的对象节点建立映射；数据属性实际上可与OPC UA的变量节点间建立映射；数据实体之间的关联关系，即数据的外键字段可与变量节点间的关联关系建立映射。相关的映射关系如下。

$$\begin{aligned} f_e &: on \rightarrow e \\ f_v &: vn \rightarrow a \\ f_r &: fn \rightarrow f_k \end{aligned} \qquad (3\text{-}13)$$

式中　f_e——对象节点与历史数据实体的映射关系；

f_v——变量节点与数据表各数据项之间的映射关系；

f_r——节点的父子关系与数据库外键之间的映射。

以制造单元的工业机器人为例，其OPC UA信息模型与历史数据库的映射方式如图3-11所示。在图3-11a中，工业机器人作为顶层设备节点，含有运动数据和PLC信号两个对象节点，对象节点下包含其余各个数据变量节点。在图3-11b中，工业机器人包含了另外两个数据实体，机器人运动数据与机器人PLC信号，而这两个被包含的数据实体又由其他的数据属性组成。

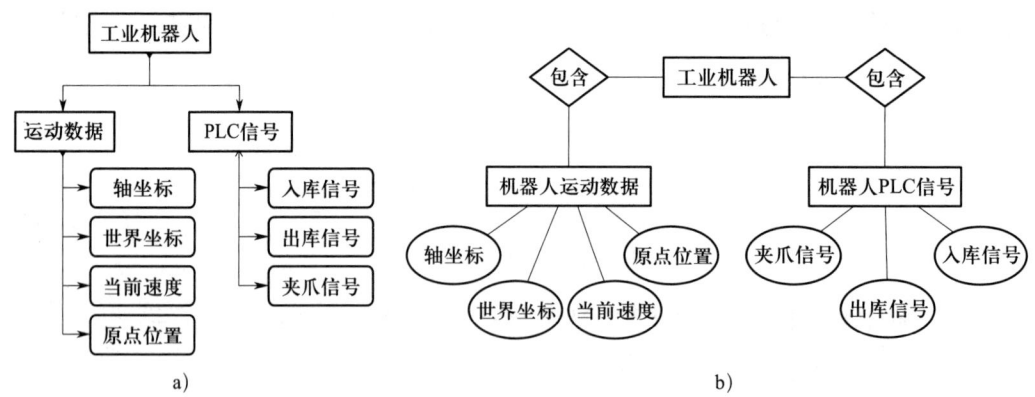

图3-11　工业机器人OPC UA信息模型与历史数据库的映射方式
a）OPC UA节点模型　b）数据实体ER关系图

2. 实时数据库映射方法

区别于历史数据库具有的描述数据关系的ER图模型，实时数据库主要通过Key-Value的形式组织数据，实际存储的是离散的数据节点。实时数据库内部基于高性能哈希索引算法，以微秒级的响应速度实现数据的获取。由于实时数据库通常基于内存的数据库，存储能力有限，因此内部只保留设备的最新数据，不存储其他历史数据。

为了对实时数据库中的离散数据进行近似结构化，需要设计合理的节点索引键值。结合 OPC UA 信息模型的特性，将实时数据库键值定义为：针对某个特定设备的某类具体属性中某项数据的数值。根据以上的定义，如需获取一个离散数据节点的值，首先需要知道其针对的具体设备，其次需要明确数据主要描述设备的哪一个具体部件或哪一类物理特性，最后需要知道描述部件或特性的具体数据项。基于以上论述，结合 OPC UA 信息模型，得出实时数据库键值的形式化描述为：

$$key=(dn, on, vn) \tag{3-14}$$

式中　key——实时数据库键值；

　　　dn——设备节点；

　　　on——对象节点；

　　　vn——变量节点。

以智能制造单元中的仓储区机器人为例，其运动数据中的轴坐标与 PLC 信号中的夹爪信号均为变量节点，其父级节点与设备节点名称共同构成了两个数据节点所对应的实时数据库键值。节点所对应的键值通过冒号进行分隔，分隔数据从前至后依次代表设备节点、对象节点与变量节点。设备数据节点在实时数据库中的表示如图 3-12 所示。

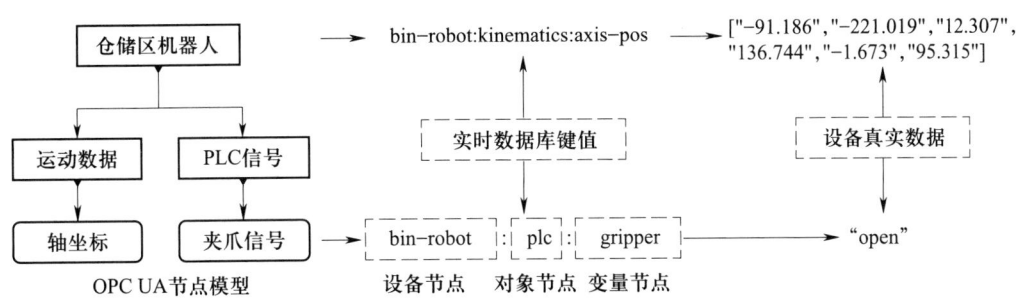

图 3-12　设备数据节点在实时数据库中的表示

（二）历史数据库设计

智能装备与产线的数据集成过程为：数据服务器通过 OPC UA 协议接入数据采集设备，解析数据采集设备所部署的 OPC Server 内部的信息模型，并基于数据实体映射关系，生成具体的数据库，进行持久化存储。

1. 生成数据实体

基于设备的 OPC UA 信息模型及 OPC UA 信息模型与历史数据库的映射方法，根据历史数据库所支持 SQL 语法规则，将映射过程进行语义化表达，最终转化成数据库语法引擎可以识别的 SQL 语句。具体过程如下。

（1）采用自顶向下的方式，将对象类型节点下的每一个对象节点与具体的某一个数据表对应。

（2）数据表的各个数据字段来自对象节点的变量成员节点。

（3）通过添加外键约束的方式，表示对象节点与其父级节点、子级对象成员节点之间的数据关联。

（4）由于历史数据的索引是基于时序数据的方式，因此还需要添加具体的时序字段，用于表示数据段的具体更新时间。数据库的建立需要考虑 4 个方面：设备 ID、数据属性、数据时序以及外键关联。

以机器人的数据实体生成为例，简化后的过程如图 3-13 所示。

2. 存储过程的持久化

历史数据库的存储主要是通过执行对应的 SQL 语句，由数据库内部的语法引擎进行解析，最终在内部执行具体的存储。而描述存储过程的 SQL 语句可以采用抽象语法树（Abstract Syntax Tree，AST）的形式进行表示。通过建立 OPC UA 信息模型与面向存储过程的 AST 之间的映射，生成描述存储过程的 SQL 语句，将其保存在特定的数据库中。当需要执行数据的集成时，直接从 SQL 语句库中提取所需要的语句，执行具体的数据集成操作。存储过程持久化的具体过程如下。

（1）采用自顶向下的方式对 OPC UA 信息模型进行遍历。

（2）基于 AST 建立 OPC UA 信息模型到存储过程的映射。

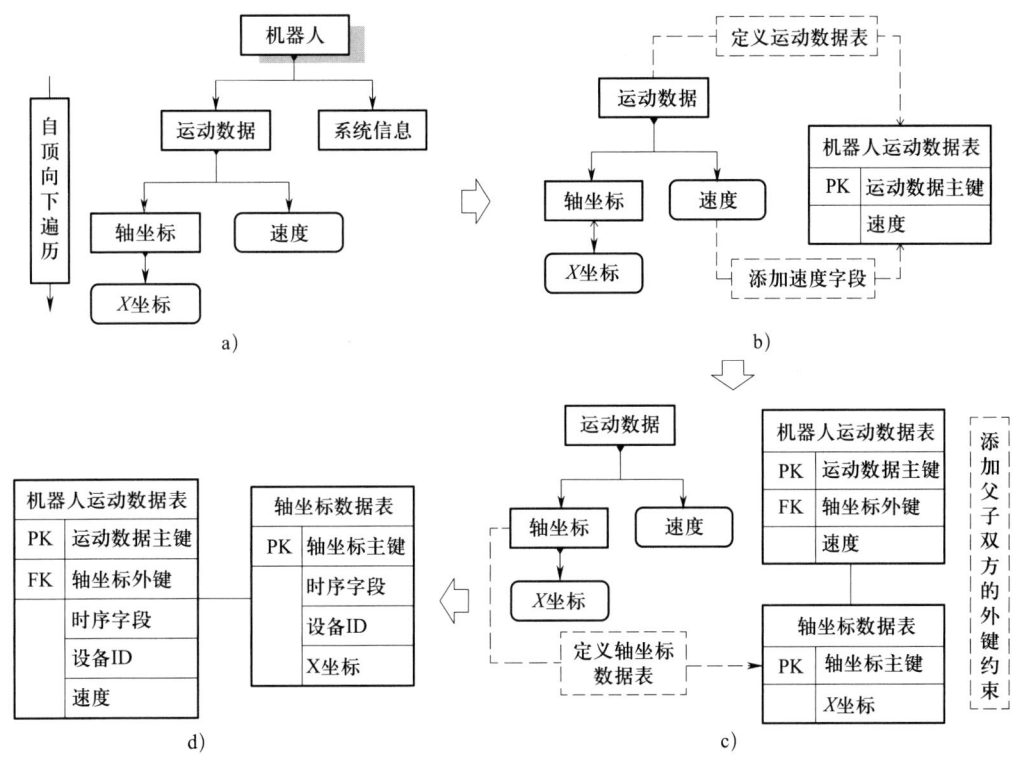

图 3-13 机器人数据实体生成过程

a）开始建表 b）定义表结构 c）添加外键约束 d）添加时序字段与设备 ID

（3）为了便于 SQL 语法引擎识别具体的存储过程，将存储过程进行语义化处理，同时在 OPC UA 模型的基础上添加针对设备 ID、时序字段以及主键的存储。

（4）为了复用存储过程，将语义化后的存储过程存储在指定的数据库中，存储过程通过对应的 OPC UA 对象节点进行索引，进而在数据集成过程中直接调用。以机床为例，其数据存储过程的持久化如图 3-14 所示。

（三）实时数据库设计

相比较于历史数据库的存储，实时数据库不支持数据关系模型，内部实际存储的都是离散数据节点，采用 Key-Value 的形式执行数据的更新或获取。实时数据库的数据节点在第一次执行数据更新时自动生成，信息模型中各个节点与其对应的键值以及身份编号之间都具有一一对应的关系，因此可以建立节点身份编号与变量节点实时数据库键值之间的映射，进而实现实时数据存储过程的持久化。当实时数据库中的数据需要更新时，直接通过索引节点的身份编号获取其对应的键值，实现数据的更新。根

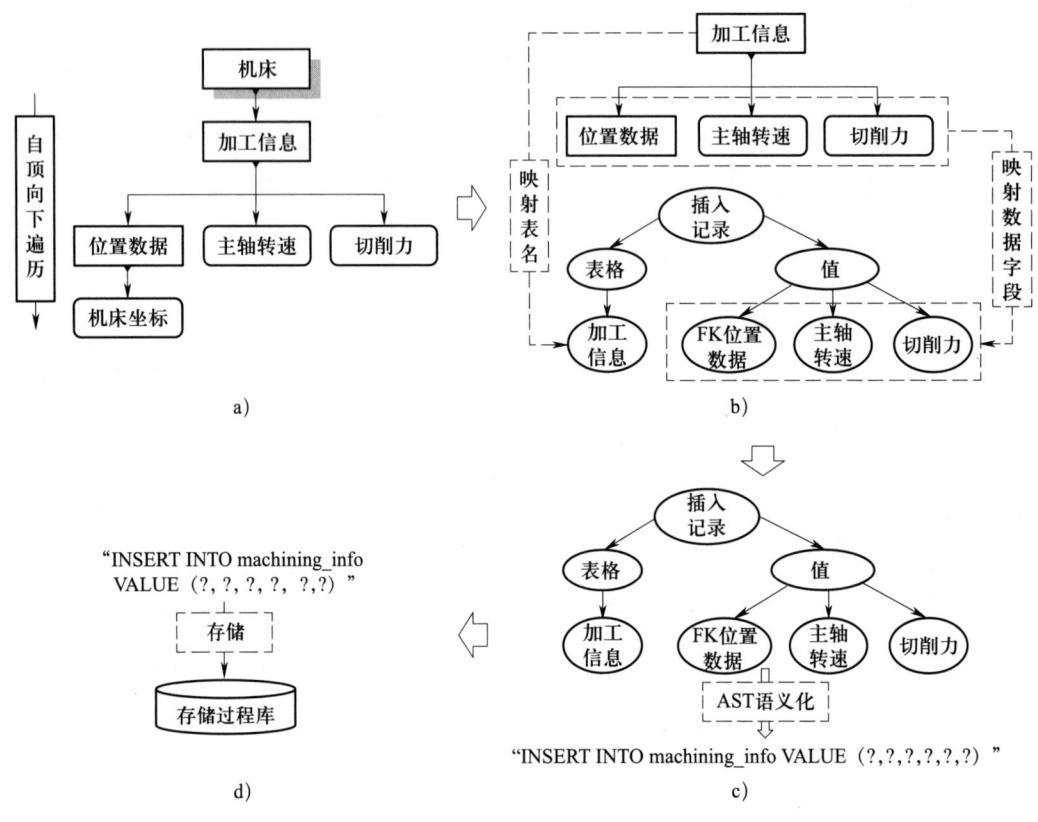

图 3-14 机床数据存储过程的持久化

a）开始构建存储过程　b）建立描述存储过程的抽象语法树　c）存储过程的语义化　d）存储过程持久化

据 OPC UA 信息模型和实时数据库之间的映射关系，以 AGV 的实时数据存储为例，其存储过程的持久化如图 3-15 所示。

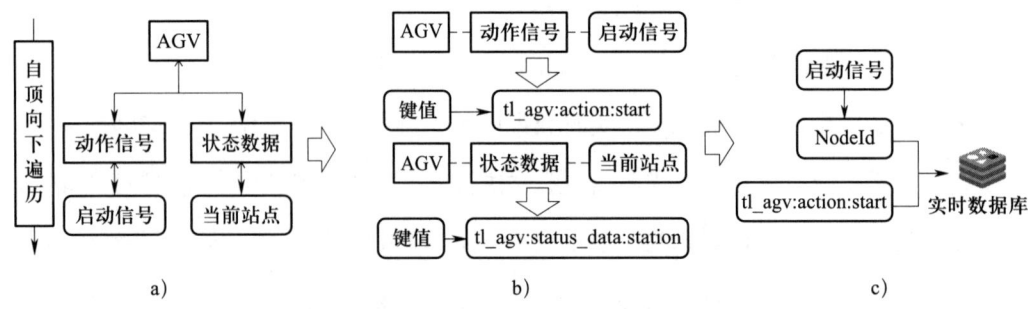

图 3-15 AGV 实时数据库存储过程的持久化

a）开始遍历过程　b）生成键值　c）存储过程持久化

下面以智能制造单元为例,介绍智能产线数据库设计过程。输入制造单元各个主要设备的信息模型,生成对应的实时数据存储实体与历史数据存储实体,分别如图 3-16 与图 3-17 所示。在实时数据中,车床的生产信息主要包括数控(Numerical Control,NC)代码、加工信息、生产状态以及系统信息等;AGV 的生产信息主要包括了 AGV 的运动信息以及状态数据;机器人的生产信息主要包括运动数据、PLC 信号、系统信息以及能耗数据。

智能制造单元的持久化存储过程如图 3-18 所示。历史数据的存储过程表主要由对象节点所对应的数据表名称、描述存储过程的 SQL 语句及变量节点对应的数据列组成。当生产车间需要执行相应的存储任务时,调用 OPC UA 节点所代表的具体存储过程,执行制造数据的集成。由于采用键值更新的方式,不保留历史数据,因此通过身份编号索引节点所对应的键值,可执行实时数据的更新。

图 3-16 智能制造单元实时数据存储实体

a)车床实时数据库键值表　b)AGV 实时数据库键值表　c)机器人实时数据库键值表

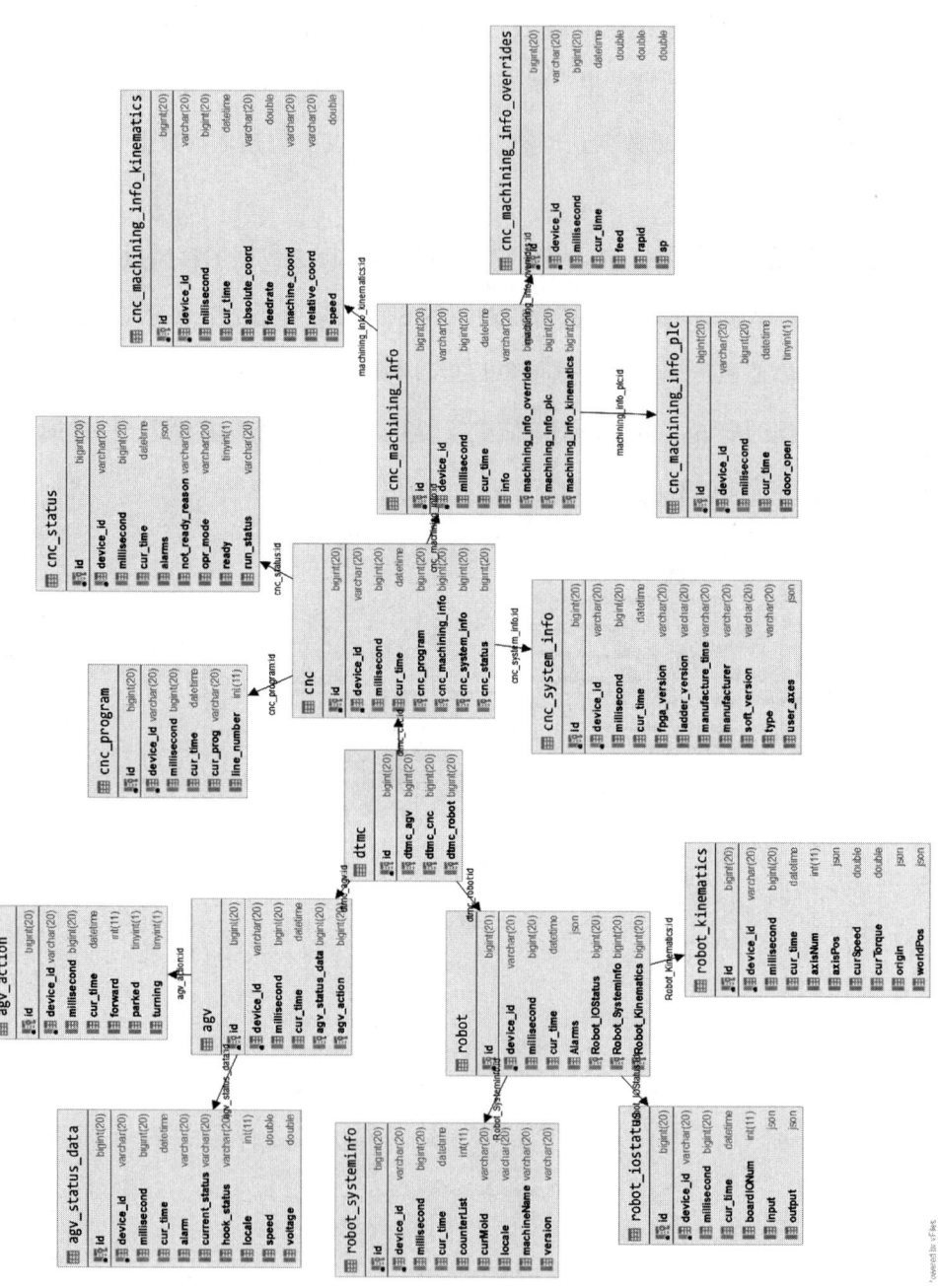

图 3-17 智能制造单元历史数据存储实体

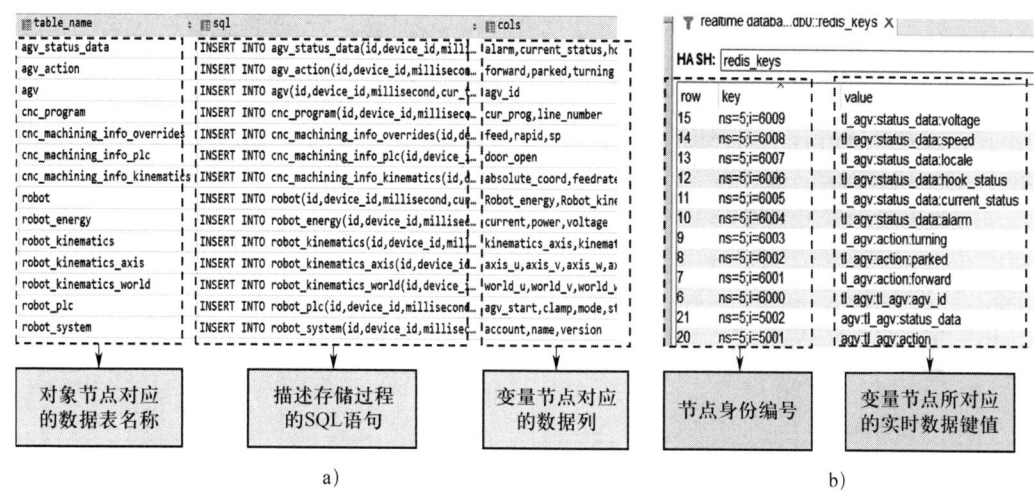

图 3-18 智能制造单元的持久化存储过程
a）历史数据的持久化存储过程 b）实时数据的键值列表

第二节　数据解析与标准化

考核知识点及能力要求：

- 了解智能装备与产线数据的异构特性、解析与标准化需求。
- 了解元数据技术，掌握智能装备与产线的数据解析方法。
- 了解 OPC UA 协议，掌握智能装备与产线的数据标准化方法。

一、数据解析与标准化需求

智能装备与产线部署了大量异构设备，这些设备的数据协议复杂多样，导致设备的连接方式、数据格式以及协议帧语义等呈现出异构特性。在实现物联配置后,边缘设备可以通过设备或传感器所提供的数据协议,采集设备的制造数据。由于设备生产功能、硬件构成以及生产厂商等不同,因此其数据协议往往具备多源异构特性,为数据的感知带来困难。智能装备与产线常见设备的数据特征见表3-10。

表3-10　　智能装备与产线常见设备的数据特征

设备名称	数据协议	数据格式	传输方式	数据项
AGV	AGV通信协议	二进制	TCP/串口	以设备运行数据为主,包含AGV运行状态、运行速度等
数控机床	REST通信协议	JSON	HTTP	以设备运行数据为主,包含机床的刀具位置坐标、加工状态、主轴转速等
RFID	思谷数据通信协议	二进制	TCP	以物流转运信息为主,主要记录物料当前工位、运输状态等信息
机器人	远程通信协议	JSON	TCP/UDP	以设备运行数据为主,包括机器人运行状态、六轴位姿坐标等数据
UWB传感器	UWB定位数据协议	JSON	HTTP	主要以设备运行数据为主,记录AGV的实时位置坐标
能耗传感器	Modbus协议	二进制	TCP	以生产过程数据为主,记录设备的电流以及功率等能耗数据

针对所述数据特征,智能装备与产线的异构特性主要体现在:连接方式的异构性、数据交换的异构性以及协议帧的异构性3个方面。

(一)连接方式的异构性

连接方式的异构性主要是指设备数据的采集往往需要依赖于不同的传输协议,例如传输控制协议(Transmission Control Protocol,TCP)、超文本传输协议(Hypertext Transfer Protocol,HTTP)、消息队列遥测传输(Message Queuing Telemetry Transport,MQTT)等。不同的传输协议对数据采集所需要的设备、硬件接口等均有不同的要求。同时,设备连接建立所需要的网络地址以及地址类型也会有所不同,如TCP协议需要的是设备套接字(Socket)地址,而HTTP协议需要的是统一资源定位系统(Uniform Resource Locator,URL)地址,MQTT所需要的则是会话(Topic)地址。

(二)数据交换的异构性

数据交换的异构性主要是指不同设备进行数据交换时,可能使用不同的数据格式，常见的如二进制、JavaScript 对象简谱（JavaScript Object Notation，JSON）等。对于不同格式的数据，通常需要采用不同的数据预处理方法以提取真实的设备数据。

（三）协议帧的异构性

对于具有相同数据格式的协议帧，由于面向的工业应用场景不同，其设备数据可能蕴含不同的生产语义，因此还需要结合协议文档，将协议帧中的数据与真实设备数据进行一一对应。同时，对于不同设备的数据协议，通常会在协议帧中添加相应的冗余数据，用于标识数据请求成功与否以及数据帧长度等。

综上，为实现对多源异构数据的集成和融合，生产制造企业亟须完成数据的有效解析和标准化。

二、智能装备与产线数据解析

随着数据驱动的智能化生产技术的不断发展，智能装备与产线的数据种类呈几何级数不断增加。为了能够对不同种类的数据进行管理和分类，元数据技术在这方面的重要性日趋凸显。

元数据是一种描述信息实体特征的结构化编码数据（包括单个对象，集合或系统），主要用于帮助识别、发现、评估、管理和保存所描述的数据实体。多源异构数据的主要描述方式是以文本文档来描述某一类协议的相关特性，是一种典型的非结构化数据。因此可以通过建立异构数据的元数据模型，提取描述协议相关特性的关键数据，并通过可扩展标记语言（eXtensible Markup Language，XML）技术建立描述协议特性的文件实体，为异构协议解析过程提供输入。

数据解析用于描述元数据信息，通过数据解析中的数据连接、数据请求、数据接收、数据解析等步骤，可以提取出用于描述数据协议所必需的元数据。数据协议关键元数据如图 3-19 所示。

数据连接属性主要用于描述建立边缘设备与现场设备之间网络通信所需要提供的数据，包括传输协议类型、设备网络地址与附加协议属性。数据连接属性的元数据含义见表 3-11。

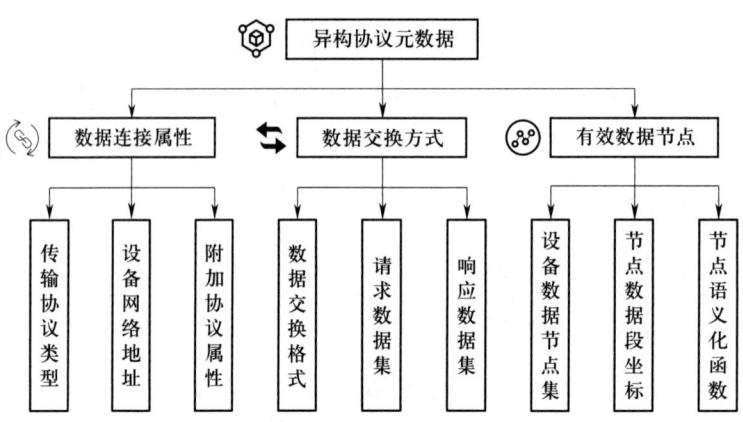

图 3-19 数据协议关键元数据

表 3-11　　　　　　　　　数据连接属性的元数据含义

元数据名称	含　义
传输协议类型	用于描述网络通信所采用的具体传输协议，如 TCP、HTTP 协议等
设备网络地址	描述特定局域网络中的设备网络地址，主要是指设备的网际互联协议（Internet Protocol，IP）地址或者 URL 地址等
附加协议属性	用于描述协议的某些附加属性，以适配特定的生产环境要求，如 TCP 协议中的长连接属性与传输控制算法（Nagle 等）配置等

数据交换方式主要用于描述边缘设备与现场设备之间的数据交换格式，以及数据请求帧与数据响应帧的集合，即请求数据集和响应数据集。数据请求帧与数据响应帧之间存在着一一对应的关系，即设备发送某种数据的请求帧后，会接收到与之对应的数据响应帧。数据交换方式的元数据具体含义见表 3-12。

表 3-12　　　　　　　　　数据交换方式的元数据含义

元数据名称	含　义
数据交换格式	用于描述设备与边缘设备间进行数据交换的具体数据格式，如二进制数据、JSON 或 XML 数据等
请求数据集	设备可识别的所有请求数据的集合，与响应数据集之间具有一一对应的关系
响应数据集	设备返回的所有响应数据的集合，与请求数据集之间具有一一对应的关系

有效数据节点主要用于描述响应数据中的有效原始数据，包括各个数据节点所代表的具体含义、该节点在响应数据中的具体数据段，以及协议文档所定义节点的语义

化函数关系。其中，语义化函数主要可以分为数值处理函数以及模糊数据语义化函数。数值处理函数主要是基于协议帧的原始数据值进行计算所获得的反映设备真实属性的数据，如能耗电流数据，需要将多个协议帧上的节点数据进行计算才能得到最终结果；而模糊数据语义化函数是指基于协议文档提供的数据对照关系，将数据转换成反映设备真实语义的数据，如在协议帧中通常采用某些数值常量来表示设备真实的工作状态，用"1"表示机床"正在运行"。

通过基于异构数据的元数据分析可以看出，发送不同的数据请求或者访问设备的不同地址，设备会回复不同的响应数据。如果将异构数据看作由各个协议元所构成的整体，那么某一个协议元将会与特定的数据请求对应，而不同数据请求返回的数据节点，建立连接的方式也将会有所不同。因此异构协议的元数据模型可以形式化表示为：

$$p=(C, E, N)$$
$$P=\{p_1, p_2, \cdots, p_{n-1}, p_n\}$$
（3-15）

式中　p——组成异构协议的某一协议元；

C——协议元的连接建立元数据；

E——协议元的数据交换元数据；

N——协议元的数据节点；

P——由各个协议元组成的异构协议。

数据连接属性主要由传输协议类型、设备网络地址与附加协议属性构成，可形式化表示为：

$$C=(t, a, c) \tag{3-16}$$

式中　C——协议元的连接建立元数据；

t——传输协议类型；

a——局域网络中的设备网络地址；

c——建立连接所需要指定的配置属性。

由于指定的数据请求帧与协议元具有一一对应的关系，数据交换格式的元数据模型不再反应请求帧的集合，而响应帧在协议模型中主要通过设备节点集合来表示，因此推出数据交换格式的形式化表示如下：

$$E=(f, q) \tag{3-17}$$

式中 E——协议元的数据交换元数据；

f——数据交换的具体格式；

q——发送的数据请求帧。

设备数据节点反映了响应数据中的有效数据集合。对于某一段原始数据而言，其值本身就代表某一设备属性的真实值，而对于另外的一段原始数据，可能需要按照协议文档所定义的具体语义化函数对数据进行转义处理，使其反映真实的设备状态信息。数据响应帧所包含的一切设备数据节点的集合构成了响应数据中的全部有效数据。设备数据节点的形式化表示如下：

$$\begin{aligned} n &= (i, vt, s) \\ N &= \{n_1, n_2, \cdots, n_{m-1}, n_m\} \end{aligned} \tag{3-18}$$

式中 n——数据节点；

i——数据节点在协议帧中的具体坐标位置；

vt——数据节点的数据类型；

s——节点的语义化函数；

N——协议元的数据节点。

元数据有多种结构化的描述形式，包括 XML、资源描述框架（Resource Description Framework，RDF）以及资源描述语言（Resource Specification Language，RSL）等。其中，基于 XML 的元数据结构化描述具有结构严谨、易于理解与解析等优点，在元数据领域得到了广泛的应用。以智能装备与产线的典型加工设备——数控机床的当前加工状态为例，数据交换的格式采用 JSON 格式，请求数据要求为空。机床加工状态返回的响应数据及各个数据所表示的含义如图 3-20 所示。其中，"①"表示的是 HTTP 协议的响应头字段，主要用于描述本轮响应数据的相关特性，例如协议版本、响应码、数据格式等，属于冗余数据。而"②"则是描述机床当前加工状态的有效数据。

为了提取异构协议模型中的元数据，拟采用面向对象思想，通过程序语言建立协议数据模型的简单 Java 对象（Plain Old Java Object，POJO），从而令数据模型

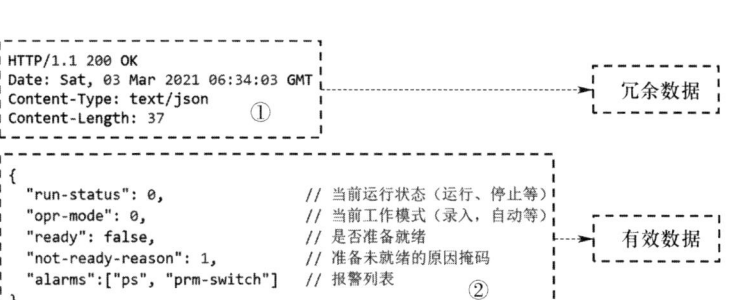

图 3-20　机床加工状态返回的响应数据及含义

转换为可处理的程序内存数据。异构数据元数据模型的 UML 关系如图 3-21 所示。XML 文档到 POJO 的转化主要基于 Jackson 序列化工具实现。Jackson 工具通过读取 XML 文档的各级标签，确立程序对象间的包含关系。首先采用反射技术通过标签名称查找对应的字节码并创建具体的 POJO，然后读取各级标签的具体值，将其赋值给 POJO 的具体成员变量，最后将 POJO 作为协议适配器输入，进入下一阶段的协议解析流程。

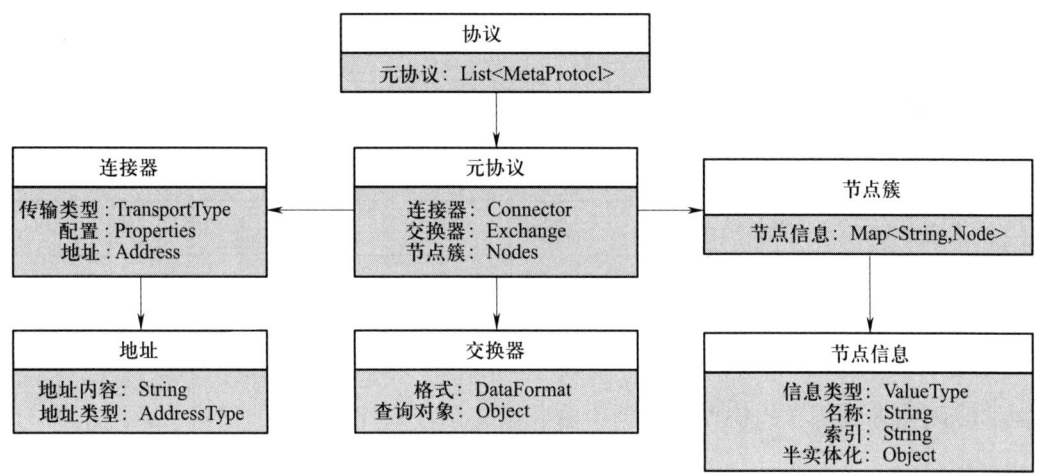

图 3-21　异构数据元数据模型的 UML 关系图

数据解析适配器主要由两种适配器组件构成：传输接口（Interface）与协议帧转码器（Coder），分别负责传输连接的建立和数据帧的编码与解码。通过接收解析元数据模型 XML 得到的异构协议相关元数据，选择合适的适配器组件，将元数据输入适配器组件，最终实现异构协议的解析，获取设备的响应数据。

传输接口主要对应于异构协议元数据模型的数据连接属性。以途灵 AGV 数据传输协议为例，基于传输接口的 AGV 连接建立过程如图 3-22 所示。途灵 AGV 以 TCP 协议进行数据传输，其网络地址为 192.168.10.100 : 6 000，连接属性为 TCP_NO_DELAY，开启 TCP 协议的 Nagle 算法，实现低时延传输。针对途灵 AGV 数据连接属性元数据，自适应适配器通过解析元数据模型，最终选择 Socket 接口作为数据传输接口，输入设备地址信息与连接属性，成功建立与 AGV 之间的数据连接。

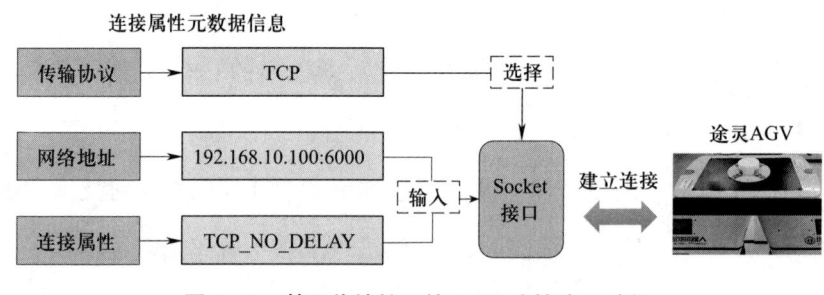

图 3-22 基于传输接口的 AGV 连接建立过程

协议帧转码器主要负责对发送的数据请求帧进行编码，并对返回的数据响应帧进行解码。经过编码/解码操作后，协议帧既可以转换成设备能够接收并识别的格式（主要以 UTF-8 为主），又可以转换成程序可操作的格式。数据解析的转码器见表 3-13。

表 3-13 数据解析的转码器

转码器名称	数据格式	编码器	解码器
字节数组转码器	字节数组	ByteArrayEncoder	ByteArrayDecoder
JSON 转码器	JSON	StringEncoder	StringDecoder，JsonObjectDecoder

转码器主要与异构协议元数据中的数据交换方式相关，以自适应协议适配器的数据转码过程（见图 3-23）为例。RFID 的数据格式为字节数组，其数据请求含义为请求 RFID 天线中的 UID 数据。机器人的数据格式是 JSON 数组，其数据请求含义为请求获取机器人的六轴坐标数据。在与设备建立连接的基础上，自适应协议适配器识别元数据中的数据格式信息并选择对应的转码器，通过转码器将数据请求编码后发送给现场设备，设备返回响应数据后进行解码，最终得到机器人的六轴原始数据。

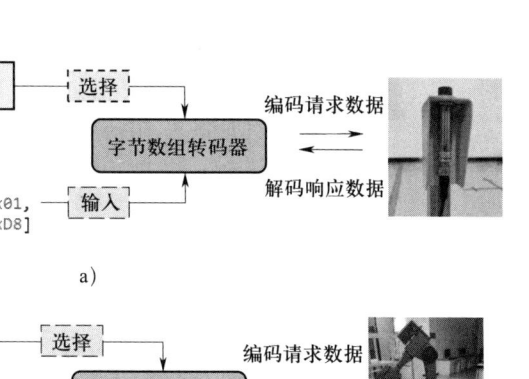
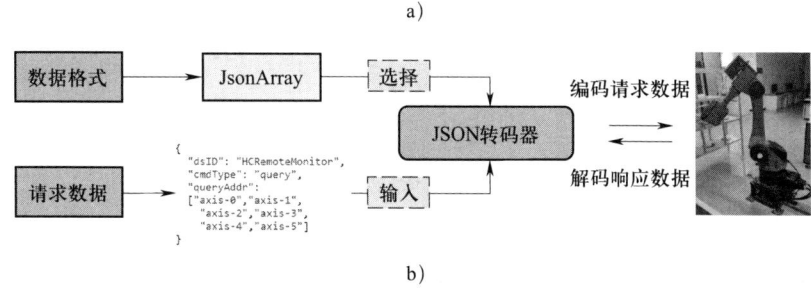

a)

b)

图 3-23 自适应协议适配器的数据转码过程

a) RFID 的数据转码过程　b) 机器人的数据转码过程

三、智能装备与产线数据标准化

基于异构数据解析过程，其最终结果为描述设备属性的原始数据帧。然而对于原始数据帧而言，无法有效地表达各个数据节点与设备间或者节点与节点间的复杂关联关系，为数据的集成来带困难。因此，面向智能装备与产线中的各个异构设备，需要建立与之相应的 OPC UA 信息模型以组织各个离散的设备数据节点。

OPC UA 协议包括 OPC Server 和 OPC Client，其中 OPC Server 负责记录设备的实时数据，OPC Client 主要负责数据的读写与发布订阅操作。智能装备与产线的数据标准化过程如图 3-24 所示。其中，OPC Client 负责采集智能装备与产线中的离散数据，并将各个离散数据节点迁移到 OPC Server 中，通过信息模型强化各个节点的关联关系，实现离散数据节点的结构化。最终，外界可以通过 OPC UA 协议访问 OPC Server，获取各个设备的制造数据。

以智能装备与产线的典型生产设备——加工中心为例，将机床看作是一个信息模型，那么描述机床的各类信息节点主要可以分为 6 个部分：加工状态（Processing Status）、PLC 信号（PLC Signal）、刀具信息（Cutter）、警报信息（Alarms）、主轴信息（Spindle）以及系统信息（System）。加工状态主要用于描述机床的当前的加工状

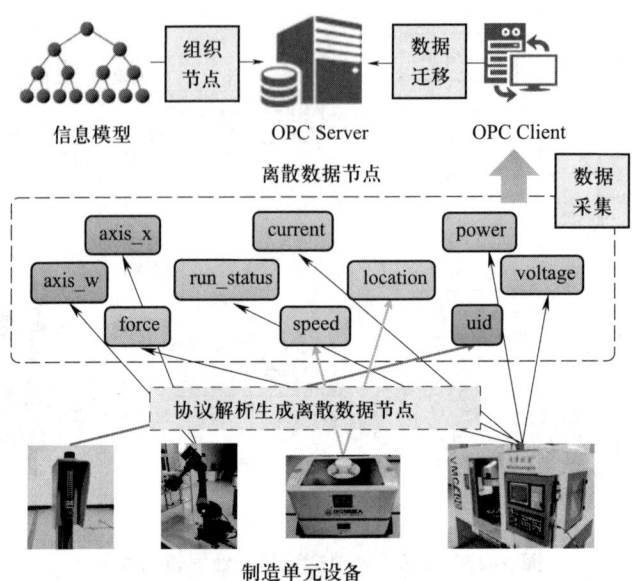

图 3-24 智能装备与产线的数据标准化过程

态信息,包括运行状态、启动准备与操作模式。PLC 信号则表示机床当前由于接收工作指令而引起的内部 PLC 变化。刀具信息包括刀具的切削力以及刀具的当前坐标。警报信息包括由于程序或设备故障所输出的报警信息。主轴信息主要描述机床主轴的转速和功率数据等。系统信息主要描述机床出厂后的固定属性。结合 OPC UA 信息模型的节点含义与关系定义,得到典型的数控机床类设备的信息模型,如图 3-25 所示。

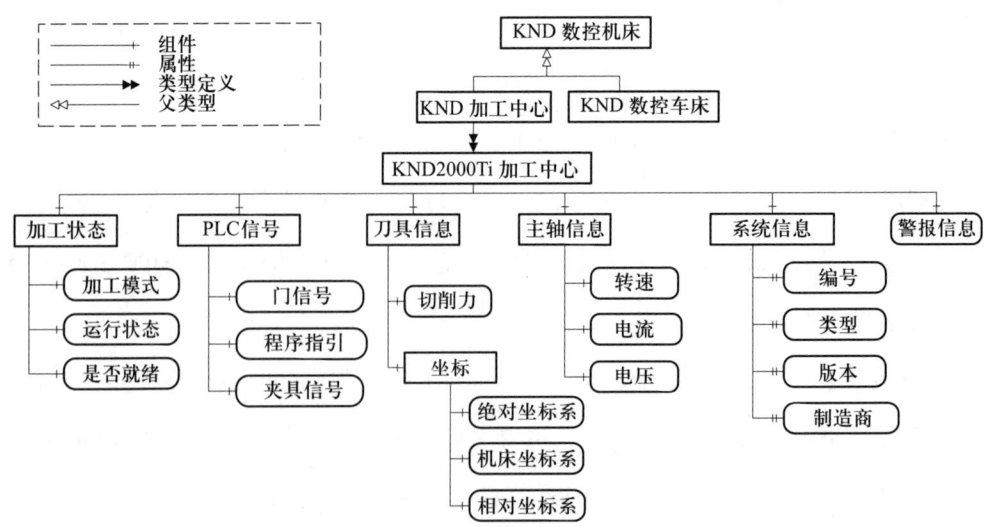

图 3-25 数控机床类设备的信息模型

要实现数据基于 OPC UA 协议的传输，需要先部署相应的 OPC UA 底层应用，以提供 OPC UA 协议的相关服务与功能。OPC UA 的底层应用基于客户端/服务器（Customer/Server，C/S）模式实现。其中，OPC Server 类似于一个临时数据库，主要用于存储设备的实时数据。OPC Server 的数据存储基于 OPC UA 信息模型所提供的设备数据节点集，在 Server 内部生成地址空间，用于存储各类节点以及建立节点与其唯一标识符身份编号之间的映射关系。除此以外，还提供其他的服务应用支持，以提高数据传输的速度与安全性。OPC UA 底层应用的整体架构如图 3-26 所示。

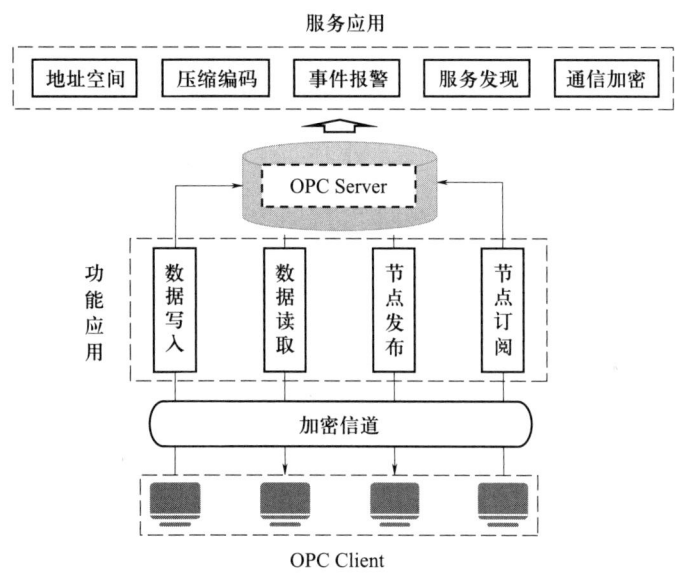

图 3-26　OPC UA 底层应用架构

OPC Client 主要负责将来自现场设备的数据写入 OPC Server，或是将 OPC Server 中存储的实时数据提供给智能装备与产线的数据服务器，起到 OPC Server 与外界的桥梁作用。OPC UA 的底层应用主要由两部分组成：功能应用与服务应用。其中，功能应用部分需要 OPC Server 与 OPC Client 同时参与，以实现设备数据的读写以及提供发布订阅功能的支持。而服务应用主要是指 OPC Server 内部提供的对于 OPC UA 协议的服务支持。主要有地址空间、压缩编码、事件报警、服务发现以及通信加密等。OPC UA 的底层应用部署首先通过解析设备信息模型，获取设备数据的节点集合以及节点之间的关系，然后进行 OPC Server 的相关配置操作，最终实现 OPC Server 的部署。而 OPC

Client 的部署需要指定与之连接的 OPC Server，采用安全套接字协议建立数据的加密信道。

第三节 数 据 标 识

考核知识点及能力要求：

- 了解智能装备与产线物联网数据标识的基本概念及技术。
- 了解常用标识管理方法，掌握工业互联网标识数据的管理与应用技术。
- 了解常用标识解析方法和标识解析体系。
- 熟悉物联网标识管理公共服务平台。

一、数据标识概述

物联网突破了传统的人与人之间的通信模式，引入对物理世界的感知，建立了人与物、物与物之间的通信。物联网标识用于唯一识别物联网节点，是物联网节点的"身份证号码"，是实现基于物联网的信息通信和各类应用的基础与前提。物联网标识可以在一定范围内唯一识别物联网中的物理和逻辑实体，以便网络或应用基于此对目标对象进行相关控制和管理，以及完成相关信息的获取、处理、传送与交换，是物联网中最重要的基础资源。

基于识别目标和应用场景，物联网标识可分为 3 类，即：对象标识、通信标识和应用标识，并分别对应物联网标识的 3 个层次，即感知层、网络层和应用层。物联网标识体系如图 3-27 所示。

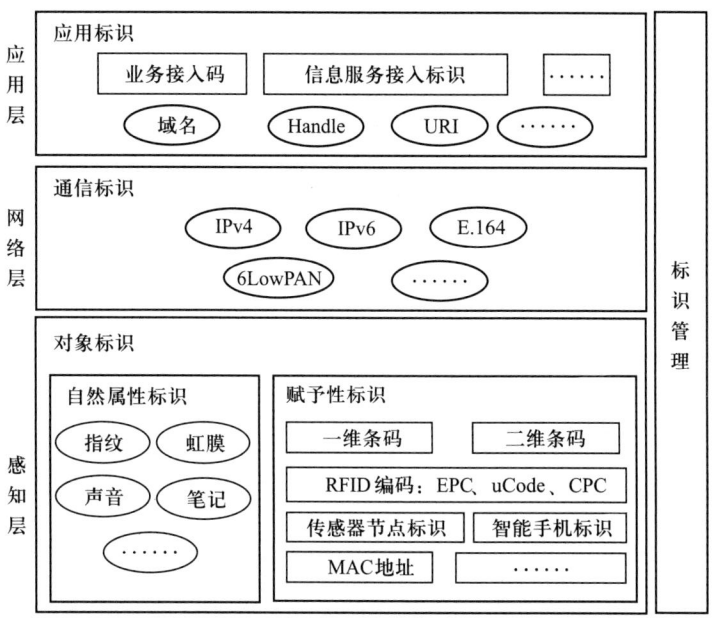

图 3-27 物联网标识体系

（一）对象标识

对象标识用于唯一识别物联网中的实体对象（如传感器节点、电子标签、网卡等）或逻辑对象（如文档、温度等）。根据标识形式的不同，对象标识又可进一步分为自然属性标识和赋予性标识。一个对象可以拥有多个对象标识，但一个标识必须唯一地对应一个实体对象或逻辑对象。对象标识主要用于标注各种物联网对象，与使用该对象的物联网应用无关。

（二）通信标识

通信标识用于唯一识别具备通信能力的网络节点（如智能网关、手机终端、电子标签读写器及其他网络设备等）。通信链路两端的节点一定具有同类别的通信标识，作为相对地址或绝对地址用于寻址，以建立与目标对象的通信连接。

（三）应用标识

应用标识用于唯一识别物联网应用层中各项业务或各领域应用服务的组成元素（如电子标签在信息服务器中所对应的数据信息等）。基于应用标识可以直接进行相关对象信息的检索与获取。由于应用标识可带有一定语义特征，因此主要用于各种物联网应用,方便地管理各种物联网资源或数据,不同应用可根据应用需求不同,为同一个物联网资源或数据赋予不同的应用标识。

同一个物联网对象,可拥有多个对象标识、通信标识和应用标识。在各物联网应用领域,不同环节需要使用不同类型的标识,这就需要掌握不同标识之间的映射关系。而这些标识之间的映射,则主要通过标识服务技术进行管理和维护。

二、数据标识技术及其应用

(一)数据标识技术概述

在智能装备与产线物联网应用中,常用标识技术包括:条码技术、产品电子代码(Electronic Product Code,EPC)技术、光子符技术、RFID技术、区块链数据标识技术、IPv6通信标识技术等。下面主要针对条码技术和EPC技术做详细介绍。

1. 条码技术

条码是由一组规则排列的条、空以及对应字符组成的标记,条指对光线反射率较低的部分,空指对光线反射率较高的部分,这些条和空组成的数据表达一定的信息,并能够用特定的设备识读,转换成与计算机兼容的二进制和十进制信息。

(1)一维条码。对于每一种物品,通常它的编码是唯一的,对于普通的一维条码来说,还要通过数据库建立条码与商品信息的对应关系,当条码的数据传到计算机上时,由计算机上的应用程序对数据进行操作和处理。因此,普通的一维条码在使用过程中仅作为识别信息,通过在计算机系统的数据库中提取相应信息而实现对物品的识别。

码制指条码条和空的排列规则,常用一维码的码制包括:EAN码、39码、128码、93码、25码,及Codabar(库德巴)码等。不同的码制有它们各自的应用领域。

EAN码:是国际通用的符号体系,是一种长度固定、无含义的条码,所表达的信息全部为数字,主要应用于商品标识。

39码和128码:为目前国内企业内部自定义码制,可以根据需要确定条码的长度和信息,编码的信息可以是数字也可以是字母,主要应用于工业生产线、图书管理等。

93 码：是一种类似于 39 码的条码，它的密度较高，能够替代 39 码。

25 码：应用于包装、运输以及国际航空系统的机票顺序编号等。

Codabar 码：应用于血库、图书馆、包裹等的跟踪管理。

一维条码符号的完整组成如图 3-28 所示。

静区：指条码左右两端外侧与空的反射率相同的限定区域，它能使读写器进入准备阅读的状态，当两个条码距离较近时，静区有助于对它们加以区分，静区的宽度通常应不小于 6 mm（或 10 倍模块宽度）。

图 3-28　一维条码符号的完整组成

起始／终止符：指位于条码开始或结束位置的若干条与空，标志条码的开始和结束，同时提供了码制识别信息和阅读方向的信息。

数据符：位于条码中间的条、空结构，它包含条码所表达的特定信息。

构成条码的基本单位是模块，模块是条码中最窄的条或空，模块的宽度通常以 mm 或 mil（千分之一英寸）为单位。构成条码的一个条或空称为一个单元，一个单元包含的模块数是由编码方式决定的。在有些码制中，如 EAN 码，所有单元由一个或多个模块组成；而在另一些码制中，如 39 码，所有单元只有两种宽度，即宽单元和窄单元，其中的窄单元即为一个模块。

（2）二维条码。二维条形码（简码二维条码）最早发明于日本，它是用某种特定的几何图形按一定规律在平面（二维方向上）分布的黑白相间的图形，以记录数据符号信息。二维条码在代码编制上巧妙地利用了构成计算机内部逻辑基础的"0"和"1"比特流概念，使用若干个与二进制相对应的几何形体来表示文字数值信息，通过图像输入设备或光电扫描设备自动识读，以实现信息自动处理。它具有条码技术的一些共性：每种码制有其特定的字符集、每个字符占有一定的宽度、具有一定的校验功能等。同时，二维条码还具有自动识别不同行的信息特点以及处理图形旋转变化等功能。

二维条码可以分为堆叠式二维条码和矩阵式二维条码，如图 3-29 所示。堆叠式二维条码形态上是由多行短截的一维条码堆叠而成；矩阵式二维条码以矩阵的形式组成，在矩阵相应元素位置上用"点"表示二进制"1"，用"空"表示二进制"0"，由"点"和"空"排列组成代码。

堆叠式二维条码（又称堆积式二维条码），其编码原理是建立在一维条码基础之上，按需要堆积成两行或多行。它在编码设计、校验原理、识读方式等方面继承了一维条码的一些特点，识读设备与条码印刷与一维条码技术兼容，但是由于行数的

图 3-29 二维条码
a）堆叠式二维条码 b）矩阵式二维条码

增加，需要对行进行判定，其译码算法软件与一维条码不完全相同。有代表性的堆叠式二维条码有 Code16K、Code 49、PDF417 等。

矩阵式二维条码（又称棋盘式二维条码）是建立在计算机图像处理技术、组合编码原理等基础上的一种新型图形符号自动识读处理码制。矩阵式二维条码在一个矩形空间内通过黑、白像素在矩阵中的不同分布进行编码。在矩阵相应元素位置上，用点（方点、圆点或其他形状）的出现表示二进制的"1"，用点的不出现表示二进制的"0"，点的排列组合确定了矩阵式二维条码所代表的意义。具有代表性的矩阵式二维条码有 Code One、MaxiCode、QR Code、Data Matrix 等。

2. EPC 技术

EPC 的载体是 RFID 电子标签，借助互联网来实现信息的传递。EPC 旨在为每一件商品建立全球的、开放的标识标准，实现全球范围内对单件产品的跟踪与追溯，从而有效地提高供应链管理水平、降低物流成本。EPC 是一个完整、复杂、综合的系统。

（1）EPC 系统的构成。EPC 系统是一个非常先进的综合性复杂系统，其最终目标是为每一单品建立全球的、开放的标识标准。它由 EPC 编码体系、无线射频识别系统及信息网络系统 3 个部分组成，主要包括 6 个方面。EPC 系统的构成见表 3-14。

（2）EPC 工作流程。在由 EPC 标签、读写器、EPC 中间件、互联网、对象名称服务器（Object Name Service，ONS）、EPC 信息服务（Information Service，IS）以及众多

表 3–14　　　　　　　　　　　EPC 系统的构成

系统构成	名称	注释
EPC 编码体系	EPC 代码	用来标识目标的特定代码
无线射频识别系统	EPC 标签	贴在物品之上或者内嵌在物品中
	读写器	识读 EPC 体系
信息网络系统	EPC 中间件	EPC 系统的软件支持系统
	对象名称解析服务	
	EPC 信息服务	

数据库组成的实物互联网中，读写器读出的 EPC 只是一个信息参考（指针）。由这个信息参考从互联网找到 IP 地址，获取该地址存放的相关物品信息，并采用分布式的 EPC 中间件处理，由读写器读取 EPC 信息。由于在标签上只有一个 EPC 代码，计算机需要知道与该 EPC 匹配的其他信息，因此需要 ONS 来提供一种自动化的网络数据库服务。EPC 中间件将 EPC 代码传给 ONS，ONS 指示 EPC 中间件到保存着产品文件的服务器 EPC IS 上查找，该文件可由 EPC 中间件复制，因而文件中的产品信息就能传到供应链上。EPC 系统的工作流程如图 3-30 所示。

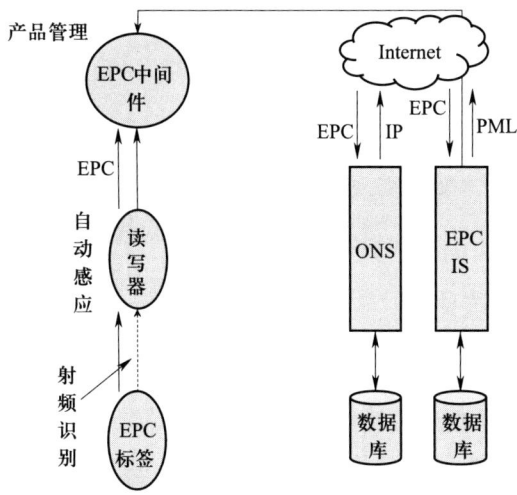

图 3–30　EPC 系统工作流程示意图

（3）EPC 编码体系。EPC 编码体系是新一代与 GTIN（全球贸易项目代码）兼容的编码标准，是全球统一标识系统的重要组成部分，是 EPC 系统的核心与关键。

EPC 编码是由标头、厂商识别代码、对象分类代码、序列号等数据字段组成的一组数字，具体结构见表 3-15。

表 3-15　　　　　　　　　　　　EPC 编码结构

编码方案	标头	厂商识别代码	对象分类代码	序列号
EPC-64 Ⅰ	2	21	17	24
EPC-96 Ⅰ	8	28	24	36
EPC-256 Ⅰ	8	32	56	160

（二）标识数据的管理与应用

物联网标识数据的管理与应用主要包含标识注册分配管理、标识数据查询与统计、标识数据智能分析等。

1. 标识注册分配管理

标识注册分配管理体现自上而下的设计思路，首先是国家顶级节点运行机构，由政府主管部门和国家注册管理机构授权，负责建设和运营国家顶级节点服务器；其次是二级注册管理机构，负责面向行业和企业物联网提供标识注册服务，涵盖 Handle、OID 等多种标识体系；然后是行业/企业标识注册服务机构，负责建设和运营二级节点服务器，面向企业或个人提供标识注册、解析和数据管理等服务，起到承上启下的关键作用；最后是形成递归节点运行机构，负责建设和运营递归服务器，通过建立标识注册分配管理系统，保障注册分配等服务的实现。标识注册分配管理用于对统一物体标识的规划、申请与分配，实现使用情况反馈、生命周期管理、标识有效性管理、现有非统一标识信息收集以及映射和关联信息收集。

2. 标识数据查询与统计

标识数据查询与统计主要包括对标识分配和使用信息的查询与检索，对标识的统计与分析，以及对标识映射和关联信息的查询。

（1）标识查询与检索。用户可查询检索某具体标识的分配和使用等相关信息。对于统一标识，应支持对标识分配和使用信息的查询；对于现有非统一标识，应支持对所收集到的非统一标识分配和使用信息的查询；行业内管理系统应可接受访问，并将查询结果反馈给用户。查询功能支持多种接入方式，例如现有电信网、互联网等手段。

查询结果的显示字段根据查询用户的权限有所限制，对于不具备查看权限的字段将在结果显示中隐藏；对于管理部门用户及授权用户，可对全部标识信息进行查询。对于分配用户或使用用户，则只能对本单位分配或使用的标识信息以及指定范围的标识进行查询；对于公众用户，可以对指定范围的标识信息进行查询。此外，该功能支持条件组合查询方式，用户可根据标识类型、标识分配者、标识使用者、标识段、标识值等条件任意组合进行检索，还可支持用户输入信息的模糊匹配查询操作，以及在查询结果的基础上进行二次查询。

（2）标识统计与分析。管理部门对标识信息进行统计分析，为未来标识的规划、分配、使用提供依据。该功能应支持多维度的标识统计功能，从标识类型、分配机构、使用部门、标识段、业务种类等角度进行统计。统计项目分为定时统计与定制统计。定时统计由系统设定时间定期自动进行，生成统计报表，定期自动保存，结果可以随时供检索和打印输出；定制统计则更为灵活，统计项目与定时统计完全一样，但管理员可以根据需要设置时间进行数据统计。对于现有非统一标识，应支持定制统计；对于统一标识，应支持定时统计和定制统计。

（3）映射和关联信息查询。用户可以查询物体标识和与其应用相关的物体标识、通信标识以及应用标识之间的映射与关联，包括标识与通信号码之间、标识与IP地址之间、标识与应用地址之间、标识与行业标识映射系统之间等关联信息。平台也可自动关联不同行业的标识系统，以触发跨行业、跨平台互通的应用。

3. 标识数据智能分析

标识数据智能分析使用工业智能技术，以标识数据元为输入，以数据服务和数据存储为中转站，以算法逻辑为理论支撑，通过标识应用形成面向标识数据的智能分析能力。标识数据智能分析模块结构如图3-31所示。

采集的标识数据元包括工业设备（焊接机器人和传感器等）数据、企业内部非标准标识数据和标准标识数据，可用于数据服务，包括实时数据接入（Kafka）、数据库实时复制（Sqoop）、结构化数据接入（Extract-Transform-Load，ETL）和文件数据接入（Flame）等。采用分布式并行历史数据库存储数据，借助于标识数据智能分析模块的核心，即算法逻辑，实现对标识数据的智能分析，最终为决策者提供参考。

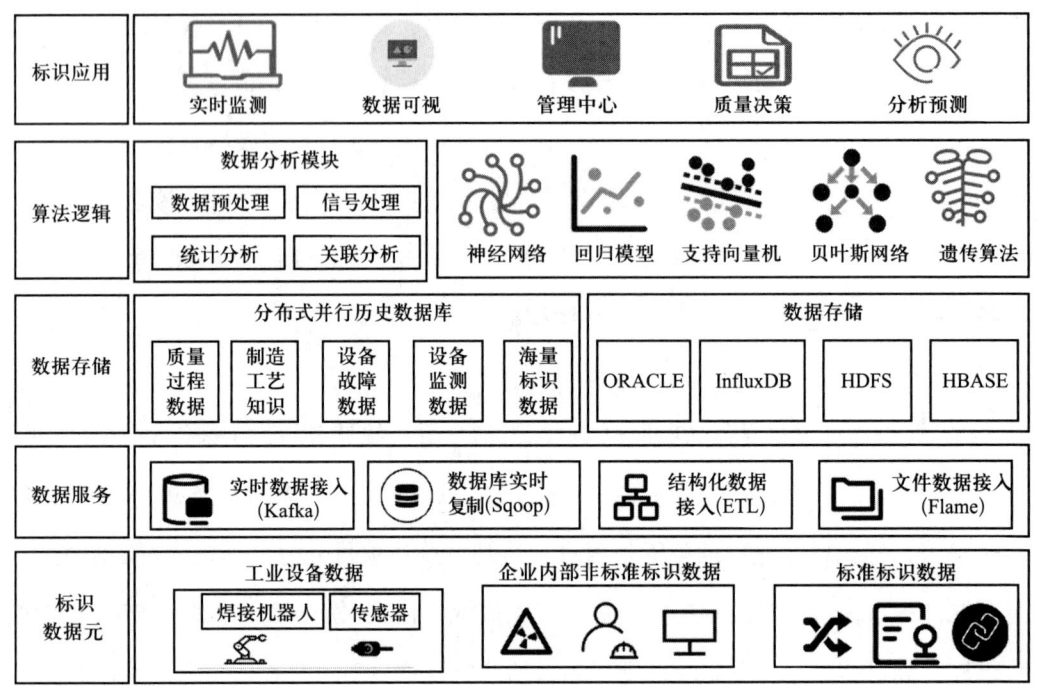

图 3-31 标识数据智能分析模块结构

（三）数据标识应用案例

汽车零部件生产是汽车产业链中的重要一环，传统的零部件生产工序采用人为控制、手工执行、纸质记录的方法，生产效率低，无法实现对产品生产信息的有效追溯。通过工业互联网标识解析体系，实现原材料、零部件生产到下游整装过程的信息全链路追溯，能够显著降低成本，提升供应链效率。

汽车零部件的生产从原材料（钢卷）开始，经过切割冲压、焊接及焊缝质检、压装3个主要生产阶段，输出汽车零部件成品。汽车零部件生产流程如图 3-32 所示。

工厂在接到订单后制订生产计划，生成计划编号，计划编号绑定执行生产计划的设备，设备再绑定操作工，操作工在使用设备时产生的实时数据将进行注册标识。在原材料阶段，需要提交上游来料的具体信息，进行注册标识。原材料需要进行切割，得到切割件，在中转库时原材料标识更新为冲压标识码。接下来，将切割件送到冲压站，执行冲压操作，将冲压件进行焊接得到成品。对成品中的焊缝进行检测，不合格的成品进入返修阶段，合格的成品进入压装阶段。成品需要经过压装，才会变成

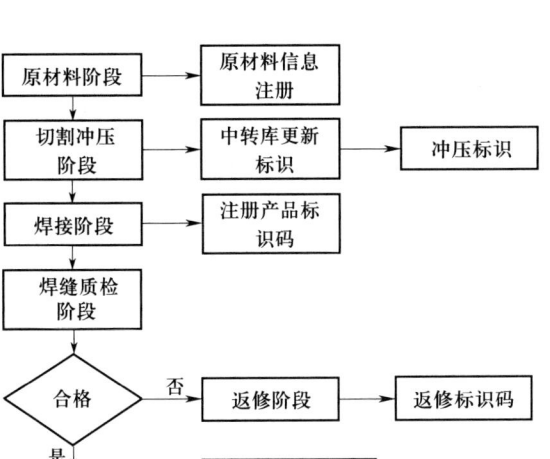

图 3-32 汽车零部件生产流程

零部件产品，最后向系统申请赋码，系统生成二维码，关联生成流程的每一个标识码，由激光打印机打印在产品上。客户可以通过扫描产品上的二维码，追溯到此产品生产线上的信息记录。

基于工业互联网标识的汽车零配件质量追溯系统，对每一道工序流程数据实时进行注册标识，再将其标识关联产品标识码，从而实现了从产品到原材料的有效溯源。例如：通过向标识体系输入产品标识码，可以查询出此标识码对应产品的详细信息，包括：产品名称、产品属性、生产计划、生产日期、原材料记录、冲压记录、焊接记录、压装记录、返修记录等信息。产品标识码追溯流程如图 3-33 所示。

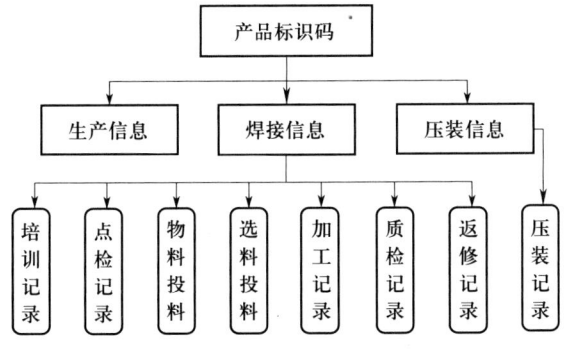

图 3-33 产品标识码追溯流程

三、数据标识解析技术及体系

标识解析技术是指将对象标识映射至实际信息服务所需信息，如地址、物品、空间位置等的过程。例如，通过对某物品的标识进行解析，可获得存储其关联信息的服务器地址。标识解析是在复杂网络环境中，准确而高效地获取对象标识对应信息的"信息转变"技术过程。

最早的互联网标识解析服务可以追溯到1983年发明的域名系统（Domain Name System，DNS），该系统通过将域名和互联网协议地址相互映射，使用户更方便地访问互联网。随着该服务技术的不断发展，国内外已存在多种标识解析体系，根据其演进方式可分为两类。一类是基于DNS的改良路径。该路径对现有DNS架构进行扩充，提供工业互联网标识解析服务，如美国麻省理工学院提出的EPC技术、国际标准化组织ISO/IEC和国际电信联盟ITU-T联合制定的对象标识符（Object Identifier，OID）技术，以及我国自主研发的物联网统一标识（Entity code for IoT，Ecode）技术等。另一类是与DNS无关的革新路径，即针对工业互联网场景提出的新型标识解析体系。如DONA基金会维护的句柄（Handle）标识解析技术、东京大学提出的泛在识别技术（Ubiquitous ID，UID）。现有标识解析体系如图3-34所示。

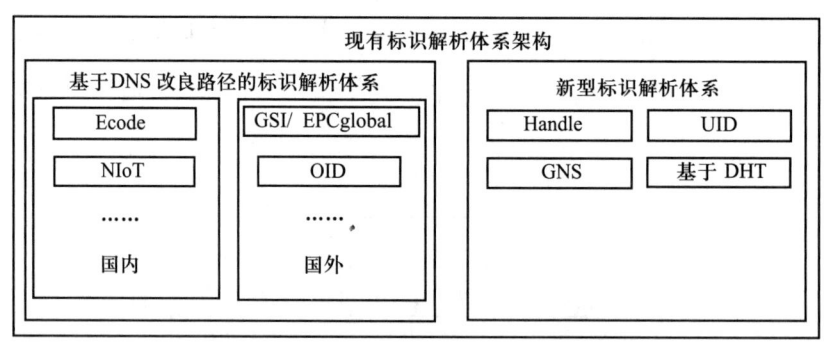

图3-34 现有标识解析体系

下面以Ecode标识解析体系为例进行说明。

1. 解析机制

Ecode采用迭代解析方式，同样需依托DNS，通过名称权威指针（Naming Authority

Pointer，NAPTR）资源记录提供解析服务。Ecode 标识解析体系架构由应用客户端和编码体系解析、编码数据结构解析和主码解析 3 个服务器组成，其架构如图 3-35 所示。

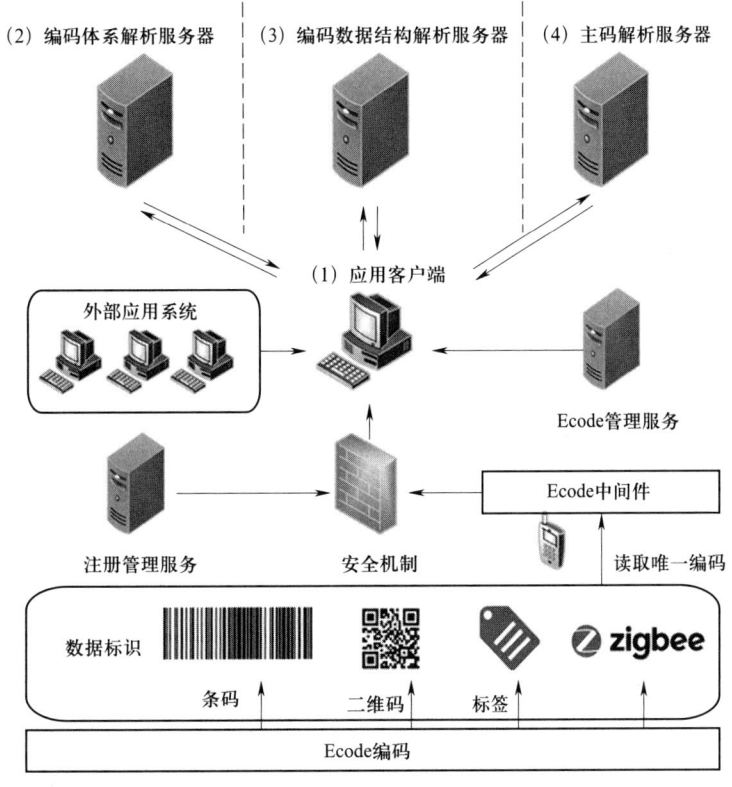

图 3-35　Ecode 标识解析体系架构

（1）应用客户端。该组件负责分别向编码体系解析服务器、编码数据结构解析服务器与主码解析服务器发送解析请求，以获取编码所属体系、数据结构与标识解析结果。

（2）编码体系解析服务器。该组件接收应用客户端发送的编码体系解析请求，该请求包括 Ecode 编码等信息。该组件负责将版本（Version，V）、编码体系标识（Numbering System Identifier，NSI）、主体代码（Master Data，MD）从接收到的 Ecode 编码中分离，根据一定的转化规则转化为标识识别域名，并将转换结果返回应用客户端。

（3）编码数据结构解析服务器。该组件接收应用客户端发送的编码数据结构解析请求，该请求包括标识识别域名、MD 等信息。该组件以 NAPTR 记录格式存储了标识识别域名到主码域名的转换规则，并据此将标识识别域名转换为主码域名，再将转换结果返回应用客户端。

（4）主码解析服务器。该组件接收应用客户端发送的主码解析请求，该请求包括主码域名等信息。通过查询 A/AAAA 记录或 NAPTR 记录得到该 Ecode 编码对应的解析结果，并将解析结果返回应用客户端，完成解析响应。

2. 应用案例

图 3-36 为基于 Ecode 物联网的冷链物流单品追溯系统总体架构。该系统由信息采集层、信息存储层、业务解析层与用户服务层组成，将产品、操作人员、温度、湿度等相关信息写入 RFID 标签，并通过阅读器回传至本地数据库，借助 Ecode 中间件完成用户解析请求。从系统的总体架构来看，基于 Ecode 物联网的冷链物流单品追溯系统涉及信息的采集获取、本地企业级数据的存储、物联标识服务云平台和交互式的国家物联标识服务云平台客户端等。

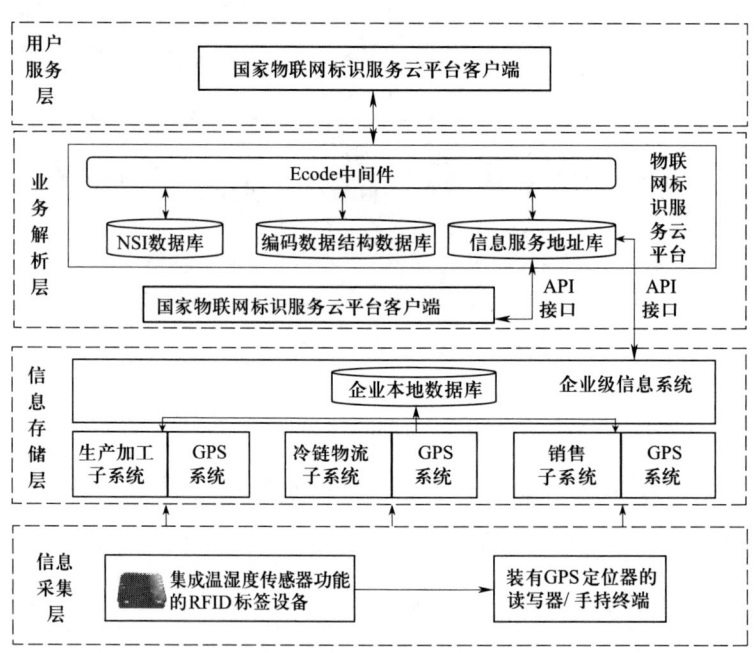

图 3-36 基于 Ecode 物联网的冷链物流单品追溯系统总体架构

四、物联网标识管理服务平台

物联网的标识数据是非常庞大的，不仅要满足物联网标识之间互联互通的基本要求，还要实现标识与地址之间的动态映射。这种动态映射的存在，加上其不断更新的速度过快，使得物联网的标识服务需求将远远大于互联网的标识服务需求。物联网中的物品标识具有多样性、兼容性，不能够保证物联应用的正常部署和顺利实现，标识和地址的映射也可能泄漏客户的私人信息，导致不安全的状况产生。

针对以上问题，2013年5月国家发改委正式批复物联网技术研发及产业化专项，建设全国唯一的物联网标识国家级公共平台。国家物联网标识管理公共服务平台是由中国科学院计算机网络信息中心牵头，联合工业和信息化部电子科学技术情报研究所、电信研究院和中国物品编码中心共同建立的物联网标识统一管理和公共服务平台，其框架如图 3-37 所示。

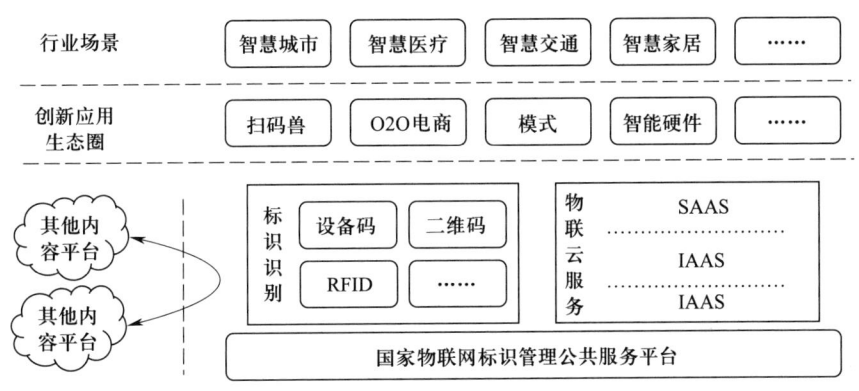

图 3-37 国家物联网标识管理公共服务平台框架

该服务平台支持各种不同标识编码体系，实现跨行业、跨平台、跨领域互联互通；可以提供跨内容平台的标识映射查询及数据对接服务，已接入 8 类（Ecode 码、Handle 溯源码、CID 码、UPC 码、ISBN 编码、药品监管码、商品条码和危险化学品 CAS 码）共约 2.2 亿个标识。有更多标识种类，如所有植物编码、标识，企业标识信息，自贸区进口商品以及农产品信息等，正在对接中。国家物联网标识管理公共服务平台包括以下节点：1个北京主节点，分别建设标准名字服务和物品名字服务的顶级节点，涵盖注册系统、解析系统、搜索系统、监控系统等。1个针对物品名字服务的顶级节点，即在北京采用与主节点同等规格建设的同城备份节点。根据平台应用示范分布情况，在广州、重庆、无锡建设 3 个从节点。国家物联网标识管理公共服务平台节点如图 3-38 所示。

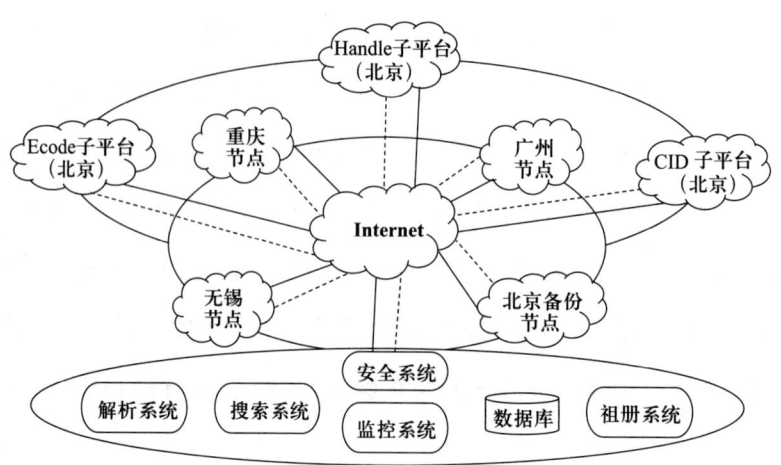

图 3-38 国家物联网标识管理公共服务平台节点

国家物联网标识管理公共服务平台提供基础性的服务，如标识的注册、解析和查询等公共服务。针对多种异构标识，也提供统一标准化的解析服务和发现服务，支持所有物联网相关应用信息资源的寻址访问，从而实现物联网中资源信息的获取。

第四节　产线制造单元应用案例

考核知识点及能力要求：

● 通过实例，深化对于数据采集与存储、数据清洗与融合以及数据表示方法的理解，并掌握具体操作过程。

一、制造单元数据采集

本节以典型的涡轮叶片智能制造单元为例进行说明。该单元的硬件组成如图 3-39 所示,包含 1 台数控车床(型号:台创 CK6150)、1 台数控铣床(型号:台创 VM7126)、2 台工业机器人(型号:BRTIRUS0805A 和 BRTIRUS1510A)、1 台 AGV(型号:TLBF-300SX-001)和若干 IoT/边缘计算设备(工业网关、边缘计算模块、无线串口模块)等。

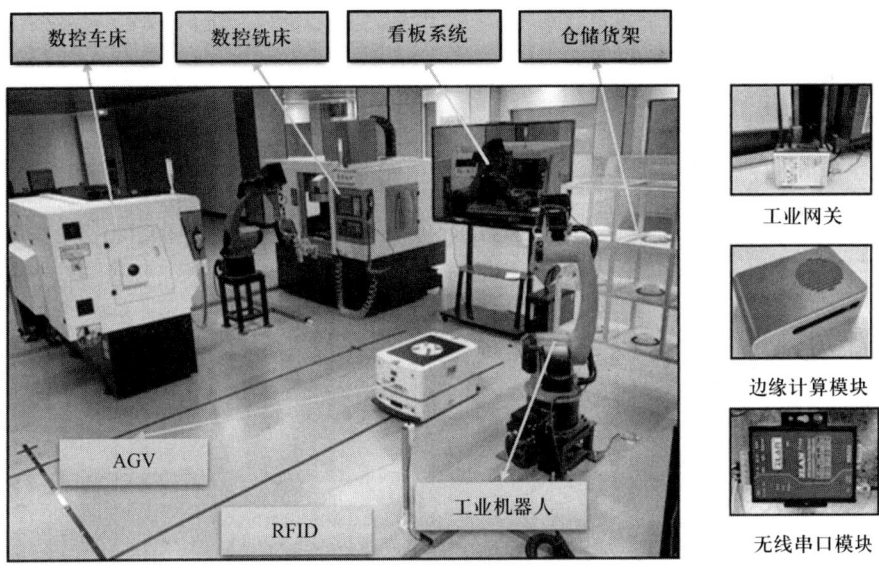

图 3-39 涡轮叶片智能制造单元硬件组成

(一)制造单元数据采集需求分析

综合各种生产要素和生产活动,智能制造单元的功能大致分为三类:物料转运、物料加工和物料追踪。

物料转运涉及各个运输设备的运动学、动力学数据,同时要求各个设备的 PLC 信号之间进行配合。

物料加工涉及机床等主要加工设备的状态信息,以及工件的当前加工信息,同时包含加工过程中设备的功耗以及动力学数据。

物料追踪主要是结合 RFID 数据,追踪物料当前的加工位置、时间信息以及工件当前的加工状态信息等。

（二）制造单元数据采集方案

制造单元涉及大量的设备、传感器等，本节主要通过两个典型的加工设备：AGV与机床，来讲解数据采集方案的设计。

以途灵智能运输AGV（型号：TLBF-300SX-001）为例，其核心控制板预留了232串口，通过串口模块可以将其转换为其他接口，如Moxa、Wi-Fi、以太网等（实际采集时使用的是以太网）。按照商家提供的数据协议手册，由部署的边缘计算设备发送指定的16进制协议帧数据，核心板在接收到数据后返回特定的响应数据或执行相应的动作。AGV数据采集如图3-40所示。

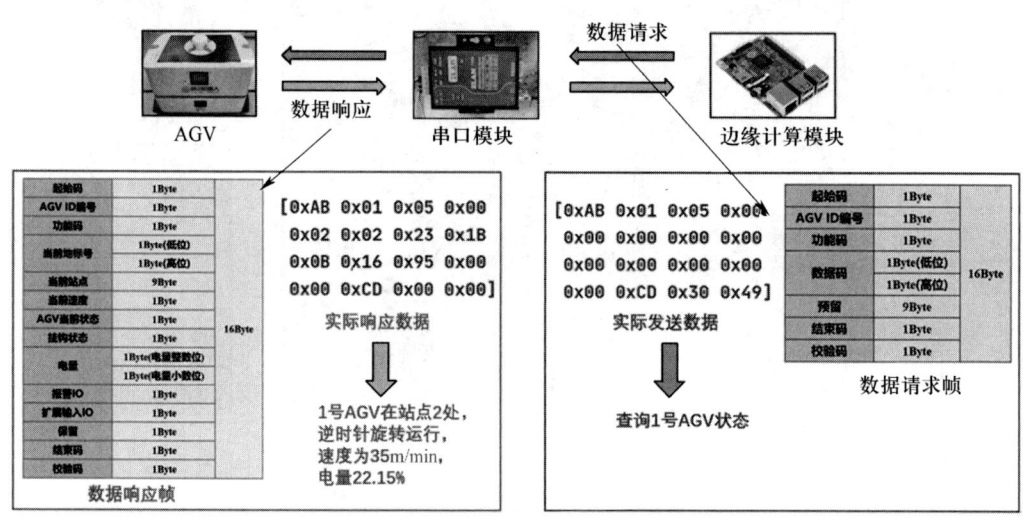

图3-40 AGV数据采集

在机床方面，采用创金数控车床（型号：CK6150），配备KND 2100Ti系列数控系统，基于HTTP表属性状态传递（Representational State Transfer，REST）协议进行数据的传输，数据格式为JSON。对于机床三轴运动数据、当前加工G代码、加工计件以及系统信息等数据，通过HTTP请求软件开发工具包（Software Development Kit，SDK）访问对应的REST数据接口，可以得到原始的JSON数据。数控车床数据采集如图3-41所示。

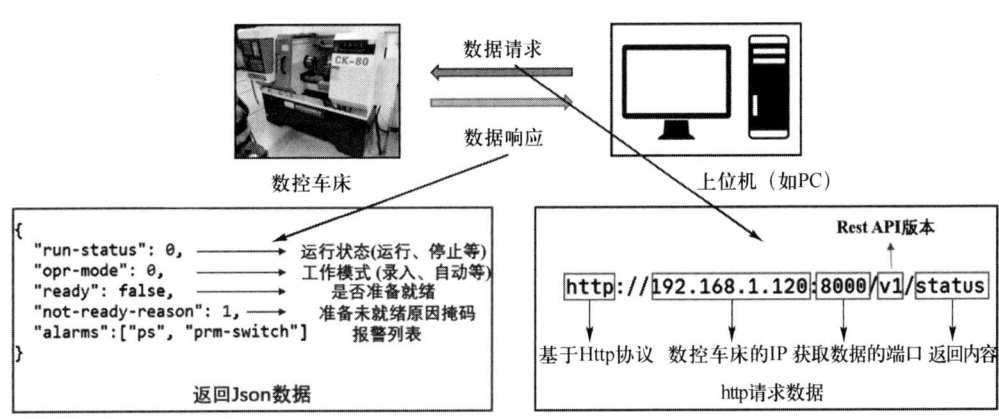

图 3-41 数控车床数据采集

通常需要对接收的原始数据进行一些预处理，根据程序语言将其转化为对应的结构实体数据，同时去除冗余元数据、无效数据等。对于批量的数据还需进行数据去重、降噪等操作，最后提取出有用的状态和运动数据，输出或存储到对应的数据库中。部分数据预处理如图 3-42 所示。

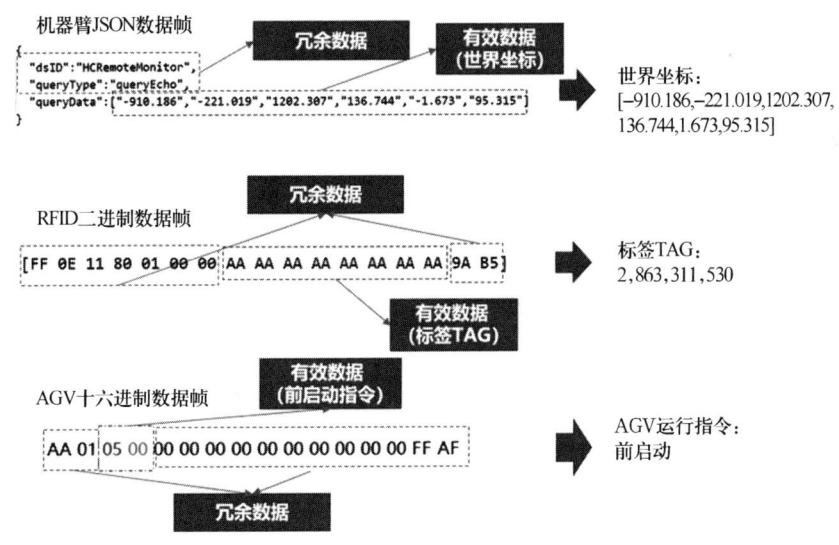

图 3-42 部分数据预处理

二、制造单元数据解析

本节以制造单元中典型生产设备的数据解析过程，来描述数据解析在智能装备与产线的实际应用。

(一) AGV 数据解析流程

AGV 采用 TCP 串口通信方式进行数据的传输，底层传输协议为 TCP，数据格式为 JSON，其数据解析流程如图 3-43 所示。

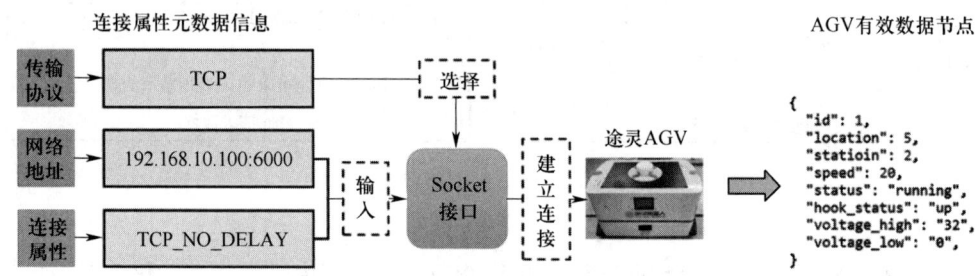

图 3-43　AGV 数据解析流程

AGV 的元数据模型定义了 AGV 数据解析过程中传输协议、网络地址和连接属性的 3 个形式化描述，分别为 TCP、192.168.10.100：6000 和 TCP_NO_DELAY。基于 AGV 与数据采集设备的 Socket 接口方式，建立 AGV 与数据采集设备同段局域网的数据连接。通过语义化的数据描述，将采集到的原始数据转变为有效数据。AGV 的有效数据结点描述了 AGV 的位置、状态、运行速度、运行电流等生产实时数据，有效地解析了原始数据。

(二) 机器人数据解析流程

机器人采用 HCRemoteMonitor 协议进行数据的传输。底层传输协议为 TCP/UDP，数据格式为 JSON，其数据解析流程如图 3-44 所示。

机器人的元数据模型定义了机器人数据解析过程中传输协议、网络地址和连接属性的 3 个形式化描述，分别为 TCP/UDP、192.168.10.200：6000 和 TCP_NO_DELAY。

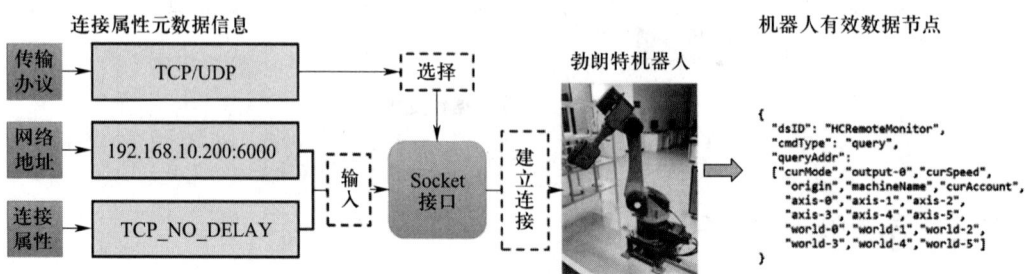

图 3-44　机器人数据解析流程

基于机器人与数据采集设备的 Socket 接口方式，建立机器人与数据采集设备的同段局域网数据连接。机器人有效数据由 dsID、cmdType 和 queryAddr 三部分组成。其中"dsID"表示协议的名称，这里使用的是 HCRemoteMonitor；"cmdType"表示协议帧的作用；"queryAddr"表示查询的工业机器人机械手的空间位姿数据地址，分别表示了工业机器人六个机械臂关节的机器人坐标系与世界坐标系的数据地址。

（三）数控机床数据解析流程

数控机床采用基于 HTTP 通信协议传输数据，底层传输协议为 HTTP，数据格式为 JSON，其数据解析流程如图 3-45 所示。

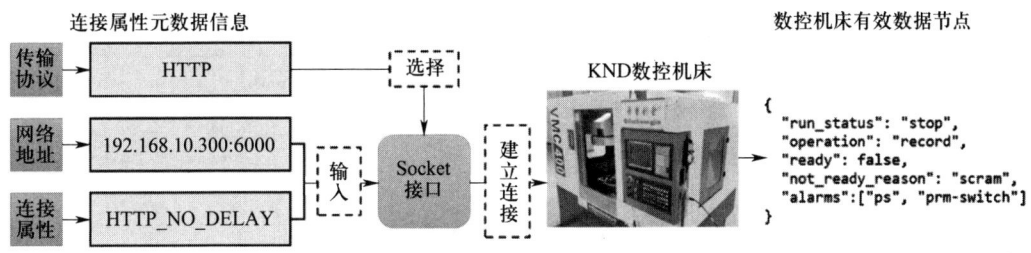

图 3-45　数控机床数据解析流程

数控机床的元数据模型定义了机器人数据解析过程中传输协议、网络地址和连接属性的 3 个形式化描述，分别为 HTTP、192.168.10.300：6000 和 HTTP_NO_DELAY。基于数控机床与数据采集设备的 Socket 接口方式，建立数控机床与数据采集设备同段局域网的数据连接。数据帧由 run-status，operation，ready，not-ready-reason，alarms 五部分组成。其中"run_status"表示数控机床运行的状态，这里的状态"stop"表示数控机床没有运行；"operation"表示数控机床运行的模式，这里的状态"record"表示数控机床正在记录生产数据；"not_ready_reason"表示数控机床未正常运行的原因，这里的状态"scram"表示数控机床处于急停状态；"alarms"表示数控机床紧急状态警告，这里的警告状态由"ps"与"prm-switch"组成，其中"ps"表示生产数据波动的警告状态，"prm-switch"表示的是生产运行模式转换的警告状态。

（四）RFID 数据解析流程

RFID 的元数据模型定义了 RFID 数据解析过程中传输协议、网络地址和连接属性的3个形式化描述，分别为TCP、192.168.10.400：6000和TCP_NO_DELAY。基于RFID与数据采集设备的Socket接口方式，建立RFID与数据采集设备的同段局域网数据连接。通过语义化的数据描述，将采集到的原始数据转变为有效数据。RFID的有效数据结点数据帧由dsID、cmdType和queryData三部分组成。其中"dsID"表示协议的名称，这里使用的是HCRemoteMonitor；"cmdType"表示协议帧的作用；"queryData"表示查询的RFID存储的空间位姿数据，分别表示了RFID在空间坐标系中4个象限的空间数据。RFID数据解析流程如图3-46所示。

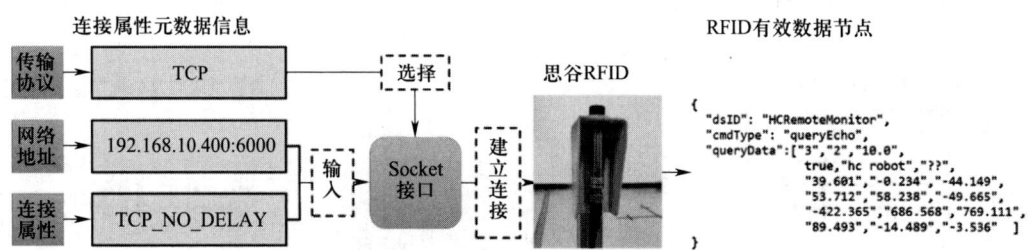

图3-46 RFID数据解析流程

综上所述，从制造单元典型生产设备的数据解析流程来看，元数据模型充分地描述了多源数据的异构属性，通过同网段内数据连接的数据采集设备，可建立稳定的数据连接。通过元数据模型的数据解析，可获得设备数据的语义化描述，实现异构数据的解析。

三、制造单元数据标准化

根据信息的采集需求，对数据进行归类分析。制造单元的数据共有3种类型。

（1）PLC信号数据。包含工件的入库与出库信号、AGV的启动信号、机器人的位姿PLC通道信号以及数控机床开关门与夹具的PLC信号。

（2）运动学数据。包括数控机床轴的转速、机器人的关节坐标与世界坐标数据、机器臂的运行速度与AGV运动速度等。

（3）设备的报警信息。包括网络通信异常、程序执行异常、机器人碰撞报警、数控机床开关门异常和夹紧异常等。

制造单元信息模型如图3-47所示。

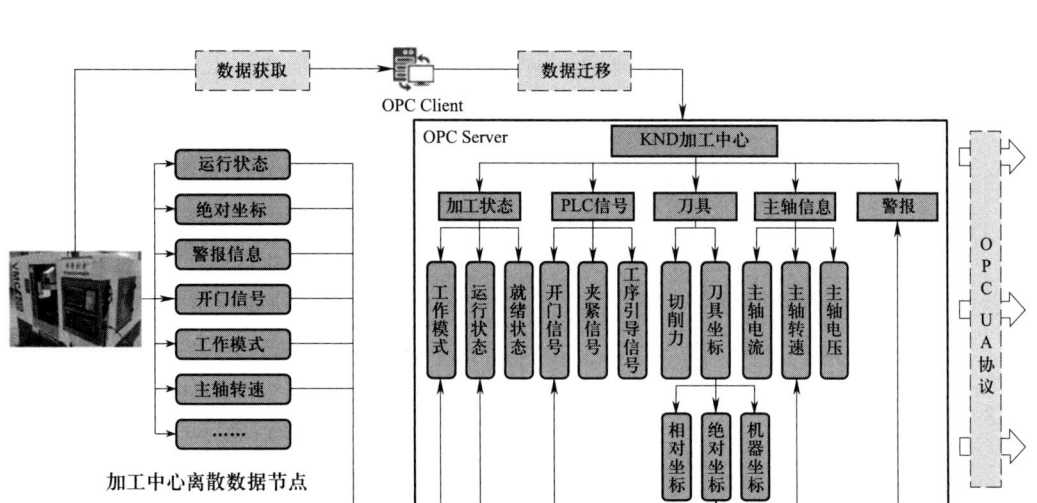

图 3-47 制造单元信息模型

基于制造单元典型生产设备的信息模型，开发相应的 OPC UA 底层应用以部署异构设备的 OPC Server，并且通过接入协议解析过程，将采集到的原始数据迁移到 OPC Server 中，进一步实现设备数据的语义化，外界可通过 OPC UA 协议获取内部的标准化协议数据。OPC UA 底层应用部署流程如图 3-48 所示。生成并部署相应的 OPC Server，流程如图 3-48a 所示。记录 OPC Server 的地址与相关证书，用于生成与之对应的 OPC Client，部署流程如图 3-48b 所示。

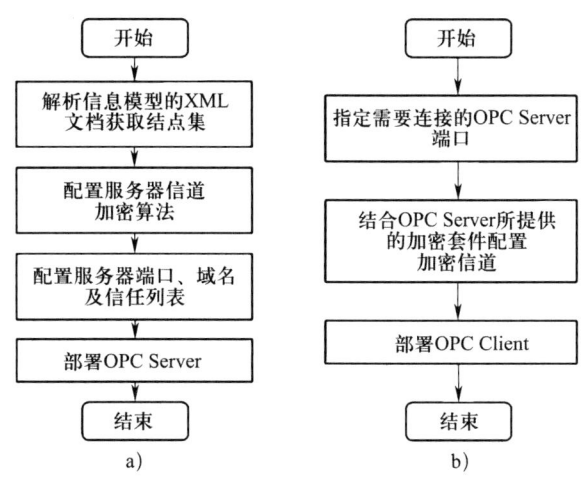

图 3-48 OPC UA 底层应用部署流程
a）OPC Server 部署流程　b）OPC Client 部署流程

由于制造单元大部分设备的数据是以 JSON 格式进行传输，因此需要通过程序中的反序列化工具，提取其实际的数据部分。生成 OPC Client，将从制造单元中采集得到的数据，按照给定的信息模型，实现现场设备数据到 OPC UA 的映射。提供标准化的数据访问接口，上位机通过 OPC UA 协议可以获取制造单元的相关数据，从而实现制造单元的数据标准化。UaExpert 软件是用于测验 OPC UA 协议的专业软件。通过 UaExpert 接入到边缘端的 OPC Server，获取异构设备的运行数据。其中，OPC Server 内部的结构化节点集合由机器人信息模型所定义，各个节点的名称表征了机器人数据的真实语义。典型制造单元的数据标准化流程如图 3-49 所示。

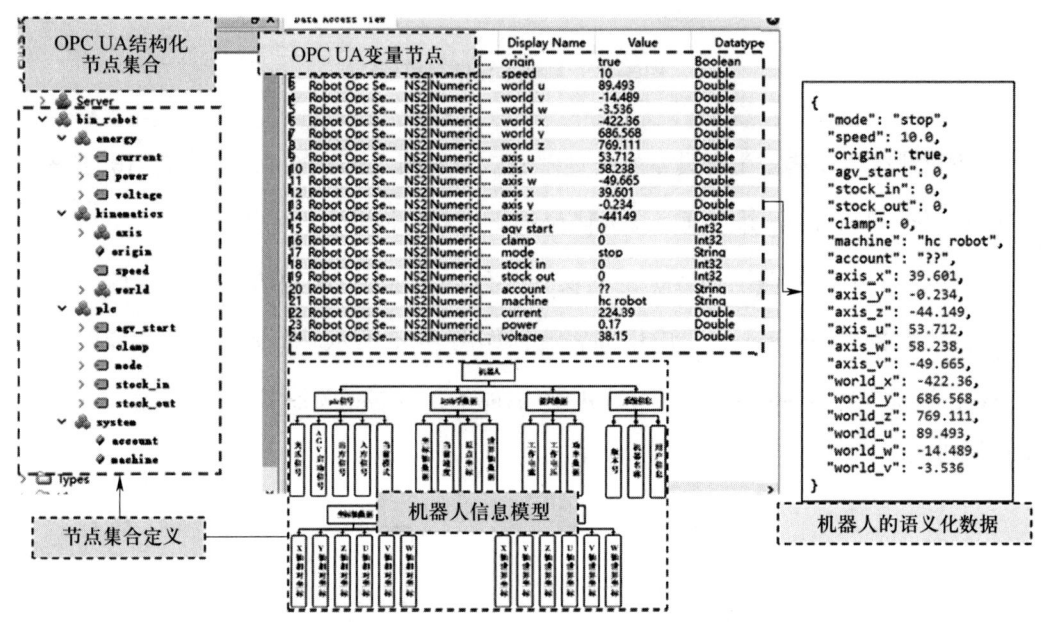

图 3-49　典型制造单元数据标准化流程

四、制造单元数据存储

（一）制造单元数据库需求分析

制造单元在运行中会产生三类数据：与生产排程相关的订单源数据（订单号、产量、生产起始时间等）、描述设备信息的静态数据（机床主要参数、刀具材料和几何参数、机器人主要参数等）和运行过程中实时变化的动态数据（机器人关节坐标、机床进给轴坐标、AGV 实时状态等）。为了实现对制造单元实时状态的感知和对关键指标的预测，一方面需要构建实时数据库缓存动态数据，从而感知制造单元的实时状态，另一方面需要确保关系型数据库 MySQL 在不干扰实时数据读写的情况下，持久化地存储数据，通过分析历史数据挖掘出数据背后的映射关系，从而对关键指标进行预测。依据制造单元数据库需求分析，对数据库进行结构设计，如图 3-50 所示。

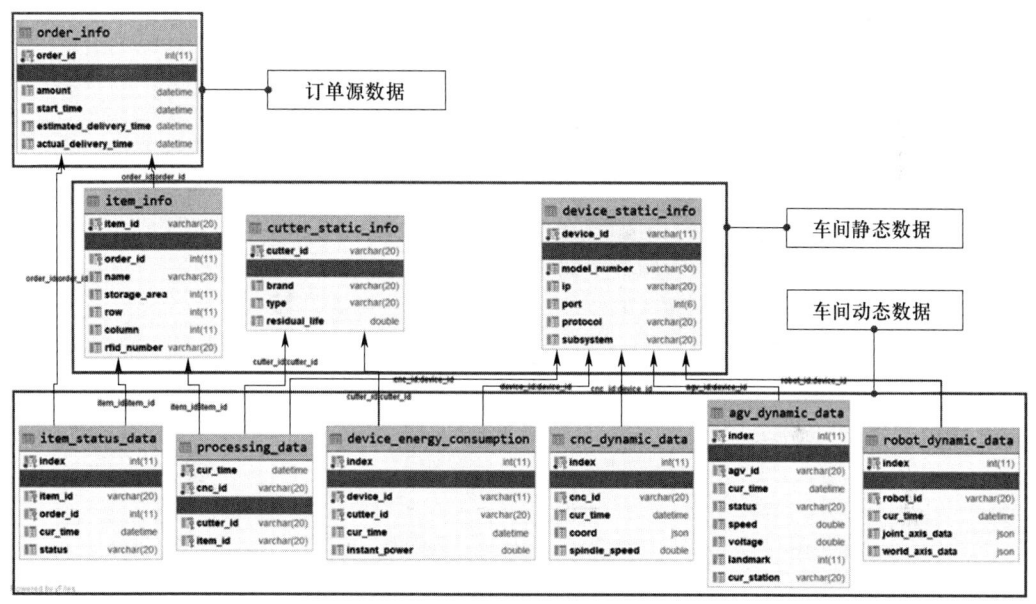

图 3-50　数据库的结构设计

（二）制造单元数据库构建方案

制造单元运行过程中实时变化的动态数据经过数据采集、数据协议解析与标准化后被存入 Redis 实时数据库中。实时状态监测、虚实同步运动展示等上层应用需要从 Redis 实时数据库中即时地取出数据，以该实时数据反映制造单元的实际运行状态。与此同时，Redis 实时数据库中的数据会在不干扰实时数据读写的情况下，通过消息队列这一管道技术，将历史数据保存到 MySQL 数据库中。消息队列的使用，可以减少数据库的通信次数，从而有效降低延时。订单源数据和制造单元静态数据会被直接存储到 MySQL 数据库中，客户端可以对该数据库发起"增删改查"操作，查询和更新数据库中的数据。另外,利用机器学习方法对 MySQL 数据库中的历史数据进行分析,可以挖掘出关键物理量与关键性能指标之间的映射关系,从而对关键指标进行预测,最后对制造单元的工艺流程进行优化。制造单元数据库构建方案如图3-51所示。

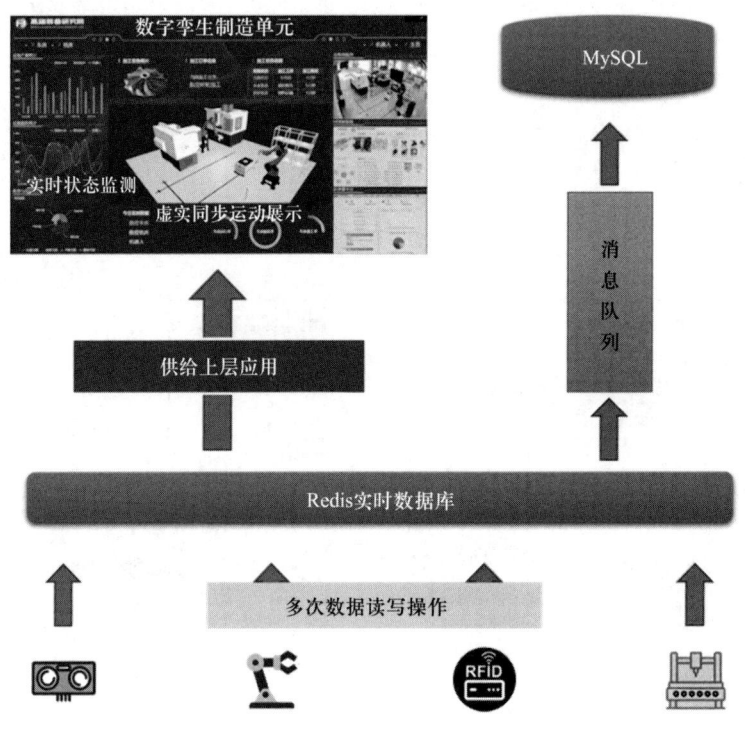

图 3-51　制造单元数据库构建方案

(三) 制造单元数据库结果展示

根据制造单元的信息模型,通过数据集成模块生成了数控机床的所有历史数据实体,其中关系型数据库存储了数控机床刀具路径、机器人世界坐标系等历史数据,实时数据库构建了 AGV 实时速度、数控机床主轴转速、机器人关节坐标系等实时数据。以机床刀具的历史数据实体为例,其数据主要包括机床刀具的坐标信息以及切削力,由于数控车床与加工中心同属数控机床类型,因此共用相同的历史数据库。结合生成的设备数据库,基于底层数据集成程序实现了制造单元的数据集成,为数据服务模块提供数据源。制造单元数据库结果如图 3-52 所示。

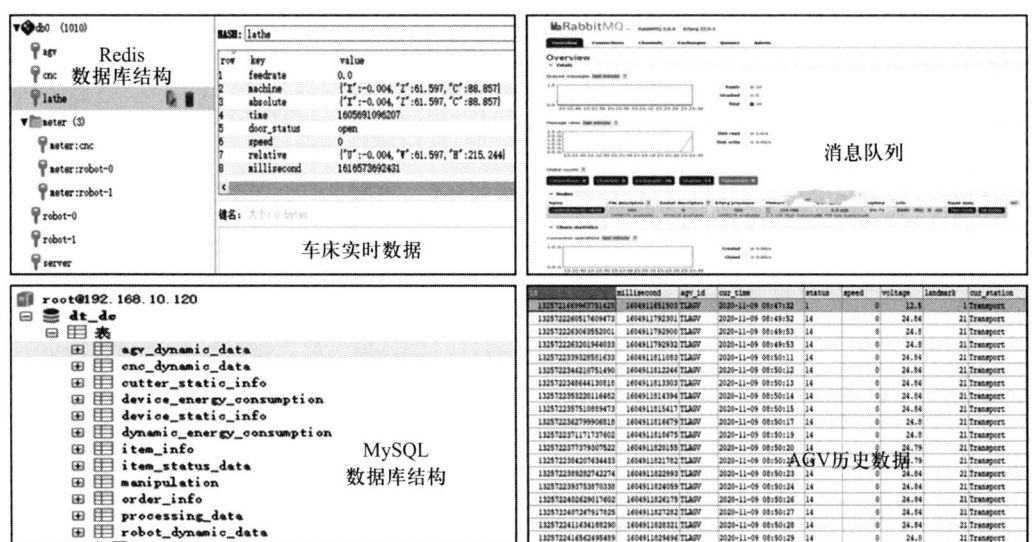

图 3-52 制造单元数据库结果

思考题

1. 阐述智能产线中数据的类别，分析其组成与特征。

2. 阐述两类数据库的特点，分析其设计方法与应用场景。

3. 阐述元数据信息的组成，分析各数据解析步骤的核心作用。

4. 阐述 OPC UA 的含义及其底层应用部署流程。

5. 阐述不同数据标识技术方法的特点及应用场景。

第四章
智能产线现场安装、调试与部署

智能产线的高效运行除了依靠工艺、数据以及控制系统等数字层面的帮助外,还离不开实际硬件环境的支持。任何先进的软件功能都无法脱离硬件实体存在,智能产线现场安装、调试与部署情况决定了产线运行质量的上限。

本章分为四节,内容包括智能产线硬件的安装与调试,传感器与识别系统的安装调试,网络与生产系统的边缘部署与安全保障,以及典型模块的现场安装调试应用案例。

- **职业功能:** 智能产线共性技术应用。
- **工作内容:** 产线设备安装、产线联动调试、产线服务器部署。
- **专业能力要求:** 能掌握智能产线的安装、调试及部署过程,能对智能产线的部分模块进行现场安装和调试。
- **相关知识要求:** 了解智能产线及硬件模块的常见安装方法,掌握智能产线及单元模块的现场联动调试过程及调试步骤;掌握典型传感器、射频识别、条码识别系统的现场部署调试方法;掌握生产系统的边缘部署及现场调试方法,熟悉工业通信及数据安全的基本内涵及安装保障方法。

第一节 硬件安装与调试

考核知识点及能力要求：

- 了解机械加工件安装、外购件安装、气路安装以及单元模块安装等智能产线常见的安装方法。
- 掌握工业机器人、AGV、智能相机系统、数控机床等联合调试方法。

一、产线单元模块的安装方法概述

产线的安装可以划分为机械加工件安装、外购件安装、气路安装以及单元模块安装等，本节将对其进行详细阐述。

（一）机械加工件安装

1. 机械加工件安装概述

（1）装配安装的基本概念。任何机械设备或产品都是由若干零件和部件组成的，零件是构成机器（或产品）的最小单元。两个或两个以上零件结合成机器的一部分称为部件。按照规定的技术要求，将若干零件结合成部件或将若干个零件和部件结合成机械设备或产品的过程称为装配，前者称为部件装配，后者称为总装配。最先进入装配的零件或部件称为装配基准件。直接进入组件装配的部件称为分组件。可以独立进行装配的部件（组件、分组件）称为装配单元。

（2）机械加工件的装配安装方法。机械加工件的连接方式可分为固定连接和活动连接，见表 4-1。固定连接能保证装配好后的零件之间相互位置不变；活动连接能保证装配好后的零件之间有一定的相对运动。在固定连接和活动连接中，根据能否拆卸又分为可拆卸连接和不可拆卸连接两种。可拆卸连接是指这类连接不损坏任何零件，拆卸后还能重新装在一起。

表 4-1　　　　　　　　　　　机械加工件连接方式

固定连接		活动连接	
可拆卸连接	不可拆卸连接	可拆卸连接	不可拆卸连接
螺纹、销、键、楔连接，过渡配合	焊接、铆接、过盈连接、黏合、压合、胶合、热压等	柱塞与套筒、轴与滑动轴承、圆柱面、圆锥面、球面和螺纹面等的间隙配合	滚动轴承、活动连接的铆合头等

2. 机械加工件螺纹连接

（1）螺纹连接的类型。螺纹连接分为普通螺纹连接和特殊螺纹连接两大类。普通螺纹连接类型如图 4-1 所示，主要包括螺栓连接（见图 4-1a）、双头螺柱连接（见图 4-1b）、螺钉连接（见图 4-1c）、紧定螺钉连接（见图 4-1d）等。由带螺纹的零件构成的螺纹连接，称为特殊螺纹连接。

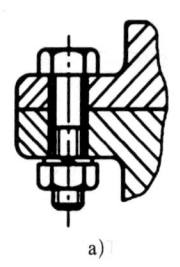   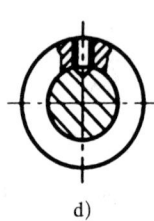

　　　　a)　　　　　　　　b)　　　　　　　　c)　　　　　　　　d)

图 4-1　普通螺纹连接的类型
a）螺栓连接　b）双头螺柱连接　c）螺钉连接　d）紧定螺钉连接

1）螺栓连接。被连接件上的通孔和螺栓杆间留有间隙，通孔的加工精度要求低，结构简单，装拆方便，使用时不受被连接件材料的限制，主要用于连接件不太厚并能从两边进行装配的场合。

2）双头螺柱连接。双头螺柱连接拆卸时只需旋下螺母，螺柱仍留在机体的螺纹孔内，故螺纹孔不易损坏。主要用于连接件之一较厚、材料比较软且需经常拆卸的场合。

3）螺钉连接。螺钉连接主要用于连接件较厚或结构上受到限制，不能采用螺栓连接或双头螺柱连接,且不需要经常装拆或受力较小的场合。

4)紧定螺钉连接。将紧定螺钉的末端拧入螺纹孔中顶住另一零件的表面或顶入相应的凹坑中,以固定两个零件的相对位置,并可传递不大的力或转矩。螺钉除发挥连接和紧定作用外,还可用于调整零件位置。

(2)螺纹连接装配的技术要求。

1)保证一定的拧紧力矩。为达到连接可靠和紧固的目的,在螺纹连接装配时应有一定的拧紧力矩,使螺纹牙间产生足够的预紧力。

2)有可靠的防松装置。螺纹连接一般都具有自锁性,在受静载荷和工作温度变化不大时,不会自行松脱,但在冲击、振动或交变载荷作用下以及工作温度变化很大时,螺纹牙之间的正压力会突然减小,造成螺纹连接松动。为避免螺纹连接松动,螺纹连接应有可靠的防松装置。

3)保证螺纹连接的配合精度。螺纹配合精度由螺纹公差带和旋合长度两个因素确定,分为精密、中等和粗糙三种。旋合长度是指两个相配合的螺纹,沿螺纹轴线方向相互旋合部分的长度,分短、中、长三组。

3. 机械加工件松键连接

键连接是通过键实现轴和轴上零件之间的周向固定以传递运动和转矩的连接。根据装配时是否需要施加预紧力,键连接可以分为松键连接和紧键连接。松键连接安装时直接将键装入键槽即可,无须施加预紧力,在工作时是靠键的侧面来传递扭矩,只对轴上零件做周向固定,不能承受轴向力。松键连接类型如图4-2所示,包括普通平键连接、导向平键连接及滑键连接等。

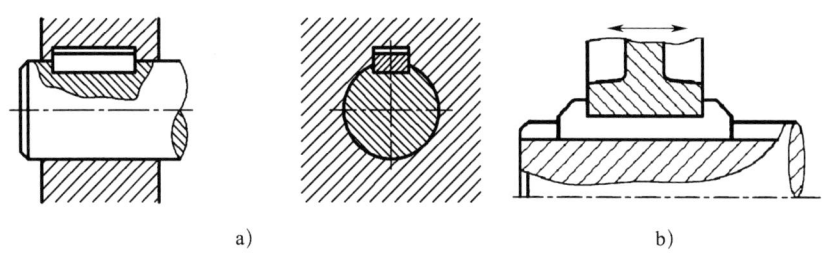

图4-2 松键连接类型

a)普通平键连接和导向平键连接 b)滑键连接

(1) 松键连接的装配技术要求。

1) 保证键与键槽的配合要求。因为键是标准件，所以键与键槽各种不同配合性质是靠改变轴槽、轮毂槽的极限尺寸来得到的。

2) 键与键槽应具有较小的表面粗糙度。

3) 将键装入轴槽中并与槽底贴紧，键长与轴槽长应有 0.1 mm 的间隙，键的顶面与轮毂槽之间有 0.3~0.5 mm 的间隙。

(2) 松键连接的装配要点。

1) 清理键及键槽上的毛刺。

2) 对于重要的键连接，装配前应检查键的直线度误差、键槽轴心线的对称度及平行度误差等。

3) 对于普通平键和导向平键，应使用键的头部与轴槽试配，使键较紧地嵌在轴槽中，达到装配要求。

4) 在配合面上加机油，用铜棒或台虎钳将键压入轴槽中，使键与槽底接触良好。

5) 试配时，键与键槽的非配合面应留有间隙，以便轴与套件达到同轴度要求；装配后的套件在轴上不能周向摆动，否则容易引起机器的冲击和振动。

4. 机械加工件紧键连接

紧键连接又称楔键连接。楔键分为普通楔键和钩头楔键两种，如图 4-3 所示。楔键的上下两面是工作面，键的上表面和轮毂槽的底面均有 1∶100 的斜度，键的两侧与键槽间有一定的间隙。装配时，需施加预紧力将键打入从而构成紧键连接，在工作时

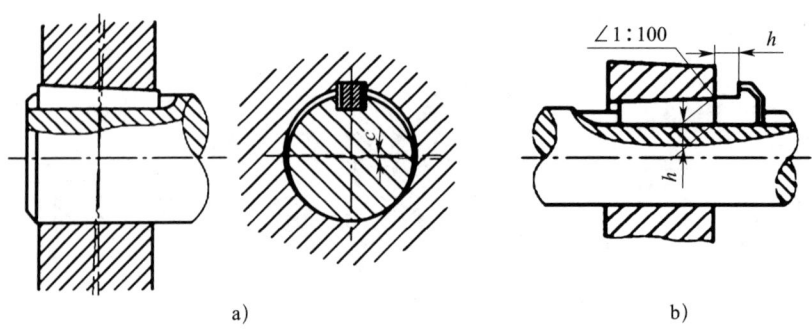

图 4-3 楔键

a) 普通楔键　b) 钩头楔键

靠过盈来传递转矩和承受单方向轴向力。紧键连接易使轴上零件与轴的配合产生偏心和歪斜，对中性较差，多用于对对中性要求不高、转速较低的场合。

（1）紧键连接的装配技术要求。

1）楔键的斜度应与轮毂槽的斜度一致，否则套件会发生歪斜，降低连接强度。

2）楔键与槽的两个侧面要留有一定间隙。

3）在装配钩头楔键时不应使钩头紧贴套件端面，必须留有一定距离，以便拆卸。

（2）紧键连接装配要点。装配楔键时，要用涂色法检查楔键上下表面与轴槽及轮毂槽的接触情况，接触率应大于65%。若接触不良，应修整键槽。符合标准后，在配合面加涂润滑油，将楔键轻敲入键槽，直至套件的周向、轴向都固定可靠为止。

5. 机械加工件销连接

销是一种标准件，其形状和尺寸均已标准化、系列化。销连接具有结构简单、装拆方便等优点，在固定连接中应用很广，但只能传递不大的载荷。

按照不同作用，销可分为定位销、连接销和安全销（见图4-4）。定位销主要用来固定两个（或两个以上）零件的相对位置。短定位销与长定位销如图4-4a、4-4b所示。连接销用于连接零件，如图4-4c所示。安全销可作为安全装置中的过载剪断元件，如图4-4d所示。

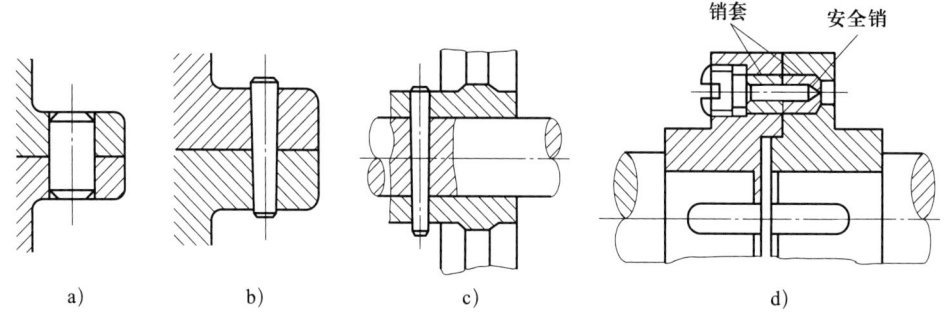

图 4-4　不同作用的销

a）短定位销　b）长定位销　c）连接销　d）安全销

按照形状，销可分为圆柱销、圆锥销及异形销（如轴销、开口销、槽销等）3种，多采用35钢、45钢制造，其中圆柱销、圆锥销应用较多。

圆柱销一般依靠少量过盈量被固定在销孔中，用以固定零件、传递动力或做定位元件。用圆柱销定位时,为了保证连接质量,装配前被连接件的两孔应同时钻铰,装配时应在销子表面涂机油,用铜棒垫在销子端面上,把销子打入孔中。

圆锥销具有1∶50的锥度,定位准确,可多次拆装而不影响定位精度。在横向力作用下可保证自锁,一般多用作定位,常用于要求多次装拆的场合。装配时,被连接的两孔也应同时钻铰,用试装法控制孔径,孔径大小以圆锥销自由插入全长的80%~85%为宜;装配时用手锤敲入,销钉头部应与被连接件表面齐平或露出不超过倒角值的高度。应当注意,往盲孔中装配时,销上都必须钻一个通气小孔或在侧面开一道微小的通气小槽,供放气使用。

6. 机械加工件过盈连接

过盈连接是利用材料的弹性变形,把具有一定过盈量的轴和毂孔套装起来,以此达到紧固连接的目的。装配后,轴的直径被压缩,孔的直径被扩大,包容件和被包容件因变形而使配合表面产生压力,工作时依靠此压力所产生的摩擦力来传递转矩和轴向力。过盈连接如图4-5所示。

过盈连接具有结构简单、同轴度高、对中性好、承载能力强的优点,并能承受冲击和振动载荷,此外还可避免因切削键槽而削弱被连接零件的强度。多用于需要承受重载而无须经常装拆的场合。过盈连接的配合表面包括圆柱面、圆锥面等,其中圆柱面主要用压入法和热胀法装配,圆锥面主要用螺母压紧和液压装拆等方法装配。

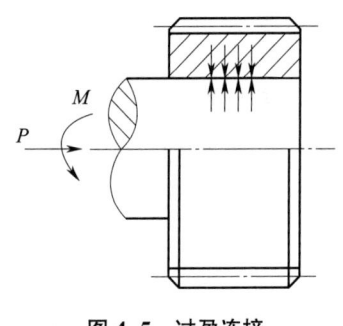

图4-5 过盈连接

(二)外购件安装

本部分将针对气缸及气动件、滚珠丝杠、齿轮齿条、电动机、减速器等外购件的安装进行介绍。

1. 气缸及气动件安装要求及注意事项

(1)连接时活塞杆的轴线与负载的移动方向应保持一致。如果方向不一致,活塞杆和缸筒会产生别劲,缸筒内表面、导向套和活塞杆的表面以及密封件容易磨耗和破损。

(2)在使用外部导向的场合,杆前端与负载连接行程的任何位置都不允许存在别劲。

(3)缸筒及活塞杆的滑动部位不允许被物体撞伤或划伤。因缸筒内表面是精密加工制作的，稍微变形就会造成气缸动作不良。活塞杆滑动部位的伤痕会导致密封件损伤造成漏气。

（4）回转部位要涂上润滑脂，以防止烧结。

（5）在未确认元件动作正常之前不要使用。在安装和修理后，应接通气源和电源，进行适当的机能检查和漏气检查，确认安装正确再使用。

（6）在单侧自由的场合，在行程端发生振动，弯曲力矩在气缸上起作用，有可能导致气缸破损。应设置支撑件，抑制气缸本体的振动或降低活塞速度，直到气缸本体处于无振动的状态下再使用。

（7）磁性开关应安装在动作范围的中央位置，调整活塞使其停止在动作范围的中心。

2. 滚珠丝杠安装方法及注意事项

滚珠丝杠的安装分为两端固定、一端固定一端自由、一端固定一端支承3种方式。

（1）两端固定。丝杠两端都固定，固定端轴承能够同时承受轴向力。该方式能在一定程度上对丝杠施加合适的预紧力，提高丝杠支承的刚度，对丝杠的热变形有部分补偿。

（2）一端固定一端自由。丝杠一端固定，另一端自由，固定端轴承需同时承受轴向力和径向力。这种方式适用于行程小的短丝杠或者全闭环的机床。这种结构的机械定位精度较低，尤其是对比长径较大的丝杠，其热变形是很明显的。由于此种结构简单，安装和调试较为方便，因此仍旧有许多高精度机床使用这种结构。需要注意的是需要加装光栅，采用全闭环反馈。

（3）一端固定一端支承。丝杠一端固定，另一端支承，固定端同时承受轴向力和径向力，支承端只承受径向力，且能够作微量的轴向浮动。这种方式能够一定程度上减少或者避免因丝杠自重造成的弯曲，丝杠热变形能够自由地向一端伸长。这种方式使用最为广泛，目前国内的中小型数控机床、立式加工中心等基本均采用此种方式。

3. 齿轮齿条的安装步骤及注意事项

齿轮齿条的安装步骤如下。

（1）检查工件安装面及承靠面的公差是否符合设计标准，以导轨为基准，利用千分表检测。

（2）确认齿条是否残留磁性，若有磁性应进行消磁处理。

（3）从中间往两端安装齿条，安装第一根齿条应让螺孔与螺栓尽量保持在同一中心，防止后续出现螺栓与孔位干涉现象。

（4）安装第一根齿条时，应靠近螺孔位置均匀分布夹具，使齿条完全贴紧承靠面，并由中间螺栓往两边锁紧螺栓，按照螺栓的扭力要求锁紧齿条。

（5）安装第二根齿条时，先以10%的锁紧力预紧，在拼接处配合微调工具，待调整好拼接间隙再以建议扭力值锁紧；后续参照已固定好的齿条，向待安装的方向按顺序锁紧螺栓。

（6）所有齿条都安装完成后，利用测量辊及千分尺分别测出每根齿条中间及两端的3个点高低偏差并做记号。参考选用产品的安装要求，观察该偏差是否在标准以内，在其中找出最高点，以最高点位置为基准安装齿轮。

（7）将齿轮与减速器组装好，检测齿轮的最高点并标记。

（8）将减速器安装至滑台上，使齿轮最高点与齿条最高点重合，通过减速器过渡板上的调节机构，初步调整齿轮齿条的间隙，预紧螺栓。

（9）通过扳手转动齿轮使其与齿条左右齿腹接触，观察齿轮上千分表变化数值，该差值即为齿侧间隙，参考齿轮齿条产品安装要求，确定是否在标准区间内。

（10）检测齿轮齿条啮合是否正确，来回移动齿轮，观察齿条齿面是否呈现正确的啮合痕迹，若不正确则按照呈现的图形判断原因，并调整齿轮箱的角度。

4. 电动机安装方法

电动机的安装方式有IMBx和IMVy两种形式。IM是国际通用的安装方式代号，B为卧式，轴呈水平方向；V为立式，轴与水平方向垂直；x和y各为1~2个数字，表示连接部位和方向。

（1）电动机安装形式代号。

IM+B（或V）+阿拉伯数字（1~2位）；

IM：安装方式英文"International Mounting type"的缩写；

B：表示电动机在使用时为卧式安装，轴呈水平方向；

V：表示电动机在使用时为立式安装，轴与水平方向垂直；

说明：电动机主轴伸端统一为"D"端，如果为双轴伸电动机，辅助轴伸端统一定义为"N"端。

（2）IMB 安装代号释义。

B3——卧式用地脚安装在基础构件上；

B5——卧式用凸缘安装；

B6——卧式用地脚安装在墙上，从 D 端看地脚在左；

B7——卧式用地脚安装在墙上，从 D 端看地脚在右；

B8——卧式用地脚安装在顶上方；

B9——卧式 D 端无端盖，采用 D 端机座端面安装；

B15——卧式采用地脚主安装，D 端无端盖采用机座端面辅助安装；

B20——卧式有抬高地脚，并用地脚安装在基础构件上；

B35——卧式用地脚安装在基础构件上，并用凸缘作附加安装；

规律：只有一个数字代号的表示没有辅助或附加安装。

（3）IMV 安装代号释义。

V1——立式用凸缘安装，D 端朝下；

V3——立式用凸缘安装，D 端朝上；

V5——立式用地脚安装在墙上，D 端朝下；

V6——立式用地脚安装在墙上，D 端朝上；

V8——立式 D 端无端盖，用 D 端机座端面安装，D 端朝下；

V9——立式 D 端无端盖，用 D 端机座端面安装，D 端朝上；

V10——立式机座有凸缘并用其安装，D 端朝下；

V15——立式用地脚安装在墙上，并用凸缘作附加安装，D 端朝下；

V16——立式机座有凸缘并用其安装，D 端朝上。

（4）防爆电动机常用安装方式。

B3——有底座，无直连安装法兰盘；

B5——无底座，有直连安装法兰盘；

B35——有底座，有直连安装法兰盘。

5. 减速器安装注意事项及规范

（1）注意事项。减速器在安装时，要特别注意传动中心轴线的对中，对中的误差不能超过减速器所用联轴器的使用补偿量。减速器按照要求对中之后，可以获得更理想的传动效果和更长久的使用寿命。在减速器的输出轴上安装传动件时，必须注意柔和操作，禁止使用锤子等工具粗暴安装，应利用装配夹具和轴端的内螺纹进行安装，以螺栓拧入的力度将传动件压入减速器轴，这样可以保护减速器内部零件免于损坏。

（2）技术规范。

1）减速器的固定非常重要，要保证平稳和牢固。一般来说应将减速器安装在一个水平基础或底座上，同时保证排油口顺利排油，且冷却空气循环流畅。减速器固定不好、基础不可靠时，就会出现噪声、振动等现象，也会使得轴承和齿轮受到不必要的损害。

2）减速器的传动连接件在必要时应加装防护装置。连接件上有突出物或使用齿轮、链轮传动等，如果输出轴承受的径向荷载较大，应当选用加强型。

3）减速器的安装位置要保证工作人员可以方便地接近油标、通气塞和排油塞等。减速器安装完成后，检查人员应按照顺序全面检查安装位置的准确性，确定各个紧固件的可靠性。

（三）气路安装

气路安装指的是为车间主气源、气泵或储气罐等装置提供气源，通过合理布置管路，将气源输送至各个单元。

1. 装配前的检查工作

气路连接件主要包括气制动阀、干燥器、储气罐、驻车制动气室、制动电磁阀、手控制动阀，以及用于连接的各种接头、软管、垫圈、传感器等。

装配前必须对所有的气路连接件进行检查，确保元件的形状、尺寸、型号、编码等正确，另外还须检查元件是否清洁，是否有磕碰、划伤等可见的缺陷，外表面有无油污和锈蚀等。

2. 注意事项

（1）气路钢管长度要短，管径要合适，否则流速过高会损失能量。

（2）两固定点之间的连接应避免紧拉，须有一个松弯部分，既便于装卸，也避免因热胀冷缩而造成严重的拉应力。

（3）钢管的弯管半径应尽可能大，弯管半径最小约为钢管外径的2.5倍。管端处应留出直管部分，长度为管接头螺母高度的2倍。

（4）硬管的主要失效形式为机械振动引起的疲劳失效，因此当管路较长时需加管夹支撑，不仅可以缓冲振动，还可减少噪声。在有些弯管的两端、直管段处要加管夹支撑固定，在与软管连接时应在硬管端加管夹支撑。

（5）避开障碍物时不要使用太多的90度弯曲钢管，流体经过一个90度弯曲钢管的压降，比经过两个45度弯曲钢管的要大。

（6）布置管路时，尽量使管路远离需经常维修的部件。管路排列应有序、整齐，便于查找故障、保养和维修。

（四）单元模块安装

1. 典型单元模块概述

（1）智能仓储单元。智能仓储单元是智能产线的起点和终点，在整个自动化产线中，起到向其他工作单元提供原材料并将成品存储起来的作用。智能仓储单元一般由出入库定位平台、出入库移栽机械手以及存储料库等构成。出入库定位平台一般由铝型材框架、脚轮、机械结构件、气缸等构成；出入库移栽机械手一般由滑台、六自由度工业机器人、抓具等构成；存储料库一般由铝型材框架或者钢结构框架、脚轮、托盘工装等构成。

（2）移栽单元。移栽单元利用机械手装置实现物料的移栽功能，由抓取机械手装置和直线运动传动组件等部件组成。抓取机械手装置一般由气动手爪、伸缩气缸、回转气缸、产品工装等构成；直线运动传动组件一般由直线导轨、伺服电动机及驱动器、联轴器、丝杠、丝杠安装座、导轨安装底板、滑块上板、电动机安装座等构成。

（3）涂胶单元。涂胶单元是以压缩空气为动力源，通过压强比的不同，将胶水以较大压力输送到操作工位的整套设备。主要由气源部分、气动马达、柱塞泵、升降机、管道、高压过滤器、调压阀、可加热软管、加热系统、胶枪、辅助支撑件等组成。

（4）拧紧单元。拧紧螺栓使两个被连接体紧密贴合，并承受一定的载荷，同时还需要两个被连接体之间具备足够的压紧力，以确保零件的可靠连接和正常工作。这就要求用于连接的螺栓，在被拧紧后要具有足够的轴向预紧力。拧紧单元包括螺钉送钉机、吹钉系统、拧紧模组、产品定位工装等。其中，拧紧模组由拧紧枪、夹瓣气缸、吸顶气缸、推进气缸、机械结构件等构成。

（5）压装单元。压装是指将具有过盈量配合的两个零件压到配合位置的装配过程。压装单元包括压机、产品定位工装、结构框架等。

（6）传输单元。输送线是主要的传输单元，旨在完成对物料的输送任务。在库房、生产车间和包装车间的场地，设置有由皮带运输机、滚筒运输机等组成的各条输送链，经首尾连接组成连续的输送线。

2. 安装步骤

机械部分是安装的基础，在安装过程中应按照"零件—组件—单元"的顺序进行安装。用螺栓把装配好的组件连接为整体，然后在相应位置上安装传感器。

根据装配图纸将各个气缸与对应机加件相互连接，根据气路原理图（见图4-6），用气管将三联件、电磁阀、气缸与接头依次进行连接。

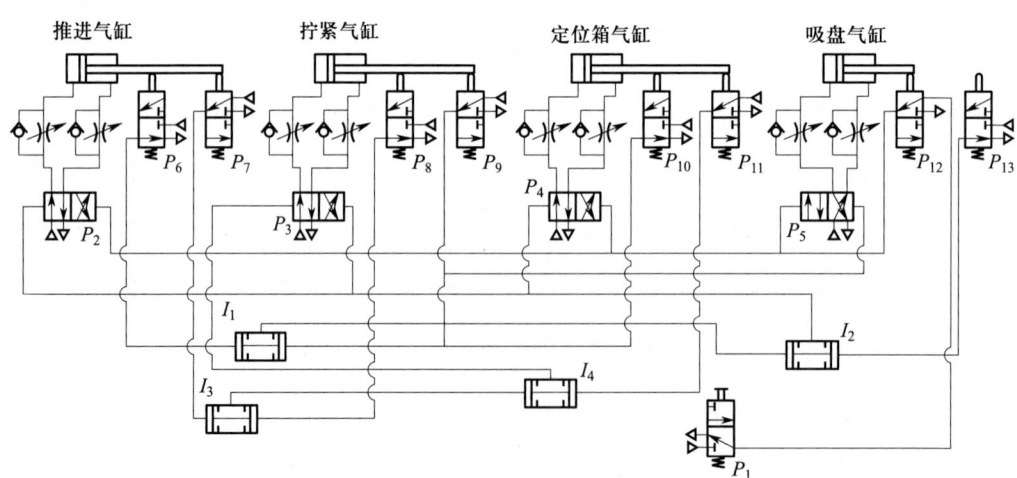

图4-6　气路原理图

3. 注意事项

（1）装配铝合金型材支撑架时，注意调整好平行度和垂直度，锁紧螺栓。

（2）对于气缸安装板和铝合金型材支撑架的连接，需要预先在特定位置的铝型材T形槽中放与之相匹配的螺母。如果没有放置螺母或没有放置足够多的螺母，可能导致无法安装或安装不可靠。

（3）在底板上固定机械结构时，需要将底板移动到操作台的边缘，将螺栓从底板的反面拧入，使底板和机械机构部分的支撑型材连接起来。

（4）导轨、丝杠等标准件要严格按照安装标准进行安装，安装后要对其精度进行检测。

（5）安装气缸时，一般会备有缓冲装置，对缓冲装置的位置预先进行调整。

（6）拧紧单元可以精确调整拧紧枪和产品定位工装的同轴度。

（7）对于压装单元，如果加工组件部分的冲压头和加工台上的工件中心没有对正，需要调节加工工件的工装位置。

二、智能产线的联动调试

智能产线是智能制造的主体，不但是加工中心、机器人以及测量设备的集成，而且还通过自动化与信息化的深度结合、合理利用，实现整个生产线的自动化、柔性化以及智能化。

（一）智能产线的单元模块组成

1. 工业机器人

工业机器人在智能产线中的应用越来越广泛，发挥其高自由度与匹配性、智能化、拟人化等技术特点，通过重复编程和自动化控制，可完成智能产线在生产制造环节中的具体任务。结合制造设备或生产线，通过工业机器人组成单机或多机自动化生产系统，在无人参与的情况下，自主完成搬运、焊接、装配、喷涂、检测等多种生产作业。

2. AGV

AGV作为智能产线和智能仓储的关键设备，已经被广泛地应用于生产制造行业。AGV以智能机器人和物联网技术为基础，具有自动化程度高、运行灵活、安全可靠等技术特色，服务于企业各个自动化生产环节，能够替代传统生产线上的人工物流运输，有效地利用生产车间，实现高效、快速的生产物流。按物料运输方式，AGV可分为潜伏式、牵引式、自卸式、举升式和叉车式；按照导航方式划分，AGV可分为电磁引导、视觉引导、光学引导、惯性引导、激光引导等类型。其中，电磁引导是最传统的AGV导航方式，在行驶路径上铺设或预埋金属导线，通过导线周围产生的电磁场，结合AGV车上的感应线圈，对磁场进行识别和跟踪，实现AGV导航。视觉引导是较先进的AGV导航方式，利用图像传感器，将预设路径的环境图像存储至控制系统数据库中，通过车载摄像机和传感器动态获取周围图像，与数据库中的数据进行比较，将偏移量输出至AGV驱动系统，对小车运行方向和位置进行修正，实现AGV引导。

3. 智能相机系统

智能相机是一种机器视觉系统，具备图像采集、处理、通信等功能。智能相机利用机器视觉技术能够实现工业自动化、智能化和设备精密控制，可以实现产品质量检测、产品外观检测、颜色识别、缺陷识别、条码扫描、位置偏差修正、机器人引导等功能，目前已被广泛应用于加工制造、装配、物流和精密测量等生产环节中。智能相机主要由图像采集单元、图像处理单元、软件算法单元、通信处理单元几个部分组成。

（1）图像采集单元。利用工业相机、光学镜头、光源等组成图像采集系统，能将采集到的光学图像转化为数字图像数据。

（2）图像处理单元。图像采集单元采集到的图像数据，经过转化成为数字图像数据，供图像处理单元进行处理存储。

（3）软件算法单元。利用各种已封装好或可单独开发的视觉处理算法，对图像进行预先的分析处理。常用的视觉算法包括：图像变换（几何变换、尺度变换、色度变换等）、图像增强（灰度增强、平滑降噪）、图像分割（阈值分割、边界分割、Hough变换等）、纹理处理、图像特征提取（几何特征、几何形态、直方图特征、颜色特征等）、轮廓/模板匹配、色彩分析等。

（4）通信处理单元。通信处理单元主要负责提供外部接口，供其他控制单元对智能相机进行相应控制，并接收图像处理的结果数据。常见的通信方式包括标准以太网TCP/IP协议、Modbus协议、串口协议、工业现场总线协议等。

4. 数控机床

数控机床主要包括数控车床、数控铣床、数控磨床、数控镗床、数控加工中心、数控磨削中心、数控折弯机、数控成型机等。面向智能工厂、智能产线、物联网等技术需求，数控机床逐步实现智能化、网络化、柔性化，可以逐步完成数字化协同设计，以及高度精密、可靠、复杂的表面加工等工作。

5. 其他典型单元模块

除了上述提及的单元模块，在智能产线中还有许多其他典型单元模块，如智能拧紧模块、伺服驱动模块和智能传感模块等，这些单元模块都是智能产线的重要组成部分，在智能产线中发挥着重要的作用。

（二）智能产线联动调试

1. 智能产线前期调研

在设计智能产线时，应对智能产线规划进行前期技术和市场调研，充分了解以下内容。

（1）产品。确定智能产线的产品工艺、质量要求和生产节拍等，以此作为生产的基准规划。考虑是否存在多产品共线或混线生产的需求，是否能够做到灵活快速的切换工装，是否会对产品节拍产生较大影响。

（2）人员。减员增效是智能产线的优势，产线规划要考虑为实现智能化需要配备多少必需的生产或技术人员，能否做到产线的无人化、自动化、数字化。

（3）节拍。根据需求产量确定产品的生产节拍，然后根据节拍规划相应的生产工艺路线。若产线中一个或多个重点环节无法达到节拍要求，应考虑是否将工序拆分，或者增加同类型工位并行生产。

（4）质量。为保证智能产线生产产品质量的一致性和稳定性，应考虑增加保障产品合格率的环节，设计完善的质量检测环节和不良品返修报废处理流程。对于产品生产过程中的相关质量数据，应确保数据存储和分析处理，便于后续提升产品质量，改善生产工艺。

（5）网络。在生产过程中，为保证智能产线数据的有效存储、处理、传输、分析，需要建立配套的专用网络。除了保证生产要素互联、企业IT管理系统网络顺畅，还应建立连接企业上下游之间、企业与智能产品、企业与用户之间的网络,使得智能产线更加智能化、平台化。

2. 智能产线联动调试准备

智能产线的联动调试是一项复杂的系统性工程。调试人员在进场调试前,应完成以下工作。

(1)了解掌握智能产线的生产工艺路线、生产节拍、产品种类等产线的基础特性。

(2)与设计人员详细沟通并确认智能产线的设备设计原理、设备组成、设备动作流程、设备自动化要求等。

(3)了解智能产线的相关技术难点、操作难度、常见使用问题等,分析造成设备使用故障或异常的原因,提前做好处理问题的预案。

(4)确定智能产线中包含的单元模块数量、功能要求。

(5)规划智能产线的物流布局,确定物料零部件的流转方式。

(6)规划智能产线的网络结构,确定产线内设备的网络节点数量和分布,确定设备之间的组网方式(工业以太网、工业现场总线、物联网、5G等)。

3. 工业机器人联动调试

工业机器人能够独立实现或作为设备重要组成部分实现特定的生产功能,包括物料搬运移载、堆垛码垛、机床自动上下料、AGV对接、产品视觉检测等。工业机器人联动调试包含以下步骤。

(1)机器人安装。按照机器人安装指导作业书正确安装固定机器人,确保控制柜接线正确,机器人与控制柜之间的电缆连接正常,满足设备上电条件。

(2)机器人系统备份。机器人上电后,可对机器人系统进行备份,保存到备份U盘中,若后续调试造成机器人系统故障,可随时恢复至出厂状态。

(3)机器人校准。对机器人各轴零点位置进行校准,具体可根据各品牌机器人提供的校准方法进行。

(4)I/O配置及接线。机器人的I/O配置可分为系统I/O配置和用户I/O配置。系统I/O配置包括配置机器人的系统状态信号(机器人工作模式、机器人电动机状态、机器人故障状态、机器人报警信息等)和机器人操作信号(机器人上电、机器人手自动模式切换、机器人暂停运行、机器人故障复位等）。用户 I/O 配置主要用于机器人与上层控制器（PLC、上位机等）之间自主定义的 I/O 交互信号，根据接线端子的电路图正确接线并测试信号的传输是否正常。

（5）机器人总线配置。当前工业机器人普遍支持多种工业现场总线协议，或提供标准的工业以太网接口。根据控制器或上位机的接口，确定工业机器人选择何种总线协议进行通信，并进行相应的总线配置，按照设备功能定义并配置相应的总线 I/O 信号。总线配置完成后可与 PLC 或上位机进行模拟测试，验证机器人与控制器之间的通信是否正常。

（6）坐标系标定。根据工艺和设备相关要求，标定工具坐标系和工件坐标系。

（7）机器人程序创建。确定机器人程序结构，机器人的程序可通过示教器或专用的机器人编程软件进行编写。程序中可定义相关的单元功能模块、安全运行模块、中断程序模块等。

（8）机器人手动调试。根据程序结构，创建机器人运行的点位，并调试机器人在各个点位之间的运动情况，确认机器人轨迹合理且无干涉或碰撞的情况。同时可根据机器人的实际运行情况，设置机器人各步骤的运行速度、加减速度、逼近范围等。

（9）机器人与外围设备联动调试。机器人与产线其他外围设备之间存在数据交互通信需求，通常可根据工艺流程和控制逻辑，自主定义通信信号的类型和功能。在机器人程序中添加这些通信信号，手动或模拟测试机器人与外围设备之间的联动运行，并根据运行情况修改机器人和外围设备的相关功能程序。

（10）机器人自动运行。在确保机器人和操作人员安全的前提条件下，进行机器人自动运行测试。可将自动运行速度降低，运行无误后逐渐提高机器人或其他设备的运行速度，优化机器人轨迹姿态，以满足生产节拍的要求。

4. AGV 联动调试

在智能产线中，AGV 主要负责完成物流运输、物料移载等工作。AGV 的联动调试包含以下步骤。

（1）上电检查。AGV 到达产线现场部署就位后，按下启动按钮，启动后观察指示灯或显示屏是否显示正常。

（2）配置。AGV 上电后，可通过控制接口和相应的控制软件，对 AGV 进行配置。配置包括 AGV 命名编号、网络 IP 设定、无线路由组网设定、I/O 信号接口配置、通信接口配置、安全信号配置、运行速度和加减速度等动态参数配置。

（3）手动调试。完成基础配置后，可通过配套的控制软件进行手动控制，包括前进、后退、停止、转弯、旋转等，验证 AGV 自身机械结构和行驶状态是否符合现场使用的要求。

（4）地图构建。根据 AGV 具体的导航控制方式构建地图。如果选择磁条导航、二维码导航、激光反光板导航等对场地或生产环境有要求的导航方式，则需根据工艺路线，提前准备并部署相应的硬件设备，通过识别对应的定位基准构建 AGV 运行地图；如果选择激光 SLAM 导航、视觉导航等无需铺设定位基准的导航方式，则需要通过 AGV 激光扫描器或视觉镜头对运行环境进行动态的全景扫描，并将扫描场景转化为能被识别的平面或三维地图。

（5）路径规划。依据 AGV 构建的地图，结合智能产线中物流流转的详细要求，在地图中设定停车点位、行驶路线、初始点位、充电点位、障碍物避障路线、主动避障路线等。

（6）单任务调度。可通过 AGV 自带软件或上层调度软件，向单台 AGV 下达任务指令。一个单独的任务可以被理解为产线内工作地点之间的一次移动。根据任务指令的起点终点、规划路径，实现单一任务指令的执行。在执行过程中，可根据运行状态修改规划路径、运行速度、转弯半径、转弯速度、停车点位（与其他外围设备对接）等。

（7）多车调度。同时向多台 AGV 下达任务指令，观察场景中是否会出现多路线互锁导致任务无法完成的情况，并设置相应的多车调度避让方式和行驶规则，实现对多台 AGV 在同一场景下的灵活有效调度。

（8）与上层调度控制系统联动调试。通过控制接口，与上层调度控制系统（RCS 或 MES 等）完成联动调试。由调度控制系统发送任务指令，分配具体 AGV 完成任务。在执行任务的过程中，AGV 应将自身的动态数据（运行状态、任务执行状态、报警故障信息）通过通信接口实时反馈至调度控制系统。

（9）与其他单元模块设备联动调试。AGV通过调度控制系统完成产线内的移动任务指令后，可与产线内其他的单元模块（机器人、机床、工作站、仓储等）进行联动调试。修改停车点位，验证停车点位的定位精度能否满足其他单元模块的使用要求。调度控制系统可与这些单元设备之间设定控制逻辑，实现AGV上下料、零件转运、仓储出库入库等功能。

5. 智能相机联动调试

智能相机采集图像计算处理后，将判断结果输送给控制系统。智能相机的联动调试包含以下步骤。

（1）安装上电。正确安装智能相机、镜头、光源。正确连接相机的供电和信号线缆、网络通信线缆。相机上电后，检查相机指示灯和光源是否正常。

（2）网络配置。智能相机一般通过工业以太网接口与控制系统进行网络通信，传输相机的控制指令，反馈相机拍照运算结果数据等。通过相机配套软件可设置相机的网络IP地址，选择网络通信协议等相关网络配置。

（3）功能设定。选择待检测的零部件或产品，正确放置至待检测位置。根据智能产线的工艺要求，确定需要检测的参数指标，如颜色、形状尺寸、外观缺陷等。为完成各项检测要求，需要选择确定视觉检测算法和方案。

（4）算法配置。确定视觉算法后，需要对具体的算法功能进行配置。通过调整镜头、光源强度、曝光参数等，获取清晰完整的检测物体图像。对图像进行标定、提取，运用视觉算法，设定相应的视觉判断规则，定义输出结果。

（5）通信联动调试。与上层控制器（PLC、MES等）进行通信联动调试。根据选择好的通信方式（TCP/IP、工业现场总线、串口通信、Modbus通信等）定义视觉程序的触发方式，同时定义视觉程序结果的输出方式。通过模拟方式或由控制器发送控制指令触发相机拍照，测试接收的相机拍照结果数据是否传输正常。

（6）与其他单元模块的联动调试。实现拍照识别功能后，智能相机可与其他单元模块进行联动调试。通过机器人、AGV、输送线、移载机构等，自动将待测零部件或产品移动至检测位置，触发相机拍照检测流程。相机检测完成后，根据检测结果对检测数据进行记录存储上传,并进行数据管理。根据检测结果和工艺流程,对合格品和不合格品进行相应的处理,允许合格品在智能产线中继续流转,对于不合格品予以报废或进入返修流程。

6. 数控机床联动调试

在智能产线中,数控机床结合自动上下料单元(机器人、机器人外部轴、桁架机械手等)实现产品的自动化生产。数控机床联动调试主要包括以下步骤。

(1)运行准备。数控机床安装通常需要进行水平校准并安装地脚固定,确保机床安装稳固。上电前应检查机床主供电回路电压是否正常,是否安全接地。同时需要检测数控机床的控制电气系统、气路系统、液压系统、循环冷却系统、润滑系统等是否正常。

(2)系统调试。机床上电后,通过手动方式连续进给或低速运行移动机床各轴,检查各轴运动是否卡顿。执行回参考点等指令,观察机床各轴的编码反馈系统是否正常。使用精密水平尺、千分表、对刀仪、激光测量工具等逐步调整机床几何精度,达到出厂要求。

(3)功能测试。对数控机床的主操作功能、安全操作功能、常用指令(手动、点动、自动、MDI、手轮等)执行情况进行验证。确保机床辅助系统,如润滑系统、冷却系统、照明系统、防护系统等运行正常。

(4)测试加工。编写数控机床的加工程序,智能数控机床通常还支持软件离线模拟仿真,可对编写的数控程序仿真进行验证。可先通过传统的人工上料方式验证加工程序,并进行优化修改。

(5)联动调试准备。通过数控机床的I/O接口或网络通信接口,定义与外部自动上下料机构的通信信号。为实现机床自动上下料,一般需要通过外部信号自动控制机床的上下料安全门开关、夹盘夹具的夹紧松开。另外,还需定义机床的就绪、运行、启动、完成等工作控制信号,以实现自动上料、机床加工、产品下料的完整流程。

(6)联动调试。数控机床自动上下料可分为原料件输送、机械手取料上件、机床上料加工、机械手取料下件几个步骤。在机床加工程序中,可对应添加I/O指令和M

代码指令，编写机床部分与上下料机构的逻辑控制程序。外部机械手根据允许上料状态信号，控制机器人进行自动上料。机床加工完成后，机械手根据允许下料状态信号，控制机器人进行自动下料，从而实现完整的机床自动上下料流程。

（7）联网监控调试。当前智能产线对机床数据采集和远程管理都提出了一定的要求，因此数控机床一般都可以提供专用的数据采集接口和远程控制接口，可实现远程获取机床信息，包括机床运行的实时状态、信息数据、程序数据等。同时，还可实现远程加载加工文件、设置运行主程序、启动停止机床、切换机床模式、采集报警信息等功能。

第二节　传感器与识别系统的安装调试

考核知识点及能力要求：

- 了解典型传感器的安装、数据采集与调试方法。
- 掌握典型识别系统的安装、数据采集与调试方法。

一、传感器标定与典型故障调试

（一）传感器类别

1. 光电传感器

光电传感器是智能产线常用的检测传感器，可以把被测量出的变化转换为信号，然后借助光电元件进一步将光信号转换成电信号输出给控制系统。按照检测形式分为对射式、漫反射式、镜面反射式等；按照检测方法分为光量法、三角测距法、激光测量法等；按照结构分为放大器式、光纤式、自控式等。

2. 位移传感器

位移传感器属于金属感应的线性器件，其作用是把各种被测物理量转换为电量。在生产过程中，位移的测量一般分为实物尺寸测量和机械位移测量。按照被测变量变换形式的不同，位移传感器可分为模拟式和数字式两种。智能产线和设备常用的位移传感器以模拟式结构为主，包括电位器式位移传感器、电感式位移传感器、电容式位移传感器、电涡流式位移传感器、霍尔式位移传感器等。

3. 压力传感器

压力传感器是工业生产中最为常用的一种传感器，被广泛应用于生产线和智能装备系统中。压力传感器是能感受压力信号，并能按照一定的规律将压力信号转换成可用的输出电信号的器件或装置。压力传感器通常由压力敏感元件和信号处理单元组成。按照不同的测试压力类型，压力传感器可分为表压传感器、差压传感器和绝压传感器。

4. 振动传感器

振动传感器主要采集机械的振动情况。每种设备都有自己的振动标准，超过振动值，表明机器出现故障，所以振动传感器起到对振动的保护作用。振动传感器包括相对式、电涡流式、电感式、电容式、惯性式、压电式、阻抗式、电阻应变式和激光式等。

5. 温度传感器

温度传感器是指能感受温度并转换成可用输出信号的传感器。温度传感器是温度测量仪表的核心部分，按照测量方式可分为接触式和非接触式两大类，按照传感器材料及电子元件特性分为热电阻和热电偶两类。

6. 速度传感器

速度传感器用于采集智能产线中的移动线速度和旋转角速度，与之相对应的有线速度传感器和角速度传感器，统称为速度传感器。速度传感器通过接收到的速度反馈值，形成闭环反馈控制。

7. 加速度传感器

加速度传感器常被用于各种设备或终端的姿态检测、运动检测等。通常由质量块、阻尼器、弹性元件、敏感元件和适调电路等部分组成。根据敏感元件的不同，分为电容式、电感式、应变式、压阻式、压电式等。

除以上常用传感器外，还有激光传感器、扭矩传感器等，详细内容不再赘述。

（二）传感器数据采集

传感器的接线一般有两线制、三线制、四线制，甚至涉及更多连线。两线制是由一根线连接电源正极，另一根线即信号线，经过仪器连接到电源负极。三线制是在两线制基础上加了一根线，直接连接到电源的负极。四线制是两根线作为电源输入端，另外两根线作为信号输出端。

1. 电压信号采集

（1）接线方式。常用的电压型传感器输出为 0～10 V、0～5 V 或 ±10 V 等，其常规接线方式如图 4-7 所示。

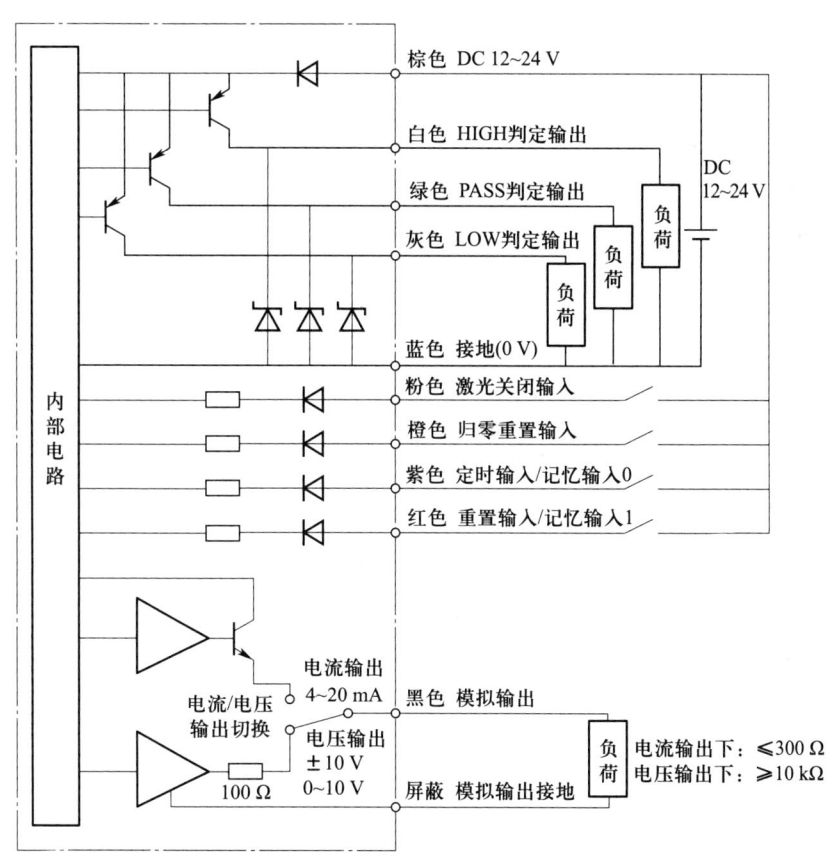

图 4-7　电压型传感器常规接线方式

（2）调试注意事项。

1）电源应接在传感器电源的输入端，确认供电电压，以免烧坏传感器。

2）进行传感器零点校正。

3）按照操作说明设定传感器阈值及上下限量程。

4）对传感器滞后宽度进行微调。

5）测试控制器可否正确收到传感器输出信号。

6）根据实际工况开始功能调试。

2. 电流信号采集

（1）接线方式。常用的电流型传感器输出为 4~20 mA 或 0~20 mA，其信号接线方式如图 4-8 所示。

（2）调试注意事项。电流信号的采集过程与电压信号采集过程类似，其调试参照电压调试。

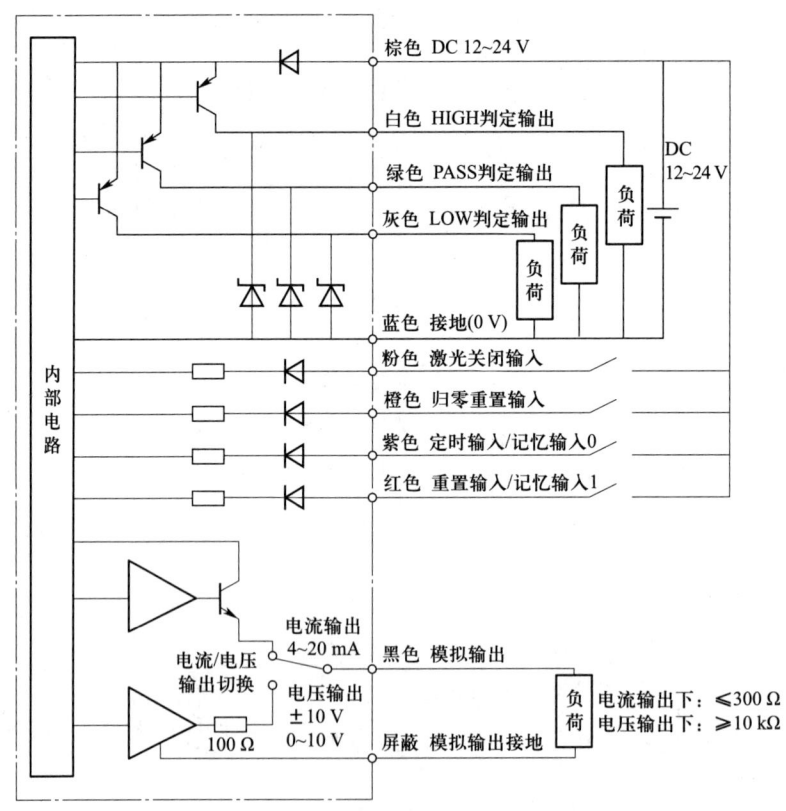

图 4-8 电流型传感器信号接线图

3. 通信接口采集

传感器通过通信接口采集数据的方式一般分为以下2种。

（1）RS-422和RS-485接口。RS-422和RS-485接口端子和信号信息见表4-2。

表4-2　　　　　　　　RS-422和RS-485接口端子和信号信息

接线端子	输出信号	RS-422全双工接线	RS-485半双工接线
1	TR+	RS-422（A+）	RS-485（A+）
2	TR-	RS-422（B-）	RS-485（B-）
3	RXD+	RS-422（A+）	—
4	RXD-	RS-422（B-）	—
5	GND	GND	GND

调试方法及注意事项如下。

1）确认硬件电路工作正常，测量供电电压位标准电压。

2）运用调试助手调试主控串口，通过RS-422或RS-485接口连接电脑，可以正常收发。

3）单独调试传感器，确保能够正常工作。

4）调试PLC与温湿度传感器之间的通信。

（2）工业现场总线。传感器可以通过工业现场总线采集数据，常用的通信协议为IO-LINK、DeviceNet等。具体调试步骤如下。

1）按照说明设置传感器的零点、上下限阈值等常规参数。

2）通过主控制器与通信接口模块进行接线。

3）编辑程序将ON/OFF信号及检测量传送至上位PLC。

4）读取和写入临界值及各功能的设定内容，并进行示教等操作以完成调试。

（三）典型故障分类及调试方法

传感器的典型故障分为漂移偏差故障、完全失效故障、固定偏差故障和精度误差故障。

1. 漂移偏差故障

漂移偏差故障是指，传感器测量值与真实值的差值随时间增加而发生变化的一类故障。其现象为：放大电路输入信号为零（即没有交流电输入）时，因为温度变化、电源电压不稳定等因素的影响，静态工作点发生变化并逐步放大和传输，导致电路输出端电压偏移。可以将调试方法总结为下列步骤。

（1）检测电源电压。电压的波动将造成输出电压漂移。

（2）检测电路元件的老化。元器件老化也会导致输出电压漂移。

（3）检测环境温度。半导体器件会随着温度的变化而变化，这也会导致输出电压漂移。

2. 完全失效故障

完全失效故障是指，传感器测量突然失灵，测量值一直为某一常数，不随外部条件更改而改变。具体调试方法如下。

（1）检测传感器电源是否正常。

（2）检测压力传感器是否损坏，严重的过载有时会损坏隔离膜片，需发回生产厂家进行修理。

（3）检测气路内是否有杂质堵塞，有杂质时会使测量精度受到影响，需清理杂质，并在接口前加过滤网。

（4）检测环境温度是否过高，传感器的一般使用温度为 $-25 \sim 85$ ℃，但实际使用时最好在 $-20 \sim 70$ ℃以内。

（5）检测实际量程是否超过所选量程。

（6）检测传感器是否损坏，严重的过载有时会损坏隔离膜片，需发回生产厂家修理。

（7）检测接线是否松动，接好线并拧紧。

（8）检测电源线接线是否正确，确保电源线接在相应的接线柱上。

3. 固定偏差故障

固定偏差故障主要是指传感器测量值与真实值相差某一恒定常数的一类故障。具体调试方法如下。

（1）查看压力传感器电源是否接反，把电源极性接正确。

（2）检查零点校正是否正确，是否需要设置偏移量。

（3）检测检查输入信号类型是否正确，例如 0~20 mA 和 4~20 mA 容易被混淆。

4. 精度误差故障

精度下降是指传感器的测量能力变差，精度等级降低。精度等级降低时，测量的平均值并没有发生变化，而是测量的方差发生变化，导致测量值和真实值差距较大。具体调试方法如下。

（1）确认传感器的出厂精度满足测量需求。

（2）检测压力指示仪表的量程与压力变送器的量程是否一致，二者必须一致。

（3）检测传感器的输入与相应接线是否正确，如传感器输入为 4~20 mA 或 0~10 V 的，控制器的模拟量输入点配置是否正确。

（4）检测相应的设备外壳是否接地，是否与交流电源及其他电源分开走线。

二、识别系统的安装部署与调试

（一）识别系统分类

1. 射频识别系统

射频识别技术是通过无线电波进行数据传递的自动识别技术。RFID 以电子标签来标志某个物体，其中电子标签包含电子芯片和天线，电子芯片用来存储物体的数据，天线用来收发无线电波。电子标签的天线通过无线电波将物体的数据发射到附近的 RFID 读写器，RFID 读写器对接收到的数据进行收集和处理。RFID 无需人工干预，可以识别高速运动的物体，可以实现远程读取并同时识别多个目标。RFID 技术的特点如下。

（1）采用电子芯片存储信息，标签抗污损能力强。

（2）标签的容量可以做到二维条码容量的几十倍，可实现真正的"一物一码"。

（3）读写器能够远距离同时识别多个 RFID 标签，并可以通过计算机网络处理和传送信息。

（4）网络可以使制造部门与管理部门实现信息互联，随时了解物品在生产加工的实时信息，实现对物品的透明化管理以及对生产流程的实时追溯。

2. 条码扫描系统

条码扫描技术是在智能物流系统里被大量采用的一种快速信息采集技术，从原材料零部件到生产成品，以及物流相关的每一个环节都可用条码扫描的方式进行终端信息数据采集。因此，条码扫描成为企业产品内部流通环节中不可缺少的信息技术。条码扫描在智能产线中应用的特点如下。

（1）物料管理。通过将物料统一编码并且打印条码标签进行物料跟踪管理，可以做到合理的物料库存准备。

（2）生产管理。在生产中使用产品识别码采集生产数据，可以监控生产过程，采集生产质量数据，建立产品识别码和产品档案库，有利于有序地安排生产计划、监控生产及流向、提高产品下线合格率。

3. 机器视觉系统

机器视觉系统利用机器代替人眼来作各种测量和判断。典型的机器视觉系统由光源、工业相机、工业镜头、信息处理单元组成。

（1）光源。适当的机器视觉光源照明设计可以使图像中的目标信息与背景信息得到合理分离，大大降低图像处理的算法难度，同时提高系统的精度和可靠性。常用的光源包括同轴光源、条形光源和环形光源等。按照打光方式的不同，可划分为直线光照明、背光照明和同轴照明。

（2）工业相机。工业相机的选择应注意以下 6 个方面。

1）黑白或者彩色。同样分辨率下，黑白相机精度比彩色相机高，尤其是在图像边缘的时候，黑白相机的效果更好。黑白相机做图像处理得到的是灰度信息，可直接处理。

2）面阵相机或者线阵相机。如果对于检测的精度要求很高，运动速度很快，在面阵相机分辨率和帧率达不到要求的情况下，必须选择线阵相机。

3）分辨率计算。根据目标要求的精度及视野范围，可反推出相机的像素精度。相机单方向分辨率 = 单方向视野范围 / 理论精度。

4）像素深度。存储每个像素数据所用的位数，常见的是 8 bit、10 bit、12 bit，分辨率和像素深度共同决定了图像的大小。

5）曝光方式和快门速度。线阵相机都采用逐行曝光的方式，可以选择固定行频和外触发同步的采集方式，曝光时间可以与行周期一致，也可以设定一个固定的时间；面阵相机有帧曝光、场曝光和滚动行曝光等几种常见曝光方式。

6）最大帧率或者行频。相机采集传输图像的速率，对于面阵相机而言一般为每秒采集的帧数，对于线阵相机而言为每秒采集的行数。

（3）工业镜头。工业镜头选择应注意以下3方面因素。

1）视野范围。在选择镜头时，选择比被测物体视野稍大一点的镜头，以有利于运动控制。

2）景深要求。对于有景深要求的场景，尽可能使用小的光圈。在选择放大倍率镜头时，在项目许可下尽可能选用低倍率镜头。如果场景要求比较苛刻，倾向选择高景深的尖端镜头。

3）工作距离。工作距离是指从镜头前部到受检验物体的距离，即清晰成像的表面距离，受安装空间和环境影响。

（4）信息处理单元。信息处理单元将成像系统获取的图像信息转换为计算机能够识别的数字信号，并从数字信号中提取一些能够表征图像的特征信息，再依靠模式分类以及深度学习等方法，将特征信息抽象为更高层次的信息表达，以完成对目标的识别、分析与理解。

（二）识别系统数据接口

工业总线是指工厂内以测量和控制机器之间数字通信为主的网络，也称作现场网络。换言之，就是将传感器、各种操作终端和控制器之间的通信，以及控制器之间的通信进行特化的网络。在工业现场中各种识别系统常用的工业总线数据接口有以下8种。

1. OPC UA

OPC UA 是指 OPC 统一体系架构，是一种基于服务的、跨越平台的解决方案。OPC UA 定义了统一数据和服务模型，使数据组织更为灵活，可以实现报警与事件、数据存取、历史数据存取、控制命令、复杂数据之间的交互通信。

2. TCP/IP

TCP/IP 传输协议，即传输控制/网络协议，也称网络通信协议。它是在网络中使用的最基本的通信协议。TCP/IP 传输协议对互联网中各部分进行通信的标准和方法进行了规定，可以保证网络数据信息及时、完整的传输。TCP/IP 传输协议严格来说是一个四层的体系结构，包含应用层、传输层、网络层和数据链路层。

3. PROFINET

西门子控制器采用 PROFINET 作为自动化以太网标准,通过 PROFINET 现场总线,在所有平台上进行快速安全的数据交换,为制造业和过程工业实现创新解决方案。凭借其卓越的开放性和灵活性,PROFINET 为用户提供机器与系统结构设计的极高自由度。

4. Ethernet IP

Ethernet IP 是由罗克韦尔自动化公司开发的工业以太网通信协定,当系统控制器为 AB 系列 PLC 时,常用的工业总线协议为 Ethernet IP。

5. EtherCAT

EtherCAT 是由德国倍福公司开发的工业以太网通信协议,当系统控制器为倍福系列 PLC 时,常用的工业总线协议为 EtherCAT。

6. Modbus TCP

Modbus TCP 使用 Modbus_RTU 协议运行于以太网,使用 TCP/IP 与以太网在站点之间进行 Modbus 报文传送。Modbus TCP 结合了以太网物理网络和网络标准 TCP/IP,以 Modbus 作为应用协议标准的数据表示方法。

7. CC-LINK

CC-LINK 是由三菱自动化公司开发的工业以太网通信协定,当系统控制器为三菱系列 PLC 时,常用的工业总线协议为 CC-LINK。

8. FINS

FINS 通信协议是欧姆龙公司开发的用于工业自动化控制网络的指令/响应系统。使用 FINS 指令可实现各种网络的无缝通信。

(三)识别系统部署调试

1. RFID 系统部署调试方法

(1) RFID 系统部署。RFID 系统主要由电子标签、读写器、天线和应用软件组成。具体部署选择如下。

1)选择合适的电子标签。电子标签由芯片及天线组成,标签附着在要标识的目标对象上,每个电子标签具有唯一的电子编号,存储着被识别物品的相关信息。RFID 系统中的电子标签一般分为主动有源标签和被动无源标签,根据容量、封装形式、基材、固定方式、外形尺寸等分类进行选择。

2）测试读写器。读写器是利用射频技术读写电子标签信息的设备。RFID 系统工作时，首先由读写器按照标准协议，发出一个询问信号；当电子标签接受到这个信号后，给出应答信号，标签即送回数据信息给读写器，读写器收到这些信息后解码并传输给外部主机。

3）测试部署距离。在进行 RFID 系统的部署时，也要考虑系统距离问题，尤其是要考虑阅读器读取标签数据时两者的距离，标签的部署至少要方便阅读器读取信息。

4）测试部署位置和方向。确定标签部署的位置和方向，即 RFID 标签贴在什么位置最适宜，是托盘上还是商品外包装上，以及 RFID 系统中标签的方向如何。

5）确定合理读取范围。RFID 标签的读取范围，也是不容忽视的问题。在进行 RFID 系统部署时，要找到物品尺寸和读取范围的最佳比例，理想的读取范围是物品与阅读器之间的物理距离。

6）确定部署标签的尺寸。因为标签的大小不同，所以需要放置空间也就不同。一般情况下，标签越大，所需要的读取距离也就越远。

（2）RFID 电气特性与接线。目前常用的是总线型 RFID，一般包括电源线和数据传输线缆。电源线按照设备铭牌上的要求接线，一般为 24 V。手持电源电缆连接器，将其插入读写器的电源连接器中。RFID 连接如图 4-9 所示。

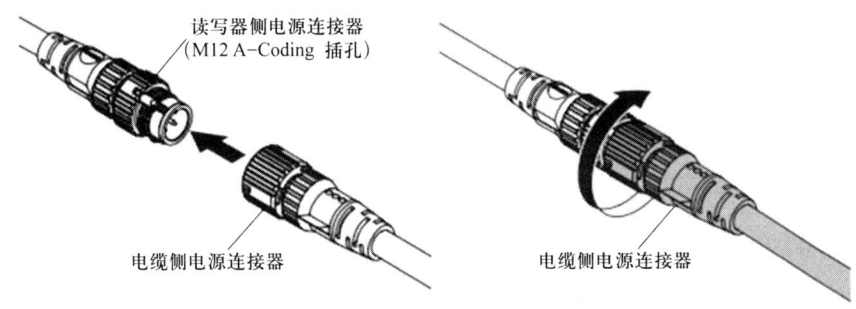

图 4-9　RFID 连接示意图

（3）调试步骤。

1）准备调试所需要的硬件：接口模块、线缆、读写头、载码体。

2）连接设备，硬件连接好后，扫描硬件设备。

3）RFID 接口模块通过网线（通常一端为 M12、一端为 RJ45）与测试 PC 连接，读写头通过 RFID 线缆与模块连接。

4）在 PC 端使用 RFID 配置软件设置接口模块的 IP 地址，扫描网络后会出现相关硬件设备，设置好 IP 和端口号后点击保存。

5）确定 RFID 与 PLC 之间的读写映射区域，不同的工业总线对应不同的映射方式及映射地址，为后续编程做好准备。

6）测试功能块，运用读写程序功能块进行读写存储区测试，测试无误后表示配置完成。

（4）调试常见错误。RFID 调试常见错误见表 4-3。

表 4-3　　　　　　　　　　RFID 调试常见错误

问题描述	可能原因	解决方法
控制信号为不定值，动作指示灯红灯闪烁	读写器动作错误	确认控制信号的接线，或重新组态后，可通过重启读写器电源进行恢复
发生 CPU 异常、系统存储器异常或硬件异常，红灯闪烁	系统错误	可通过重启读写器电源进行恢复
启动时检测出 IP 地址重复，红灯不规则闪烁	IP 地址重复错误	关闭读写器电源，切断网络并更改 IP 地址
红灯闪烁，控制器组态错误	读写器间通信连接错误	确认 PLC 的组态设定无误

2. 条码扫描系统部署调试方法

（1）条码扫描系统的部署。

1）控制电缆的连接和布线。将设备与控制器用线缆连接，根据用途进行布线。根据所选控制器的控制方式（PNP 类型、NPN 类型的接线方式不同），按照不同控制器及工业总线的种类在 PLC 外围设备布线。

2）安装前注意回避太阳光、其他照明、光电传感器等，否则可能导致读取不稳定或读取错误。

3)用厂家提供的安装支架及螺丝进行主装置及配件的安装,视野及对象物体的距离应满足系统使用的需要。

(2)条码扫描电气特性与接线。常用条码扫描系统有3个光耦输入和3个光耦输出。总线型及非总线型接线方式有所区别,总线型一般只需要网线连接,非总线型可以通过I/O接口给外部设备提供输入输出信号。外部设备的类型不同,输入和输出接线也会有所不同,因此需要区分外部设备是PNP类型,还是NPN类型。PNP类型和NPN类型I/O外部接线分别如图4-10、图4-11所示。

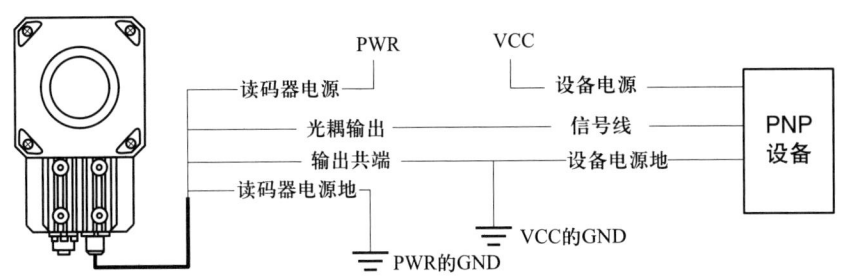

图4-10 PNP类型I/O外部接线示意图

设备内部有上下拉电阻:

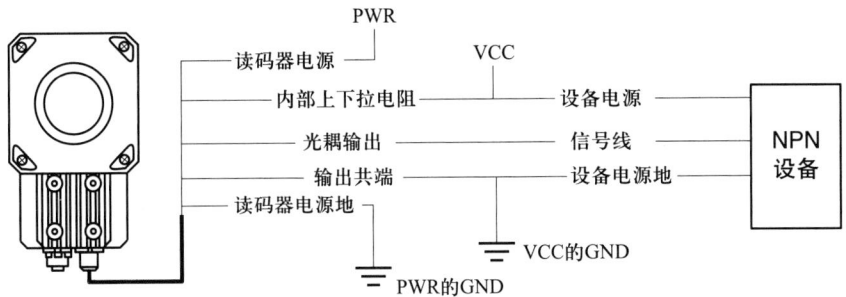

设备内部无上下拉电阻:

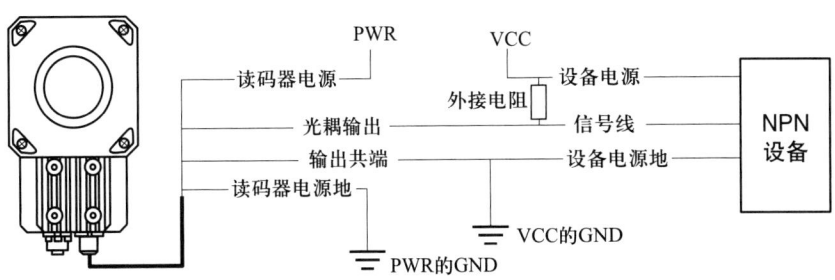

图4-11 NPN类型I/O外部接线示意图

（3）调试步骤。

1）设备连接。可通过"设备连接"模块连接设备、查看设备信息、修改IP地址、完成固件升级等。

2）镜头调焦。通过图像配置模块下的自动对焦参数实现镜头调焦功能。

3）图像配置。图像部分可对曝光时间、增益、伽马、采集频率、触发帧计数和轮询等参数进行设置，根据实际使用需求进行设置。

4）光源选择。光源部分可对光源类型以及其他相关参数进行设置，根据实际使用需求进行设置。

5）算法配置。算法配置模块默认可选择条码类型并设置个数。若常用属性无法满足设置需求，可通过算法配置修改默认参数。

6）输入输出及通信接口配置。根据实际需求及控制器的型号来配置通信接口参数。

（4）调试常见问题。条码扫描调试常见问题见表4-4。

表4-4　　　　　　　　　条码扫描调试常见问题

问题描述	可能原因	解决方法
启动客户端软件，发现不了相机	设备未正常启动或网线连接异常	检查设备电源以及网络连接是否正常（观察LED指示灯以及网口LINK灯）
预览时画面全黑	曝光时间设置过小	增加设备的曝光时间和增益
预览时图像质量差	网络传输的速度不够或未设置巨帧	确认网络传输速度是否是1 Gbps，PC网卡是否是千兆网卡等，设置PC的网卡巨帧为9 KB或9 014字节
预览正常但无法触发	触发模式未打开，或触发选择错误、连线错误	确认设备的触发模式是否开启，选择的触发源和使用的I/O接口是否一致，确认触发信号输入以及接线是否正常
视野范围内有条码，聚焦清晰但无法识别	条码类型未勾选，限制了识别的条码	在"算法配置"模块中使能视野中的条码所属类型，修改限制的条码长度
输出图片上识别出的条码不全	客户端可以处理的条码个数超过设定值，开启了全数字过滤	重新设定条码个数，关闭全数字过滤

3. 机器视觉系统部署调试

（1）机器视觉系统的部署。

1）将相机固定到安装位置，选择合适的镜头安装到相机上。

2）使用超五类或六类网线连接相机与千兆交换机或者千兆网卡。

3）选择以下任意一种供电方式。电源直插供电：使用电源 I/O 线缆，按照正确的接线方法接在合适的电源适配器上。PoE 供电：对于支持 PoE 功能的相机，可用网线连接相机与带 PoE 功能的交换机或者网卡。

4）安装相机客户端软件。安装时选择安装路径、需要安装的驱动，安装好后进行 PC 环境设置。

5）PC 环境设置需要关闭防火墙。

6）设置相机 IP 地址，设置各个功能块功能参数（见表 4-5）。

表 4–5　　　　　　　　　　　功能参数

名称	功能描述
菜单栏	可对客户端基础功能进行设置，还可对设备进行 IP 配置和固件升级等
控制工具条	可同时对多台设备批量开始/停止采集，设置客户端的画面布局，统计设备的读码信息，查看设备的日志信息等
相机配置	可对设备进行相关操作，包括连接/断开设备、设置参数、设置 IP 地址等
预览窗口	可实时预览当前设备图像采集和算法读取的效果，同时还可以录像、抓图、绘制辅助线等
历史记录	实时显示客户端当前读到的条码信息

（2）机器视觉系统的电气接线。不同型号相机电源及 I/O 接口对应的管脚信号定义有所不同，其中较为常见的为 6-pin P7 接口，其管脚信号定义见表 4-6。

表 4–6　　　　　　　　　6-pin P7 接口管脚信号定义

管脚	信号	I/O 信号源	说明
1	DC_PWR	—	相机电源

续表

管脚	信号	I/O 信号源	说明
2	OPTO_IN	Line 0+	光耦隔离输入
3	GPIO	Line 2+	可配置输入或输出
4	OPTO_OUT	Line/+	光耦隔离输出
5	OPTO_GND	Line 0-/1-	光耦隔离信号地
6	GND	Line 2-	相机电源地

此外，常见的还有 12-pin P10 接口，其管脚信号定义见表 4-7。

表 4-7　　　　　　　　　　12-pin P10 接口管脚信号定义

管脚	信号	I/O 信号源	说明
1	GND	Line2-	相机电源地
2	DC_PWR	—	相机电源
3	—	—	NC
4	—	—	NC
5	OPTO_GND	Line0-/1-	光耦隔离信号地
6	—	—	NC
7	—	—	NC
8	RS-232_RX	—	RS-232 接收
9	RS-232_TX	—	RS-232 发送
10	GPIO	Line 2+	可配置输入或输出
11	GPIO_OUT	Line 1+	光耦隔离输出
12	GPTO_IN	Line 0+	光耦隔离输入

（3）调试步骤。

1）调节焦距。

2）安装部署好硬件后，根据产品的实际需求调节光圈，使焦距达到最佳值，取得最佳效果图。

3）镜头调焦。支持图像配置模块下的自动对焦参数设置，实现镜头调焦功能。

4）图像调试。根据实际使用需求可对曝光时间、增益、伽马、采集频率、触发帧计数和轮询等参数进行设置。

5）选择光源。根据实际使用需求，可对光源类型以及其他相关参数进行设置。

6）确定软件架构。

7）取得效果图后，根据产品实际需求，设定软件框架及人机界面，使其能够达到测试的功能及效果。

8）配置通信，根据不同的控制器硬件，配置相对应的视觉与控制器通信协议，确定输入输出映射存储区，并完成实际配置测试，以便编写控制器程序。

（4）调试常见问题。机器视觉系统调试常见问题见表4-8。

表4-8　　　　　　　　　机器视觉系统调试常见问题

问题描述	可能原因	解决方法
启动客户端软件，发现不了相机	相机未正常启动或网线连接异常	检查相机电源以及网络连接是否正常（观察LED指示灯以及网口LINK灯）
客户端能枚举到相机，但连接失败	相机与客户端不在同一个局域网内，相机被其他程序连接	使用IP配置工具修改IP地址，断开其他程序对相机的控制后重新连接
预览画面全黑	镜头光圈关闭，相机工作异常	打开镜头光圈，断电重启相机
预览正常但无法触发	触发模式未打开，触发选择错误，触发连线错误	确认相机的触发模式是否开启、选择的触发源和使用的I/O接口是否一致，确认触发信号输入以及接线是否正常
网络使用环境异常	水晶头或网线损坏	确认水晶头和网线是否可以正常使用

第三节　网络与生产系统的边缘部署与安全保障

考核知识点及能力要求：

- 了解边缘计算的基本概念、典型架构与应用分类。
- 理解专网、公网通信的概念及其部署方法。
- 掌握生产系统的边缘部署与调试方法。
- 熟悉工业通信与数据安全保障方法。

一、边缘计算概述

边缘计算是指在靠近物或数据源头的网络边缘侧，融合网络、计算、存储、应用核心能力的开放平台，就近提供边缘智能服务。其应用程序在边缘侧发起，产生更快的网络服务响应，满足行业在敏捷连接、实时业务、数据优化、应用智能、安全与隐私保护等方面的基本需求。

在边缘计算中将大量的计算和存储资源放置在互联网的边缘，靠近移动设备或传感器，边缘的终端（位于数据中心之外的任何设备）节点对数据进行一定的运算和处理，之后再将精炼的数据传到云端。虽然单个终端的性能并不强大，但终端设备总量庞大，因此经终端处理后发送给云端的数据量极大减少，可以达到降低云端压力、解决网络延迟和突破带宽限制的目的。

（一）边缘计算架构

边缘层包括边缘节点和边缘管理器两个主要部分。边缘节点是硬件实体，是承载边缘计算业务的核心。根据业务侧重点和硬件特点的不同，边缘节点可以被划分为以网络协议处理和转换为重点的边缘网关、以支持实时闭环控制业务为重点的边缘控制器、以大规模数据处理为重点的边缘云、以低功耗信息采集和处理为重点的边缘传感器等。边缘节点一般具有计算、网络和存储资源等功能。边缘管理器的核心是软件，功能是对边缘节点进行统一管理。

边缘计算系统对资源的使用有两种方式：一是直接将计算、网络和存储资源进行封装，提供调用接口，边缘管理器以代码下载、网络策略配置和数据库操作等方式使用边缘节点资源；二是进一步将边缘节点的资源按功能领域封装成功能模块，边缘管理器通过模型驱动的业务编排方式组合调用功能模块，实现边缘计算业务的一体化开发和敏捷部署。

（二）边缘计算应用分类

从细分价值市场的维度，边缘计算主要分为三类：电信运营商边缘计算、企业与物联网边缘计算、工业边缘计算。由于各种边缘计算业务形态面向的场景不同，体现的价值也不同，因此每种边缘计算业务形态对于云计算协同的内涵、关键技术的要求都有较大的区别。从边缘计算业务形态的维度，可以将边缘计算的主要价值场景区分为六大主场景。包括物联网边缘计算、工业边缘计算、智慧家庭边缘计算、广域接入网络边缘计算、边缘云和多接入边缘计算。边缘计算应用分类如图4-12所示。

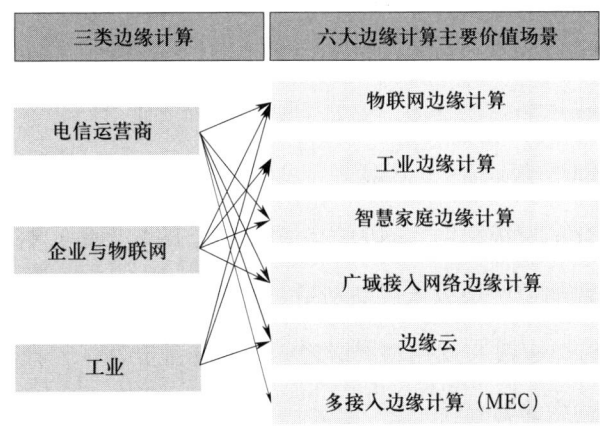

图4-12 边缘计算应用分类

二、专网、公网通信与部署方法

（一）工厂专网

1. 工厂专网概述

工厂专网是指在工厂或企业内部，用于生产要素互联以及企业 IT 管理系统连接的网络。工业场景的多样性对工业网络提出了多种要求，使得工厂网络呈现出以下典型特点。

（1）网络隔离，专网专用。尤其是生产网络，必须保证高安全性、高稳定性和高可靠性。

（2）数据不出厂。考虑到数据安全，工厂更愿意对数据进行本地分离，在工厂自己的云设备或者服务器上存储数据。

（3）针对特定生产场景，存在低时延、大带宽、稳定时延、高可靠性要求。

（4）工厂设备多样化。工业互联网需要数据互联互通，大量设备采用不同的协议，需要完成数据转换。

（5）多数工厂都有专网和公网同时访问的需求。

（6）伴随着 5G 商用，5G 赋能工业需求日趋旺盛，工厂越来越需要固移融合，同时满足有线连接和无线连接，实现数据协同共享。

2. 工厂网络组网

（1）根据网络规模或节点数量组网。对于工业以太网的规划可以参考 IT 网络规划的一些原则。IT 网络往往是以网络规模的大小来规划：对于一个小型网络可能只规划一个广播域，采用扁平的网络结构；而对于大型的网络则需要规划多个广播域，采用分层或分广播域的网络结构。

（2）根据自动化的层级组网。因为各层级对传输的数据量、响应时间、传输频次等需求不同，所以需要按照层级来规划网络。这样可保证每个层级相对的独立性（各通信协议互不影响），有效实现控制层级之间的数据独立性，进而保证现场网络的实时性不受其他层级网络的影响。

（3）根据业务数据流类型组网。在相同的层级中也会存在着不同的业务数据流，可按照不同业务对数据通信和网络进行分类规划。

（4）根据设备的地理分布情况组网。根据实际的需求，设备被安装在不同的位置，将这些分布在不同物理位置上的设备连网，从经济和适用性角度来规划网络。

3. 网络规划原则

（1）在项目的起始阶段进行合理的规划，考虑系统层面的网络优化，以获得更好的数据传输质量，节省设备的投资成本和网络安装调试的时间成本。

（2）合理使用树形拓扑分割网络冲突域，尽量不要使用交换机的级联结构。因为数据帧在网络中传递时，每经过一个交换机，延迟的时间就要积累下来。

（3）使用树形拓扑网络时，按照现场设备之间的通信关系组网。相互之间通信流量比较大的两个现场设备尽可能分布到同一个子网。子网内的通信流量尽可能大，跨越顶级交换机的两个子网间传输的数据帧尽可能少，这样可以有效减小网络端到端的延迟。

（4）局部的网络拥塞有可能导致整个网络性能的瓶颈，因此各子网通过顶级交换机转发的流量要尽可能均衡分布。

（二）专网与公网通信

1. 工业互联网云边协同

工业互联网云边协同业务对网络有超低时延、超高带宽和超高可靠性的要求。数据的就近处理在工业互联网应用中极为重要，不仅需要降低时延，而且需要减少网络回传的压力和所需的数据带宽。作为本地服务环境，需要支持部署本地更具功能特色、更高吞吐量的工业互联网服务，同时要综合考虑计算资源、处理能力、设备成本、工业应用灵活部署等因素。

2. 工业云网融合部署

工厂到云端组网一般有两种方式：一是采用互联网接入，连接到公有云，要求工厂具备互联网出口，能够通过运营商网络访问位于公有云上的应用平台；二是采用专线接入，通过运营商专线接入公有云或者私有云，形成工厂与云的连接。

三、生产系统的边缘部署与调试

（一）边缘基础设施

边缘基础设施有内置的处理器，具有板载分析或人工智能能力，包括传感器、驱动器和物联网网关。传统的边缘设备包括边缘路由器、路由交换机、防火墙、多路复用器和其他广域网设备。

（二）边缘基础设施架构

边缘基础设施分为设备边缘、微型边缘、分布式边缘数据中心、区域边缘数据中心。

（1）设备边缘。位于终端设备，内置在设备中或直接附接到设备，属于独立型"附加边缘"。

（2）微型边缘。小型独立解决方案，规模从1、2台服务器到4台机架不等。通常部署在企业自己的站点中，还可以位于电信站点中。

（3）分布式边缘数据中心。位于企业站点、电信网络设施或区域站点中，规模为20台机架以下，属于小型数据中心。

（4）区域边缘数据中心。数据中心设施位于核心数据中心之外，通常是专门为托管计算基础设施而构建的，可共享超大型数据中心的许多功能。

（三）边缘基础设施部署调试

边缘网关是部署在网络边缘侧的网关，通过网络连接、协议转换等功能连接物理和数字世界，提供轻量化的连接管理、实时数据分析及应用管理功能。

1. 边缘网关核心功能

（1）边缘网关管理。提供边缘网关全生命周期管理，包括网关添加、激活、上线、离线、删除等。

（2）子设备管理及拓扑添加。提供子设备全生命周期管理，将子设备绑定到网关。

（3）驱动管理。提供子设备驱动管理（版本、协议、开发语言、适用硬件架构），将驱动分配到网关设备。

（4）函数计算。提供函数计算的管理，可以在线编辑函数逻辑，分配到边缘网关。

（5）消息路由。实现边缘网关侧子设备、函数计算、云平台三者之间的消息流转，以及对数据分析处理的编排。

（6）远程运维。实现远程运维，云端可以安全远程登录到边缘网关，管理网关设备。

2. 边缘网关部署流程

部署边缘网关的主要实施流程如下。

（1）创建网关。使用边缘网关先创建网关产品，然后在该产品下创建网关设备。每个网关设备可以独立地管理自己的子设备驱动、函数计算、消息路由等。

（2）创建子设备。子设备是指通过网关代理才能接入云平台的一类设备，子设备必须绑定到某个网关下面才能使用。子设备本身不能通过 MQTT 直接接入物联网平台，否则会提示无权限登录。

（3）关联子设备。关联子设备，就是将子设备绑定到某个网关下面，从而让网关可以代理子设备，通过子设备的 Topic 发送或接收消息。关联子设备到网关分为静态绑定和动态绑定两种，静态绑定是利用控制台或者调用 API 接口将子设备绑定到某个网关；动态绑定是通过子设备驱动接口调用将子设备绑定到网关。

（4）安装软件。将物联网边缘网关运行时的软件包安装到边缘硬件中，首先准备网络、硬件、操作系统，然后安装网关需要的相应依赖包，获取安装脚本后安装软件包，最后修改网关脚本设置参数。

（5）接入子设备。子设备接入是边缘网关的核心功能，边缘网关通常能够为那些不能直接接入云平台的设备提供代理，帮助子设备实现消息的上行下行。子设备的接入通常涉及数据采集传感器、工业控制设备、PLC 等，这些设备通过不同的协议与边缘网关通信，需要解决多种协议接入的问题。子设备接入流程具体包括以下内容。

1）创建子设备。

2）选择合适的编程语言，基于子设备驱动 SDK，完成 Modbus、BACnet 等协议驱动开发。

3）添加驱动到驱动管理列表。

4）分配驱动到网关设备，修改驱动配置文件。

5）绑定子设备到该驱动，修改设备配置文件。

6）重新部署，下发驱动修改到边缘网关，上报子设备数据。

（6）添加边缘计算。添加边缘计算包括以下内容。

1）添加函数计算，实现用户需要的数据处理到函数管理列表。

2）分配函数计算到目标边缘网关设备。

3）配置消息路由，设置目的地为函数计算，触发函数计算运行。

4）重新部署，下发更新到边缘网关，测试运行。

（7）设置消息路由。消息路由使得通过 Topic 承载的消息在子设备、函数计算、UIoT Core 云平台之间自由流转。消息路由是边缘网关的核心功能之一。部署消息路由的流程如下。

1）规划边缘网关子设备、函数计算、云平台之间的消息流转路径。

2）依次添加消息路由（配置消息来源、主题过滤、消息目标）。

3）重新部署，下发消息路由更新到边缘网关，测试运行。

四、通信与数据安全保障方法

（一）工业通信安全

1. 工业通信安全概述

工业通信技术是工业控制系统发展的关键技术，随着工业互联网与自动控制技术、数字技术的融合发展，工业通信被广泛应用于智能装备与生产系统中，大幅提升了工业控制系统的智能化和信息化水平，但同时也给通信安全带来了新的挑战。

智能产线应用的工业控制和管理系统包括：数据采集与监控系统、分布式控制系统、逻辑控制系统等，这些系统被用于工业生产过程中，以控制和管理生产设备的正常运行。不同功能的设备和系统之间需要数据交互，工业通信系统安全很容易存在薄弱环节，这些薄弱环节可能导致工业控制系统的整体故障，进而引发安全事故，最终对人员、设备和环境造成严重的后果。

随着信息化与工业化深度融合以及物联网的快速发展，工业控制系统产品越来越多地采用通用协议、通用硬件和软件，以各种接口与互联网等公共网络连接，这种应用带来很大的安全风险。同时，病毒、木马等针对工业控制系统安全漏洞发起攻击的案例时有发生，工业控制系统安全问题日益突出。

2. 工业通信的风险类型

（1）通信协议风险。为了满足生产过程中数据的实时性和周期性，通信协议往往缺乏有效的用户安全认证和数据传输加密解密等信息安全手段。这些协议大多被设计应用在工业控制网络和其他计算机网络相隔离的情况下，因此缺乏必要的安全防护机制。同时，协议的信息又能通过各种途径轻易获得，攻击者很有可能利用协议的漏洞对核心装置系统发起网络攻击。

信息化与工业化融合发展使得 TCP/IP 协议和 OPC UA 协议等通用协议越来越广泛地被应用在工业控制网络中，随之而来的通信协议漏洞问题也日益突出。例如，OPC Classic 协议基于微软的 DCOM 协议，而 DCOM 协议是在网络安全问题被广泛认识之前设计的，极易受到攻击，并且 OPC UA 协议采用不固定的端口通信，导致目前几乎无法使用传统的 IT 防火墙来确保其安全性。通信协议给工业控制系统的安全性和可靠性带来了极大的挑战。

（2）操作系统漏洞。目前大多数工业控制系统的工程师站/操作站/HMI 都是 Windows 平台的，为保证过程控制系统的相对独立性，同时考虑到系统的稳定运行，现场工程师在系统运行后通常不会对 Windows 平台安装任何补丁，这样系统就存在被攻击的可能，埋下安全隐患。

（3）安全策略和管理流程威胁。工业控制系统往往存在追求可用性而牺牲安全的现象，对工业通信过程缺乏完整有效的安全策略与管理流程。

（4）工业病毒的威胁。为了保证应用软件的可用性，许多工业控制系统操作站通常不会安装杀毒软件。即使安装了杀毒软件，在使用过程中也有很大的局限性。杀毒软件需要不定期的更新，而且对新病毒的处理有滞后性，工业控制环境不具备应用环境，导致容易受到病毒攻击。

（二）工业数据安全

1. 工业数据概述

智能制造要求各层次网络集成和交互操作，打破原有相互脱离的业务流程与控制流程，使得分布于各生产制造环节的系统不再是"信息孤岛"。数据/信息交换从底层、现场层向上贯穿至执行层甚至计划层，使得工厂能够实时监视现场的生产状况与设备信息，并根据获取的信息来优化和调整生产调度与资源配置。

智能产线工业数据具体包括以下6个方面。

（1）现场设备与控制设备之间的数据流，包括：交换输入、输出数据，如控制设备向现场设备传送的设定值（输出数据），以及现场设备向控制设备传送的测量值（输入数据）；控制设备读写访问现场设备的参数；现场设备向控制设备发送的诊断信息和报警信息。

（2）现场设备与监视设备之间的数据流，包括：监视设备采集现场设备的输入数据；监视设备读写访问现场设备的参数；现场设备向监视设备发送的诊断信息和报警信息。

（3）现场设备与MES/ERP系统之间的数据流，包括：现场设备向MES/ERP系统发送与生产运行相关的数据，如质量数据、库存数据、设备状态等；MES/ERP系统向现场设备发送的作业指令、参数配置等。

（4）控制设备与监视设备之间的数据流，包括：监视设备向控制设备采集的数据；监视设备向控制设备发送的控制和操作指令、参数设置等信息；控制设备向监视设备发送的诊断信息和报警信息。

（5）控制设备与MES/ERP系统之间的数据流，包括：MES/ERP系统发送给控制设备的作业指令、参数配置等；控制设备向MES/ERP系统发送与生产运行相关的数据，如质量数据、库存数据、设备状态等；控制设备向MES/ERP系统发送的诊断信息和报警信息。

（6）监视设备与MES/ERP系统之间的数据流，包括：MES/ERP系统发送给监视设备的作业指令、参数配置等；监视设备向MES/ERP系统发送的与生产运行相关的数据，如质量数据、库存数据、设备状态等；监视设备向MES/ERP系统发送的诊断信息和报警信息。

2. 工业数据的安全风险

（1）数据采集。数据采集是以时间为轴线，利用提供的接口协议以及工具软件，收集设备或者系统实时数据的行为。工业互联网数据分为两类：一类是由支撑工业生产的各类信息化系统，如 ERP 系统、MES 等产生的数据，主要以关系型数据为主。另一类是生产过程中产生的数据，包括生产线上各类设备、仪器仪表以及产品数据等。数据采集阶段主要面临劫持、篡改控制命令，传感器失效导致数据失真等风险。

（2）数据传输。数据传输是以工业现场总线、工业以太网、无线网络为传输载体，将一个实体数据传输至另一个实体的过程。工业场景中存在网络安全隔离和数据互通的双重需求，工业数据交换过程中需要对重要、敏感工业数据的交换操作进行监控，提供文件格式检查、数据加密、交换审计等安全防护措施。该阶段主要面临明文传输、内容截取、内容篡改等风险。

（3）数据存储。数据存储是指将加工过程中产生的临时数据以任何数字格式进行持久化的过程。所谓持久化是指将动态数据流以静态形式保存在磁盘或其他存储介质中，以便在需要时重新读取。在工业互联网中，数据的载体可以是具备存储功能的任何设备，包括传感器、PLC、工业 PC、服务器、网络设备、安全设备等，该阶段面临的风险包括未授权访问、数据窃取、数据破坏及篡改、明文存储等。

（4）数据处理。数据处理是指组织内部对数据进行再加工的过程，包括计算、分析、可视化等操作阶段，要求对工业数据的访问用户进行访问控制和权限管理，重要、敏感的数据服务要进行可信数字证书、生物识别等多因素身份认证。该阶段的风险为未经授权的使用、查看，对内容进行篡改、伪造等。

（5）数据交换。数据交换是企业内部、外部或人员进行数据交互的过程。工业互联网数据本身具有多元性、多样性，同时工业互联网的定位又决定了资源间的泛在连接和高频需求。目前数据交换过程中面临的风险包括未授权访问、敏感数据外泄、数据防护不足等。

（三）安全保障的方法

1. 安全防护

安全防护主要采用工业防火墙、VPN 网关、网闸、无线安全模块等工具。

（1）工业防火墙。针对网络分离、企业网络访问、内部边界防护、服务保护拒绝、完整性检测、访问控制增强、安全功能隔离、资源共享中的信息。

（2）VPN 网关。针对广域网通信链路防护、传输机密性、信息流增强、远程访问、数据交换、传输保密性。

（3）网闸。针对网络分离、企业网络访问、内部边界防护、资源限制、网络中断。

（4）无线安全模块。针对限制无线访问、无线失败登录检测、无线认证检测。

2. 安全检测

本方法主要围绕工业互联网的通信和数据安全，采用漏洞扫描及挖掘、工业控制系统入侵检测等工具防范入侵。

（1）漏洞扫描及挖掘。通过对未知漏洞的探索，综合应用各种技术和工具，尽可能地找出软件中的潜在漏洞。通过先于攻击者发现并及时修补漏洞，有效减少来自网络的威胁。针对工业控制系统中的软件漏洞，可以借鉴 IT 网络中的挖掘分析技术，根据扫描需要，对工业设备及系统进行有针对性的定制化检测。增加工业控制系统专用通信协议和接口的漏洞知识储备，融合网络分析、漏洞管理、操作系统指纹识别等关键技术，为工业控制系统提供完善的全方位漏洞分析检测。

（2）工业控制系统入侵检测。从工业以太网络系统中的一些关键点进行信息收集，并对这些网络信息进行分析，检查信息传输网络中是否存在着违背安全管理策略的非法行为，寻觅将来可能遭到袭击的某些显著迹象。工业控制系统的入侵检测应用于专用通信协议和特定的控制系统，完成数据解析后根据数据包的特征，识别来自信息传输网络的内部攻击，以及由于误操作等多种因素造成的入侵。

（四）安全技术体系

针对企业工业控制系统信息安全风险进行评估分析，结合工业和信息化部发布的工业控制系统信息安全防护指南，从物理安全、网络安全、主机安全、数据安全、应用安全等方面建立网络安全防护技术体系，提升企业工业控制系统防护能力和水平。

1. 物理安全

为保证工业控制系统的安全可靠运行，降低人为或其他因素从物理层面对保密性、完整性、可用性带来的安全威胁，必须从物理安全的角度采取适当的安全防护措施。

对于无人值守的分布式站点、核心设备区域采取物理防范，防止未经授权的人员访问。

2. 网络安全

工业控制系统要对设备按照功能、区域等合理划分安全域，使数据交互只能通过安全域边界进行，并通过工业防火墙、安全网闸等对工业控制系统的安全边界进行防护。在不同网络边界间，通过部署防火墙的方式，实现网络访问的安全控制，阻断不合法的网络访问。对于重要的工业控制网络，与互联网直接连接存在较大风险，应在实际使用中先对安全风险进行评估，再采取合理的方式进行连接。

3. 主机安全

在企业工业控制网络现场，各类工业控制设备和网络设备等普遍采用国外品牌，因协议和配置缺陷导致工业控制系统存在大量漏洞，同时缺乏必要的控制防护措施。工业控制系统内的设备、平台不会轻易地更新换代，也不能充分实施可能影响实时性和稳定性的措施，因此在对系统的操作站、工程师站进行维护时，应对所使用的外接设备进行病毒查杀，确保没有病毒的存在。

4. 数据安全

随着网络技术的发展，工业控制系统越来越多地采用通用协议和明文方式进行数据传输。为了防止数据在传输过程中发生泄漏或者被非法获取，应采用安全套接字协议或者密码技术等安全方式，保障网络传输数据的机密级、完整性和可用性，实现工业控制系统网络间数据的安全传输，达到非法用户即使拿到重要数据也看不懂、用不了的目的。

5. 应用安全

工业控制系统应用软件产生的漏洞是最直接、最致命的。一方面应用软件形式多样，很难形成统一的防护规范以应对安全问题；另一方面，当应用软件面向网络应用时，就必须开放其应用端口。在工业主机上，应采用经过充分验证测试的防病毒软件或应用程序白名单软件，只允许经过工业企业自身授权和安全评估的软件运行。建立防病毒和恶意软件入侵管理机制，对工业控制系统及临时接入的设备采取病毒查杀等安全预防措施。

第四节 应用案例

考核知识点及能力要求：

● 学会如何对产线的硬件进行安装。

● 学会如何对产线进行现场调试。

● 学会如何对产线传感器和识别系统进行安装与调试。

一、模块化智能产线概述

本部分以自适应可重构模块化智能产线（见图4-13）为案例，说明具体的安装、调试和部署过程。该智能产线可同时实现两种类型产品的物流出入库、加工、装配、检测。利用模块化生产单元结合装有机械操作手臂的复合AGV，可实现机械系统、工业网络和工序工步的自适应重构，以支持高度个性化产品的柔性生产。

智能产线主要由以下单元模块组成。

（1）立体仓储系统。立库系统由一套立库机器人、机器人外部轴、托盘缓存货架、出库及入库缓存台组成，可存储原料订单托盘和成品订单托盘。立体仓储系统还包括一套出库缓存工作台和入库缓存工作台，可供物流系统的复合AGV对订单托盘进行出入库操作。

（2）加工工位。加工工位由1套加工工位机器人、自动激光喷码机、电动打磨头、托盘定位机构等组成。加工工位负责订单的加工，对于减速机产品，可根据MES生成的订单编码，在产品的相应位置由加工机器人配套喷头进行激光喷码；对于机器

图 4-13 自适应可重构模块化智能产线

人模型产品，可由加工工位机器人配套电动打磨头对三维（Three Dimensions，3D）打印的产品外壳进行打磨。

（3）装配工位。装配工位共设置 2 套，配置功能完全相同。每台装配工位由 1 套装配工位机器人、零件定位缓存机构、减速机产品组装机构、机器人产品组装机构、机器人快换工具等组成。该工位可同时实现 2 种类型产品由零件到制成品的全套装配工作。

（4）检测工位。检测工位由 2 套智能相机和 2 套托盘缓存定位机构组成，可同时对 2 套订单托盘进行制成品的视觉检测。通过视觉相机和配套开发的视觉检测软件，可检测产品是否有漏装、错装的情况，并记录检测的相关数据。

（5）物流调度系统。物流调度系统由 3 台复合 AGV 及物流调度软件组成。每台复合 AGV 均由二维码导航小车和协作机器人组成。复合 AGV 可由协作机器人对订单托盘进行移载搬运等工作，并通过 AGV 调度软件灵活配送订单托盘至相应的工位。

自适应可重构模块化智能产线系统组成如图 4-14 所示。

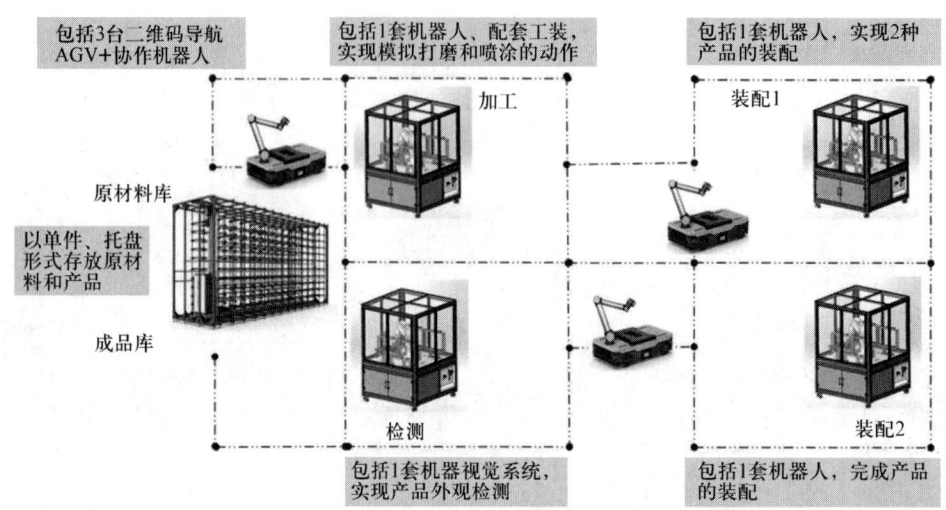

图 4-14 自适应可重构模块化智能产线系统组成

二、智能产线安装

（一）料库安装

料库用于存储原料和成品，其中原料分成 3 种，分别为减速机上盖、减速机齿轮轴、减速机底座，如图 4-15 所示。原料和成品置于托盘上，托盘出入料库，完成原料和成品的出入库，再通过 AGV 从库存区运输到工作站。

库存料架（见图 4-16），由型材框架、非标结构件、传感器、底座焊接、脚轮等构成；出入库定位平台（见图 4-17）由型材框架、非标结构件、传感器、底座焊接框架、

a)   b)   c)

图 4-15 原料组成

a) 减速机上盖   b) 减速机齿轮轴   c) 减速机底座

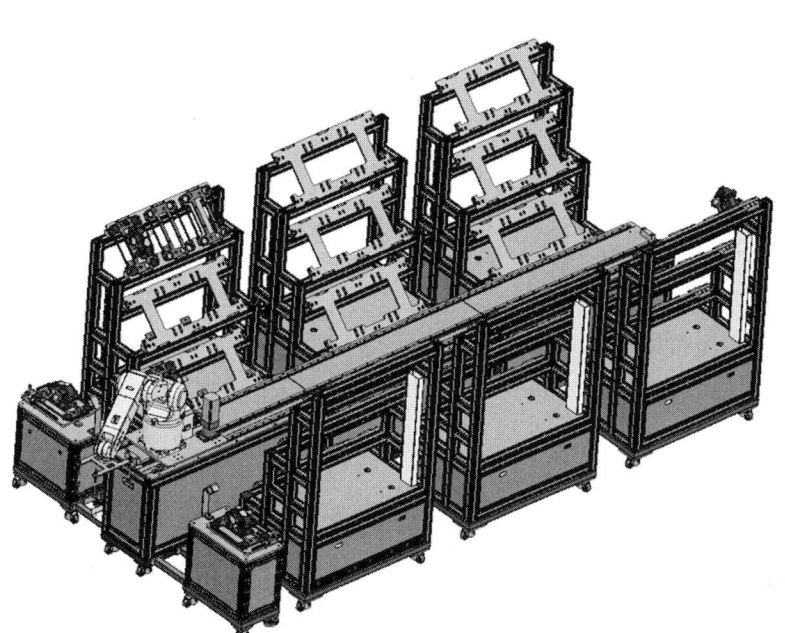

图 4-16　库存料架

脚轮、气缸、万向球等构成；机器人外部轴滑台由型材框架、非标结构件、传感器、底座焊接框架、脚轮导轨、齿轮齿条、伺服电动机等构成；机器人抓具由法兰、电磁铁、非标机构件等构成。

根据装配图样，依次完成库存料架、出入库定位平台、机器人外部轴滑台、机器人抓具的安装装配。本部分以出入库定位平台为例，详细介绍其安装装配过程。

（1）安装托盘定位工装。

（2）将铝型材按照图样拼接成框架。

（3）在铝型材下方依次装配底座焊接框架、脚轮、连接支撑杆。

（4）在铝型材上方依次安装支撑底座、支撑光轴、气缸、托盘定位工装、RFID 安装钣金。

待出入库定位平台装配完成之后，将该平台与机器人和支撑件进行安装，具体

图 4-17　出入库定位平台

步骤如下。

（1）将机器人安装到机器人外部轴滑台。

（2）根据工艺布局，通过连接支撑将各部分安装到位。

（3）将机器人抓具安装于六自由度工业机器人上。

（4）各位置调平。

（二）加工工位安装

1. 加工工位构成

加工工位（见图4-18），由型材框架、脚轮、六自由度工业机器人、托盘定位工装、机器人抓具、喷码设备、非标机构件等构成。

2. 加工工位的安装装配

（1）装配机器人抓具、托盘定位机构。

（2）完成型材框架搭建。

（3）在型材下方安装脚轮。

（4）在型材上方装配支撑底板。

（5）在支撑底板上依次装配六自由度工业机器人、托盘定位工装、RFID支架、喷码设备。

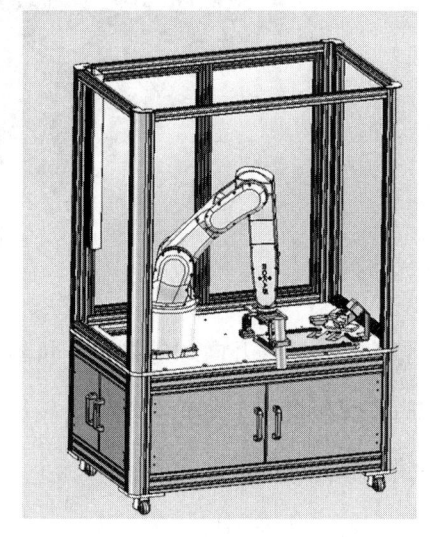

图 4-18　加工工位

（6）调平支撑底板。

（三）检测工位安装

1. 检测工位构成

检测工位（见图4-19）用于原料和成品的外形检测，由型材框架、脚轮、托盘定位工装、相机、非标机构件等构成。

2. 检测工位的安装装配

（1）装配托盘定位机构。

（2）搭建完成型材框架。

（3）在型材下方安装脚轮。

（4）在型材上方装配支撑底板。

（5）在支撑底板上依次装配托盘定位工装、RFID 支架、相机支架。

（6）将相机安装于相机支架上。

（7）对该工位进行调平。

（四）装配工位安装

1. 装配工位构成

装配工位（见图 4-20）用于将原料自动装配成成品，由型材框架、脚轮、托盘定位工装、六自由度工业机器人、机器人抓具、抓具快换工装、原料装配工装、非标机构件等构成。

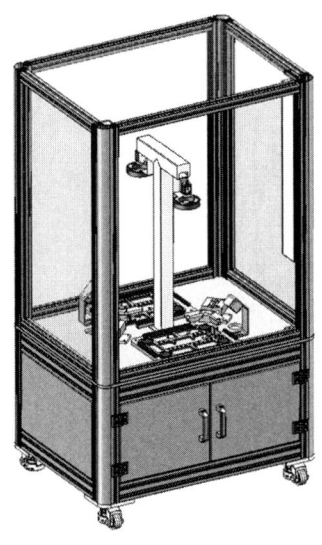

图 4-19　检测工位

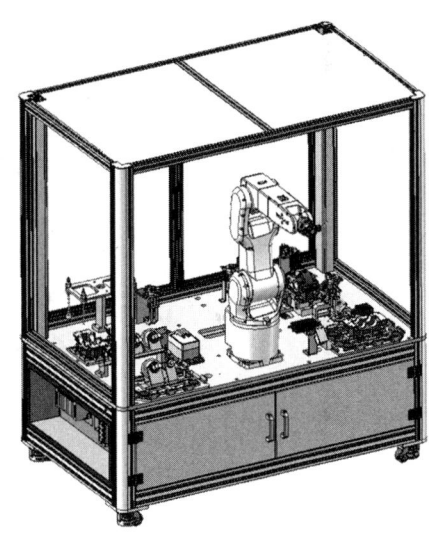

图 4-20　装配工位

2. 装配工位的安装装配

（1）搭建完成型材框架。

（2）在型材下方安装脚轮。

（3）在型材上方装配支撑底板。

（4）在支撑底板上依次装配托盘定位工装、RFID 支架、六自由度工业机器人。

（5）在支撑底板上依次装配抓具快换工装、原料装配工装等。

（6）将机器人抓具装配到机器人第六轴法兰上。

（7）对该工位进行调平。

（五）智能物流安装

1. 智能物流构成

智能物流（见图 4-21）用于将原料和成品流转至各工位，由 AGV、六自由度工业机器人、托盘定位机构、机器人抓具、非标结构件等构成。

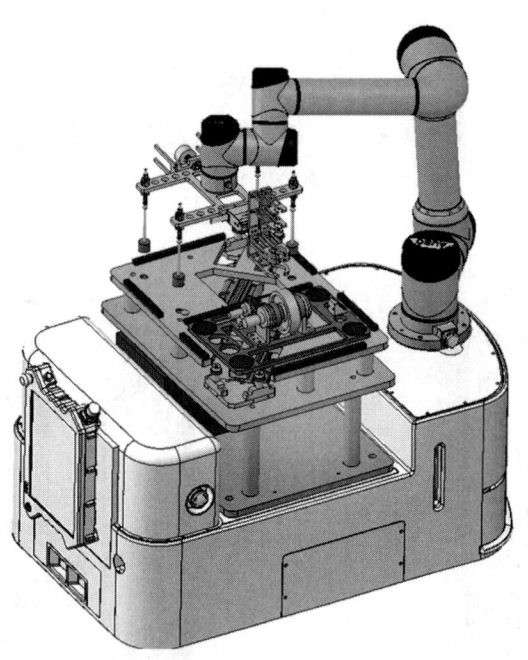

图 4-21 智能物流

2. 智能物流的安装装配

（1）装配托盘定位机构、机器人抓具等单元部件。

（2）将六自由度工业机器人安装在 AGV 上。

（3）将托盘定位工装下方的支撑机构装配在 AGV 上。

（4）安装托盘定位机构。

（5）对该工位进行调平。

三、智能产线联动调试

（一）联动调试准备工作

在调试智能产线前，应确保各工位均已安装完成，并进行上电测试、气路测试等验证工作。对于立体仓储系统，需确认立库机器人、机器人外部轴、立库货架、出入库缓存台均已安装就绪，各缓存位传感器安装正确，托盘物流按设计数量和需求准备完毕，具备联调条件。对于加工工位和装配工位，需确认相应的机器人安装就绪并可上电，各工位中的机器人快换工具、非标加工件、气缸等执行机构、传感器均已安装到位。对于检测工位，需确保视觉相机、光源、镜头安装接线完成，视觉软件部署完成。对于物流调度系统，需确保AGV二维条码按设计布局并安装正确，AGV及协作机器人允许上电。

（二）机器人联动调试

自适应可重构智能产线系统中共包含1套立库系统机器人、1套加工工位机器人、2套装配工位机器人、3套复合AGV机器人。系统内机器人的联动调试主要包含以下步骤。

（1）机器人上电并完成设置。在确保机器人安装就绪的前提下，将机器人上电。上电后备份机器人系统至项目U盘并妥善保存。

（2）机器人校准。对每台机器人的六轴零点进行校准，避免因后期更换编码器电池或系统异常造成机器人示教点位丢失。

（3）机器人I/O配置及接线。根据每台机器人的具体功能，对机器人的I/O信号板进行接线，可将机器人工具末端的控制功能，如夹具的夹紧松开、打磨头的启动停止等，集成至由机器人I/O信号控制，接线完成后可模拟测试信号是否正常。

（4）机器人总线配置。智能产线中的3台复合AGV机器人采用Modbus TCP协议控制，其他机器人均采用PROFINET总线协议控制。配置机器人与相应工位PLC控制器的通信协议及通信数据，包括机器人程序信号、机器人程序执行过程中的信号、机器人执行完成信号等，可通过PLC模拟测试总线通信信号配置是否正确。

（5）机器人坐标系标定。需根据托盘货架存储位置及方向，设置立库机器人抓取托盘的工件坐标系。设置加工机器人加工工具坐标系。分别设置装配机器人模型和减速机模型的工件坐标系。

（6）机器人程序创建。根据各工位的具体功能，设计编写机器人的主程序框架结构。确定需要的子程序功能模块数量和功能。立库机器人应实现原料托盘拾取、成品托盘放置、机器人外部轴移动等功能。加工和装配机器人应实现产品喷码、打磨流程、快换工具切换、托盘定位移载等功能。AGV协作机器人应实现托盘定位、各工位托盘移载功能。

（7）机器人手动调试。根据各功能模块的功能定义，创建机器人运行点位并正确示教。示教点位后可逐点或以运行单独子程序的方式测试机器人运动轨迹，修改机器人运行速度，添加机器人控制的逻辑指令等。

（8）机器人自动运行。机器人程序完成后，可通过PLC发送执行对应功能程序的指令，完整验证机器人的工作流程，记录并优化机器人的运行轨迹姿态，测试相关总线通信信号的逻辑功能。

（三）AGV联动调试

自适应可重构智能产线系统中共3套复合AGV。AGV采用二维码惯性导航，在产线布局内按照网格分布，每间隔1.2米布置1个二维码定位标签贴纸。3台AGV接收MES下达的任务指令，根据当前状态和装载的订单托盘属性，分配指定的AGV执行对应的托盘移载任务。AGV的联动调试包含以下步骤。

（1）AGV网络配置。每台AGV搭载两台无线Wi-Fi模块，通过配置无线模块，可分别将AGV节点和协作机器人节点通过无线模块主动连接至现场无线路由器。需要对AGV和机器人的IP地址、端口号、协议类型等网络参数进行配置。

（2）AGV手动调试。对于配置好网络的AGV，手动测试其在各个二维码点位之间的运行情况，根据实际情况修改运行速度，测试在点位的重复定位精度。

（3）AGV地图构建。根据智能产线的工艺路线，确定停车点位位置，其中系统中AGV共包含立库出库缓存台停车点、立库入库缓存台停车点、加工工位停车点、装配工位1停车点、装配工位2停车点、检测工位停车点1和检测工位停车点2。

（4）AGV路径规划。由于AGV需要在各工位之间运行，因此应根据工艺流程和各个工位的具体停车点位，规划AGV的运行路径和调度规则，确定初始点位、充电点位、转弯点位、停车方向等。

（5）AGV单任务调度。通过RCS调度软件，测试单台AGV的运行，模拟发送任务指令，观察由调度算法规划的AGV行驶路径是否合理，停车点位校准后是否符合停车方向和定位精度要求。

（6）AGV多车调度。测试RCS调度软件同时控制调度3台AGV的任务执行情况，确认各台AGV规划路径是否存在互锁，能否正确的避让或停车等待，验证调度算法的调度效率。

（7）AGV机器人联调。确定停车点位并验证行车路径后，即可对AGV在各个停车点位的机器人上线和下线移载托盘程序进行编写示教。因为各工位的停车点与工位上托盘定位工装的相对位置均有差别，所以需要对每个停车点位的机器人程序做出微调。

（8）与上层控制系统联调。MES与调度系统的联动调试，通过WebSocket方式进行连接。MES利用通信接口下达小车任务指令，由调度系统接收并通过调度算法解析控制AGV运行，反馈运行状态和任务执行状态至MES。

（四）智能相机联动调试

自适应可重构智能产线系统中共包含2台智能相机，均部署在检测工位上。2台智能相机功能相同，均可对由装配工位组装完成的成品进行视觉检测。智能相机的联动调试包含以下步骤。

（1）智能相机网络配置。智能相机上电后，确认相机运行正常。通过相机网络接口将智能相机组网至产线局域网中，正确配置相机的IP地址、端口号等网络参数。

（2）智能相机检测功能设定。将待测产品放置在托盘定位工装中并进行二次夹紧定位，确定需要检测的参数指标。检测工位主要检测减速机产品的安装完成程度和是否有缺件漏装的情况，确定智能相机的检测算法。

（3）智能相机检测算法配置。通过智能相机自带软件调整拍照的镜头焦距、曝光时间、光源亮度等参数，确保能够清晰获得减速机产品的原始图像。应用视觉检测算法开发检测程序，对图像进行分割、特征提取、模板建立、模板匹配等操作，确定判定检测合格的阈值，确定输出结果。

（4）智能相机通信联动调试。在智能产线中，MES与视觉检测系统通过标准TCP/IP协议进行连接，其中MES作为服务端，视觉检测系统作为客户端。当托盘被运输至检测工位并完成二次定位后，由MES下达检测触发指令，控制智能相机进行视觉检测。检测完成后将检测结果反馈至MES，MES将检测结果与当前托盘订单的订单号进行数据绑定并记录存储。

四、传感器与识别系统的安装调试

（一）传感器安装调试

以某品牌 WRIST 系列机器人六轴扭矩传感器为例进行说明，此传感器可以实时反馈机器人各个轴的力矩，通过反馈来指导机器人的运行轨迹。WRIST 系列传感器测量工具端 3 个方向互相垂直的力（Fx，Fy，Fz）和力矩（Mx，My，Mz），并通过通信电缆传输到用户设备实时处理。传感器固定端与用户机构端相连，工具端连接用户自定义工具。设备安装如图 4-22 所示。

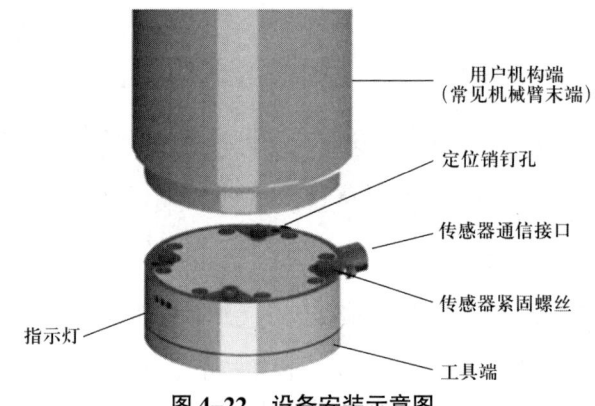

图 4-22　设备安装示意图

1. 传感器的安装部署

（1）确保传感器固定端面和机构的安装面清洁。

（2）使用 4 mm 内六角扳手将传感器通过紧固件连接到机构表面，拧紧至 6 N·m。

（3）将传感器安装在机器人上，之后可在用户端安装用户自定义的工具。

（4）确保螺纹的最小螺纹啮合长度为 4.0 mm，最大螺纹啮合长度为 5.5 mm。

（5）如果传感器用于高振动环境，紧固件应采用螺纹胶，确保工具与传感器工具端紧密连接。

（6）将电缆连接到传感器和用户程序端。

（7）安装完成后校准传感器精度，校准通过即可正常使用。

2. 传感器的接口方式

此传感器与机器人采用 EtherCAT 通信，具体通信协议见表 4-9。

表 4-9　　　　　　　　　　　EtherCAT 通信协议

数据地址	名称	数据类型	描述
0x01	Fx	DINT	x 轴的力，10 000 对应 1 N
0x02	Fy	DINT	y 轴的力，10 000 对应 1 N
0x03	Fz	DINT	z 轴的力，10 000 对应 1 N
0x04	Mx	DINT	x 轴的力矩，10 000 对应 1 N·m
0x05	My	DINT	y 轴的力矩，10 000 对应 1 N·m
0x06	Mz	DINT	z 轴的力矩，10 000 对应 1 N·m
0x08	Sample Counter	UDINT	运行时间，1 对应 1 ms，可根据该数值确定当前接收到的数据和上次接收到的数据是否为同一帧
0x09	Temper	DINT	温度，10 对应 1 ℃

3. 传感器的调试方法

正确安装部署好传感器后，首先观察传感器是否有数值回传，确定通信已连接正常。然后编辑机器人程序，使其能够与传感器进行收发测试。最后验证传感器示数的准确性及稳定性。

（二）射频识别系统安装调试

以某品牌总线型 RFID 系统为例进行说明，主要应用场景是当工业生产线的托盘流转到某一工位时，托盘上所承载的信息，如托盘当前的产品、工序、进度等，被 RFID 读取并写入后流转到下一工位。RFID 读写头安装如图 4-23 所示。

图 4-23　RFID 读写头安装示意图

1. RFID 系统的安装部署

分别使用弹簧垫圈、平垫圈和 M4 螺钉各 2 个，安装读写器和标签。RFID 读写头安装到工位实际位置。

2. RFID 系统的接口方式

这款 RFID 是总线型 RFID，支持 PROFINET 通信，一般分为电源线和数据传输线缆，电源线为 24 V 电源，电源线、信号线均为 M12 接插件式线缆，可直接插到 RFID 模块上。订货时需要说明所需要的工业总线的类型及线缆长度，按照操作说明书接好即可。

3. RFID 系统的调试方法

（1）设备连接，硬件连接好后，扫描硬件设备。

（2）RFID 接口模块通过网线（通常一端为 M12、一端为 RJ45）连接测试 PC，读写头通过 RFID 线缆连接。

（3）在 PC 端使用 RFID 配置软件设置接口模块的 IP 地址，扫描网络后会出现相关硬件设备，设置好 IP 和端口号，点击保存。

（4）确定 RFID 与 PLC 之间的读写映射区域，不同的工业总线对应不同的映射方式及映射地址，为后续编程做好准备。

（5）运用读写程序功能块进行读写存储区测试，测试没问题后表示配置完成。调试功能块如图 4-24 所示。

（三）机器视觉系统安装调试

以某品牌工业相机在复合 AGV（见图 4-25）上机械手二次定位处的实际应用为例进行说明。

1. 机器视觉系统的安装部署

首先确定机器人型号，根据机器人末端法兰的模型图来定制机器人与视觉连接板。连接板做好后把视觉相机固定在六轴末端，并保证机器人线性运动时不与相机干涉。

2. 机器视觉系统的接口方式

本相机支持 TCP Socket 通信，可以直接和 AGV 上的机器人进行通信。

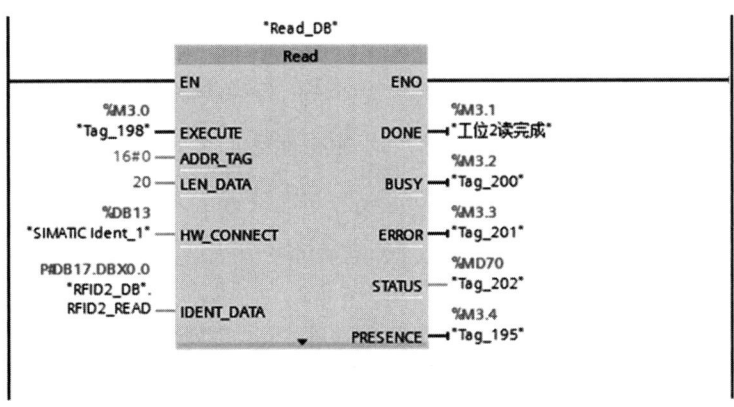

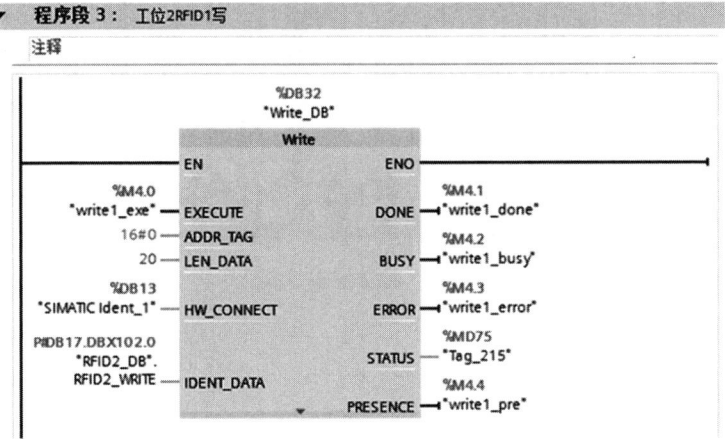

图 4-24 调试功能块

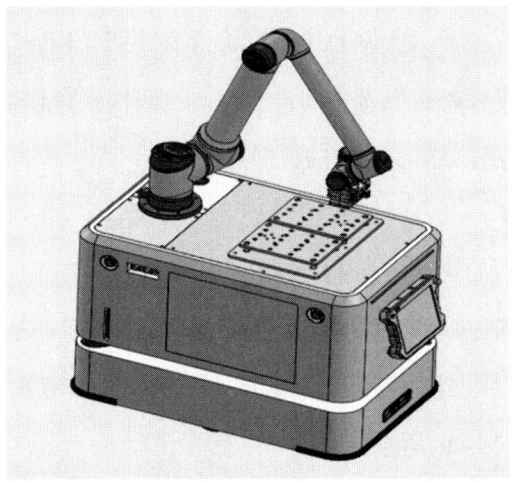

图 4-25 复合 AGV

3. 机器视觉系统的调试方法

确定 AGV 停止位置，由于 AGV 的定位误差，因此需要视觉二次定位来保证每次机器人取放的准确性。调节机器人姿态，使相机能够采集到二次定位的基准图。视觉采集图像后，标定图像信息，使当前位置成为基准位置，之后机器人的偏移位移都是以视觉反馈相对于基准位置的位移。视觉标定基准位置如图 4-26 所示。

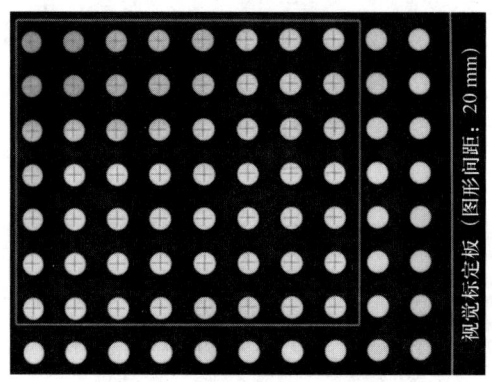

图 4-26 视觉标定基准位置

五、边缘部署与安全保障

（一）网络部署

智能产线的网络和边缘部署如图 4-27 所示。设备层的 PLC、视觉控制器、AGV 等支持工业总线协议或工业以太网协议，可将设备数据、控制数据、过程数据、诊断数据通过网关和交换机设备传输至中间件平台。中间件平台作为中间机构，实现上层工业互联网管理平台与底层控制设备的数据互联。

（二）云系统部署

软件系统部署在机房，共有 14 台联想服务器，所有服务器通过联想超融合软件进行整合，统一管理。以物理机为基础，实施的超融合系统上部署了多台虚拟机，功能大致包括数据库存储、数据访问缓存、分控应用、数据存储、负载均衡等。云系统部署如图 4-28 所示。

第四章 智能产线现场安装、调试与部署

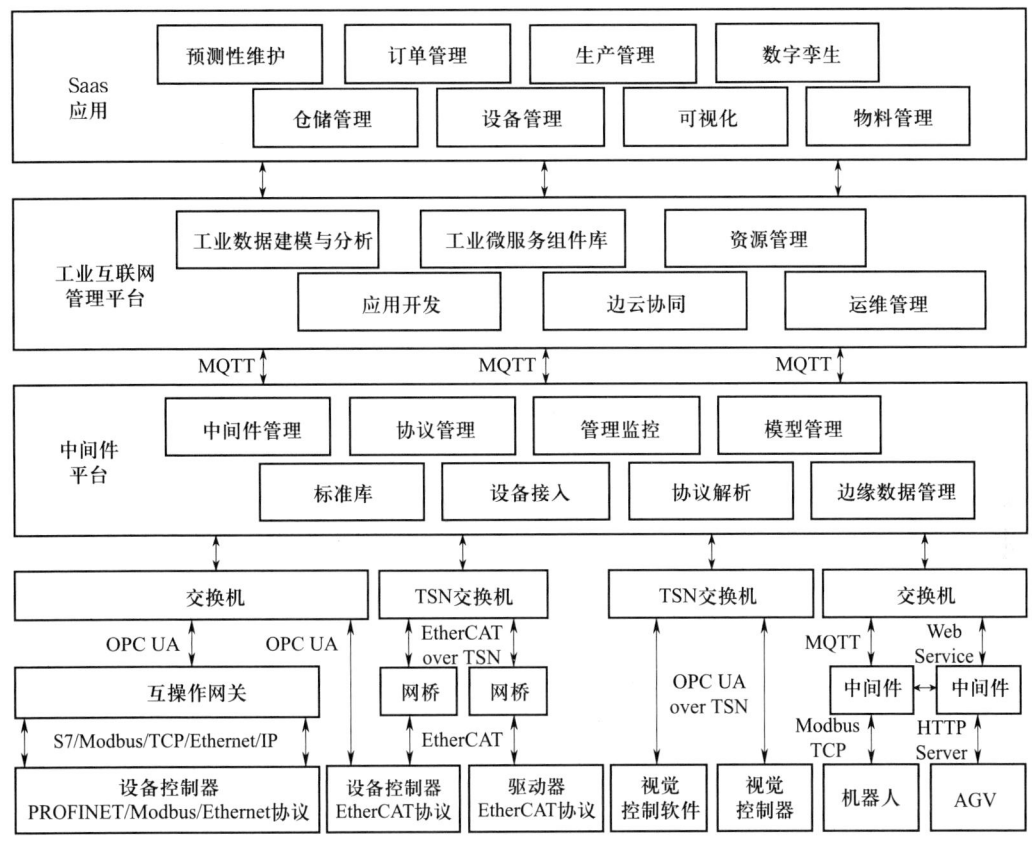

图 4-27 智能产线网络和边缘部署

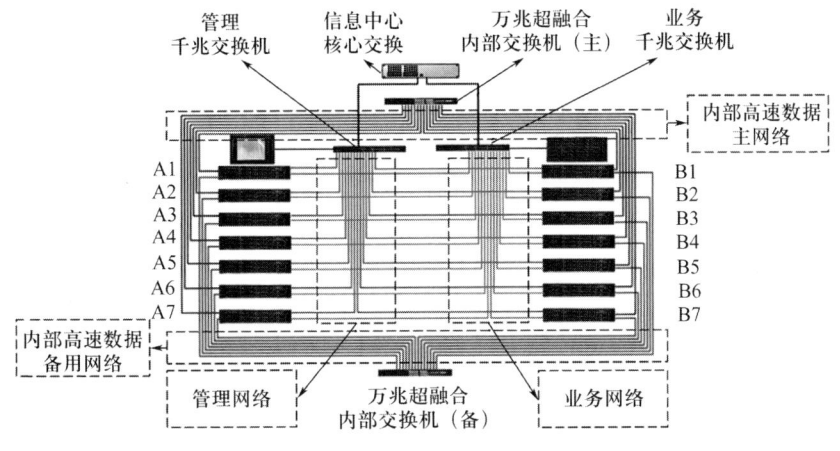

图 4-28 云系统部署图

1. 数据存储

系统磁盘阵列采用 RAID5 技术，磁盘阵列单个磁盘发生故障，更换新磁盘并恢复故障磁盘数据。

2. 数据传输

结合运营商企业专用网络、硬件防火墙、软件防火墙、传输加密技术、安全验证技术等多项安全技术，实现系统网络数据安全传输。系统内各类用户访问管理控制中心系统需安装数字证书（Certificate Authority，CA）进行安全认证。采用安全套接层/安全传输层（Secure Socket Layer/Transport Layer Security，SSL/TLS）加密机制，对传输过程中的基础信息报文加密。数字签名、密码验证拟采用哈希编码 MD5 加密技术。远程登录服务采用安全验证机制，可选择安全外壳（Secure Shell，SSH）协议安全验证。

3. 远程访问

管理控制中心系统具有接入互联网的能力，对于远程访问安全、分控中心与总控中心进行安全隔离建设，主要包括设置安全隔离网闸和企业级防火墙。

4. 权限管理

管理控制中心系统为各类用户设置角色和权限，实现授权清晰、责权分明，建立安全的管理环境。

（三）网络管理器部署

Docker 是一个开源的应用容器引擎，主要用于打包和发布应用以及依赖包；Nginx 是一个高性能网站服务器，主要用于负载均衡及反向代理；Elasticsearch 是一个分布式搜索和分析引擎，主要用于收集、聚合和剖析数据并进行搜索；Logstash 是一个日志管理系统，主要用于对应用程序日志进行收集、管理、查询和统计。本案例应用的网络管理器由管理器核心架构 Docker、Nginx 服务 Docker、Elasticsearch 服务 Docker 以及 Logstash 服务 Docker 4 个独立运行的容器组成。整个网络管理器的组件并不一定需要部署在同一个服务器上，可以各自独立提供服务集群（Cluster），如果数据需要通过云端，利用云提供的服务，该网络管理器同样能够结合云平台运行。管理器架构如图 4-29 所示。

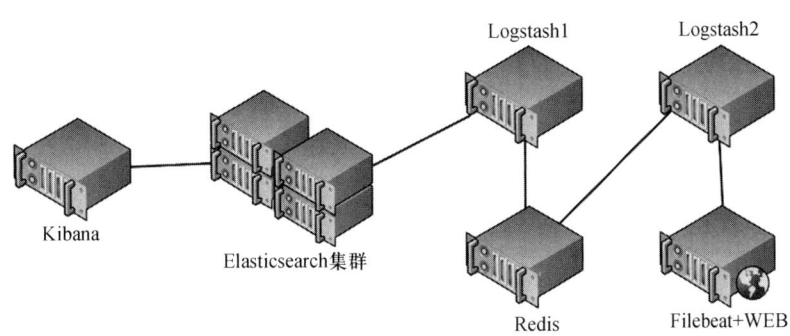

图 4-29　管理器架构

网络管理器部署包括以下功能。

1. 交换设备管理

网络管理器能够管理网络设备，支持对设备进行查询、配置等基础操作，实时监控设备运行情况，包括设备属性、资源、状态等信息，以多维度、多形式展示设备信息。

2. 终端设备管理

网络管理器能够对接入网络的终端设备进行管理，支持对终端设备进行网络信息查询、配置等基础操作，实时监控终端设备运行情况，包括设备属性、状态等信息。

3. 数据流信息统计

网络管理器能够从整个网络视角配置、维护、监控当前网络中的数据流信息，包括数据流基本属性、数据流传输路径、数据流带宽、数据流传输时延、数据流丢包率、数据流资源分配情况。

4. 安全管理

网络管理器能够对用户权限进行设置，建立用户权限等级制度，创建超级用户、管理用户和普通用户 3 种不同权限的软件系统用户。

5. 多协议工业以太网组网

网络管理器具有面向多种工业以太网协议的适配规则库，能够支持多种工业以太网协议设备的组网。支持的工业以太网协议包括：PROFINET、Ethernet/IP、Modbus TCP 等。

6. 混合流量传输控制

网络管理器能够收集、管理用户应用或平台的传输需求信息，并根据传输需求信息制定数据流的传输策略，分配传输路径并分配传输资源，如带宽、优先级、出口端口队列，为数据流量提供确定性传输保障。

7. 网络配置

网络管理器能够根据传输策略，通过南向接口，对相关网络设备的传输和调度方式进行配置。网络管理器支持对 IPv4/IPv6 交换机/路由器进行管理和配置。网络管理器通过可视化界面操作指定网络设备，能够支持保留网络配置的历史数据信息以及日志信息。

（四）应用端部署

1. AGV 调度系统

AGV 调度系统是通过无线模块通信对 AGV 进行运行管理、监视等控制的系统。该系统包括 AGV 调度任务、实时路径规划、交通管制、现场设备信息采集与动作控制、设备工况监控等功能。

2. AGV 调度系统环境部署

AGV 调度系统环境部署包括本地数据库部署和本地服务器部署。采用 MySQL 数据库存储 AGV 地图点位信息、AGV 路径信息、AGV 状态信息、工艺点信息和指令信息等。采用 Tomcat 服务器将应用的 WAR 包部署到 Tomcat 服务器配置文件中，对外发布服务，通过网页可以访问 AGV，控制本地 AGV 的运行。

（五）安全防火墙部署

将工业防火墙管理与控制平台部署在工业控制网络管理层上，通过 C/S 模式与工业防火墙安全装置进行交互，提供对整个工业控制网络安全策略与拓扑结构的配置、管理与监控。网络管理人员可以查看工业防火墙客户端的日志信息。在该平台所显示的工业控制网络拓扑结构的帮助下，能快速分析、定位异常。工业防火墙能对工业控制系统进行安全保护，其中包括数据采集与监控系统、分布式控制系统、可编程逻辑控制器等。工业防火墙如图 4-30 所示。

图 4-30　工业防火墙

思考题

1. 阐述智能装备与产线在联动调试时主要考虑的联动和关联因素。
2. 阐述典型的传感器故障类型及其调试方法，明晰各种调试方法的异同。
3. 围绕典型识别系统，举例说明不同系统安装调试的差异。
4. 请给出边缘计算在生产系统部署中的应用和优势。
5. 阐述智能产线现场安装涉及的安装和调试过程。

第五章
智能产线安全作业与运行保障

智能产线在运行中会受到各类因素影响，如何保证产线持续高效地安全作业与运行，是智能产线领域的重要问题。

本章分为三节，内容包括待加工产品的工艺设计与规划、面向智能装备产线的 PLC 编程与运行保障技术，以及与各项技术对应的典型应用实例。

- **职业功能：** 智能产线共性技术应用。
- **工作内容：** 计算机辅助工艺规划与制造、PLC 编程、设备运维服务保障。
- **专业能力要求：** 能分析编制复杂零件的加工工艺和数控程序，编写形成产线 PLC 运行程序，决策确定装备维修服务策略。
- **相关知识要求：** 掌握计算机辅助工艺规划和计算机辅助制造的基本概念、分析过程及编程方法；熟悉 PLC 的顺序控制方法及程序编制过程；掌握装备与产线智能运维服务保障的方式、内容和典型业务流程。

第一节 产品工艺设计与规划

考核知识点及能力要求:

- 了解工艺规划的定义、特点以及智能工艺规划的基本概念、特点及优势。
- 掌握 CAPP 系统的基本概念、组成和类型。
- 了解 CAM 编程技术的基本概念功能,掌握 CAM 编程方法、编程语言及加工仿真过程。

一、工艺规划概述

工艺规划是机械制造生产过程的一个重要内容,是产品设计与车间实际生产的纽带,是经验性很强且随环境而变化的决策过程。简单来说,工艺规划的任务就是制订工艺规程,并将工艺规程以文件形式确定下来,作为零件加工或产品装配的主要依据。工艺规划的优劣对提高生产组织的合理性、保证产品质量、提高生产率、降低生产成本、缩短生产周期及改善劳动条件等有着直接的影响。

当前,传统的工艺规划方法已经无法满足生产模式变更,主要体现在以下方面。

(1)传统的工艺规划是人工编制的,效率低且烦琐重复,无法进行工艺信息共享,难以实现企业信息化。

(2)工艺规划周期长,导致产品开发周期长,不能适应目前市场瞬息万变的需求。

(3)工艺规划是经验性很强的工作,工艺规划质量在很大程度上取决于工艺设计人员的技术水平,且这些工艺规划经验难以被有效继承下来。

（4）工艺规划最优化、标准化难度大，工艺设计者之间缺乏有效的信息交流，导致各自为阵，难以实现工艺最优化和标准化。

智能产线的工艺规划是在传统工艺规划的基础上，融入智能机器和人类专家技术，共同组成人机一体化的智能工艺规划系统，在工艺规划过程中可以进行智能控制活动，例如分析、推理、判断、构思和决策等。

智能产线的加工工艺规划技术是智能制造生产顶层总体设计的基础，是智能制造生产线设计的首要任务，它决定了产线中最重要、投资最大的硬件，即加工设备的选型，是智能制造生产线调度、运行控制的决策依据，也是决定智能制造生产线节拍、工艺流程、产品质量的关键技术。如果说设备是智能产线的肌肉骨骼，传感器和网络是智能产线的血管神经，那么加工工艺则是智能产线的灵魂。

与传统的工艺规划相比，智能工艺规划具有以下特点及优势。

（1）可以使工艺人员摆脱大量、烦琐的重复劳动，将主要精力转向新产品、新工艺和新技术的研究与开发。通过产品数据管理系统进行工艺信息的流转和共享，最终实现企业的信息化。

（2）可以提高工艺的继承性，缩短工艺设计的周期，进而缩短产品的开发周期，并且还能最大限度地利用现有资源，降低生产成本，适应市场产品瞬息变化的需求。

（3）采取工序集中原则，大幅减少工序，减少装夹次数，利用设备的功能优势保证加工的一致性及加工质量，减少对操作技能的依赖，实现零件在线内的高效加工检测与流转。

（4）优化现有的工艺流程，实现工艺的标准化、精益化、稳健化。工艺的优化不仅仅是指工艺本身的优化，还包括工艺设计方法和工艺管理体系的优化。智能工艺优化就是借助信息化技术，为企业构建支撑工艺创新、实现工艺优化的管理体系。

（5）在未来智能产线上，工艺人员的主要工作将逐渐转变为提炼工艺思考的逻辑，对产线庞大的工艺数据库进行不断地补充、完善、优化，实际的工艺设计工作可由计算机完成。

（6）为了适应多品种小批量的生产，智能产线的工艺流程将不再是单一流程的形式，而是多流程离散型的。在保证产品质量和产线效率的情况下，工艺路线应尽可能灵活，以便为智能工厂的决策提供更多的选择，通过统筹分析各类影响因素，安排最优路线。

二、CAPP 系统

计算机辅助工艺规划（Computer Aided Process Planning，CAPP）是连接计算机辅助设计（Computer Aided Design，CAD）与计算机辅助制造（Computer Aided Manufacturing，CAM）的桥梁。CAPP 系统利用计算机来辅助零件加工工艺过程的制订，把毛坯加工成工程图样上所要求的零件，向计算机输入被加工零件的几何信息（形状、尺寸等）和工艺信息（材料、热处理、批量等），由计算机自动输出零件工艺路线和工序内容等工艺文件。CAPP 系统如图 5-1 所示。

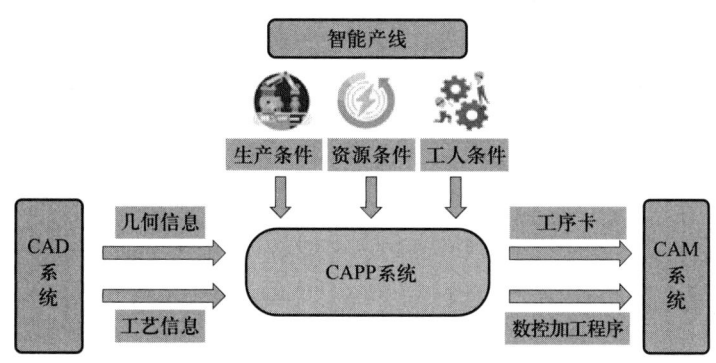

图 5-1　CAPP 系统

CAPP 系统的基本工作原理是将经过标准化或优化的工艺，以及编制工艺的逻辑思想（长期以来工艺人员积累的知识和经验）存入计算机，在计算机生成工艺时，首先读取有关零件的信息，然后识别并检索一个零件族的标准工艺和有关工序，经过编辑修改（派生式）或按工艺决策逻辑推理（创成式），自动生成具体零件的工艺。

（一）CAPP 系统的基本组成

按照应用领域和应用对象复杂程度、生产批次等特点的不同，CAPP 系统之间存在着较大的差异，但其工作原理和体系结构基本相同。图5-2是综合式CAPP系统的基本组成。

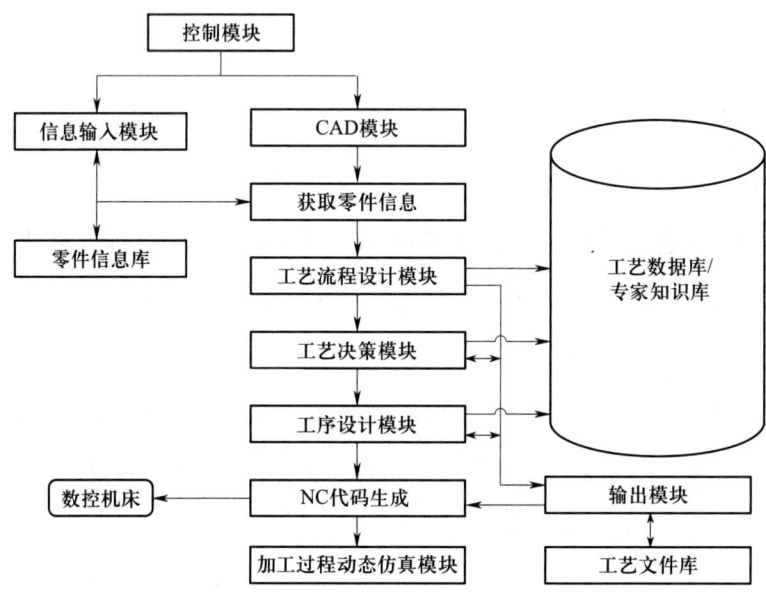

图5-2 综合式CAPP系统基本组成

1. 信息输入模块

该模块的作用是零件信息输入。零件信息是CAPP系统进行工艺设计的对象和依据，零件信息的获取是CAPP系统的重要组成部分。通过信息输入模块，系统可以获得工艺设计时的必要信息，这些信息通常包括：产品配置信息、零件总体信息和其他信息。其中产品配置信息主要来自与CAPP系统集成的其他模块传输的集成设计信息，如CAD模块、ERP系统、管理信息系统（Management Information System，MIS）等，一般记录了产品各零件的总体信息和隶属关系，主要用于基于CAD/CAM/PLM/MIS的集成设计系统。零件总体信息通常包含在产品配置信息中。对于非集成的工艺设计子系统，一般按照零件进行工艺设计，这些信息通常是通过手工或读取CAD模型信息获得的。目前计算机还不能像人一样识别零件上的所有信息，因此在计算机内部必须有一个专门的数据结构来对零件信息进行描述。

2. 工艺流程设计模块

该模块的主要作用是完成工艺流程决策，制定出零件制造流程，供加工及生产管理部门使用，在工艺流程中通常包括零件名称、工序内容、所用设备和工装夹具、加工地点（车间）、制造时间（包括额定工时和加工工时）等信息。

3. 工艺决策模块

工艺决策是CAPP系统的核心，其作用是以获取的零件信息为依据，按照预先规定的顺序和逻辑，调用相关的工艺数据和规则，进行必要的计算、比较和决策，生成零件的加工工艺规程。

4. 工序设计模块

该模块的主要作用是对工艺流程中的每个节点或每一道工序进行详细设计，包括确定工序间尺寸，计算对刀点、走刀次数、切削用量等参数，为形成NC加工控制指令所需的刀位文件提供必要的信息。

5. 工艺数据库/专家知识库

工艺数据库/专家知识库是CAPP系统的支撑工具，其集合了工艺设计所需要的所有信息资源，主要包括工艺数据（如加工方法、切削用量、加工余量、机床、刀具、夹具、量具以及材料、工时、成本核算等多方面的信息）和规则（包括工艺决策逻辑、决策习惯、经验等内容，如加工方法选择规则、工序或工步排序规则等）。这些信息资源的不同组合构成了典型工艺（用于变异式工艺设计）信息，典型工艺可以用作工艺模板，缩短工艺设计周期。

6. 输出模块

该模块的主要作用是输出各种工艺信息，主要包括以下方面。

（1）各种工艺卡片的输出。包括工艺流程卡片、工序卡片和各种统计卡片（所用设备、刀具、夹具和量具等）。

（2）NC程序输出。依据工序决策模块产生的信息生成刀位文件，通过后置处理程序调用相应系统NC代码库中适用于具体机床的NC指令系统代码，产生NC加工控制指令。

（3）各种中性文件输出。包括存储工艺信息的特殊文件格式输出、将工艺卡片转换成的图像输出等。这些信息是工艺集成设计的关键，在基于网络的集成设计环境下，可以方便地进行对工艺的远程设计和管理。

7. 加工过程动态仿真模块

加工过程动态仿真是按照产品的加工工艺对所产生的加工过程进行模拟，主要解决工艺过程中刀具碰撞、干涉、运动路径和机床后置代码生成等问题，检查工艺的正确性。

（二）CAPP系统的基本类型

按照工艺生成原理对CAPP进行分类，可将其分为三类，即派生式（Variant）CAPP、创成式（Generative）CAPP和CAPP专家系统（Expert System）。

1. 派生式CAPP

派生式CAPP又称为变异式CAPP，利用工艺的相似性对零件进行分类和编码，并将具有代表性的零件作为模板存入工艺数据库中，在工艺设计时可以通过相似性检索，搜索与其相近似的零件工艺模板，加以筛选和编辑后生成该零件工艺。派生式CAPP的基本流程如图5-3所示。

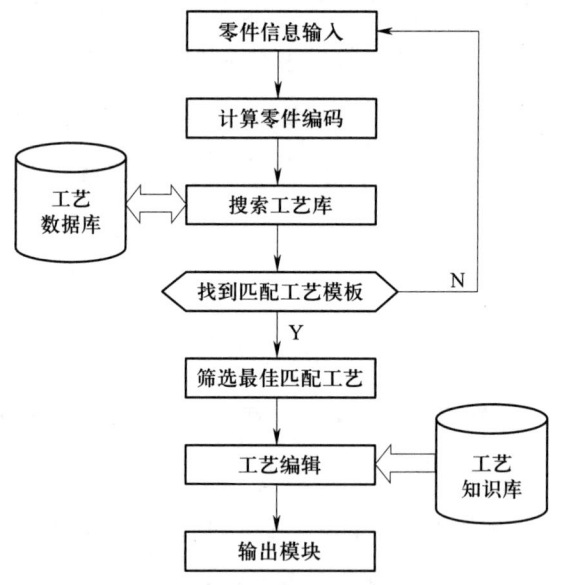

图 5-3 派生式 CAPP 基本流程

派生式CAPP系统的应用，不仅可以减少工艺人员编制工艺规程的工作量，而且使相似零件的工艺过程达到一定程度上的一致性。使用派生式CAPP系统需要工艺人员具有经验，由于该系统的工艺规程暂未考虑生产批量、生产技术、生产手段等因素，因此主要适用于零件族数较少、每族内零件项数较多、生产零件种类和批量相对稳定的制造企业。

2. 创成式 CAPP

与派生式 CAPP 系统不同，创成式 CAPP 系统中不存在标准的工艺规程，但是有一个收集大量工艺数据的数据库和一个存储工艺专家知识的知识库，能够综合运用零件加工信息，自动地为一个新零件创造工艺规程。派生式 CAPP 是以原有工艺规程为基础的，而创成式 CAPP 的原理与派生式 CAPP 不同，是在计算机系统软件中收集大量的工艺数据和加工知识，并在此基础上建立一系列的决策逻辑，从而形成各种工艺数据库和工艺知识库。创成式 CAPP 系统的结构如图 5-4 所示。

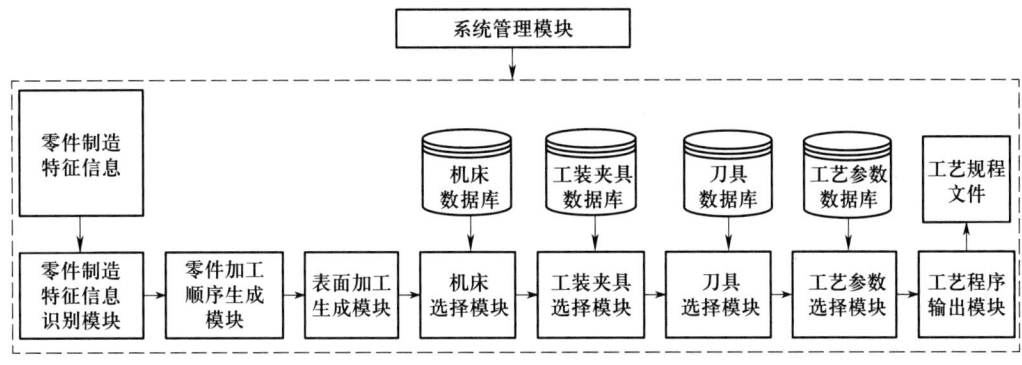

图 5-4 创成式 CAPP 系统的结构

当输入零件的有关信息后，创成式 CAPP 系统能够依据工艺知识库和各种工艺数据库的信息，应用各种工艺决策规则，在没有人工干预的条件下，从无到有地自动产生零件所需要的各个工序和加工顺序，自动提取制造知识，自动完成机床、刀具的选择和加工优化。通过运用决策逻辑模拟工艺人员的决策过程，自动创造新的零件加工工艺规程。创成式 CAPP 系统的出现，标志着 CAPP 系统进入一个自动生成的发展阶段。

创成式 CAPP 系统的开发过程如下。

（1）确定系统的对象范围。

（2）确定零件信息的描述方式。

（3）确定和建立工艺决策模型。

（4）建立加工资源数据库。

（5）设计系统主控模块、人机接口模块、工艺文件的生成和输出系统模块。

创成式CAPP系统的优点是可以通过逻辑推理，自动决策生成零件的工艺规程，具有较高的柔性，适应范围广，并且便于计算机辅助设计和计算机辅助制造系统的集成。

3. CAPP 专家系统

CAPP专家系统又称为知识库CAPP系统，它将工艺设计专家的实践经验以一定的知识表示形式（如产生式规则、框架或语义网络等）纳入知识库中。

在CAPP专家系统中，系统推理机和知识库实现了分离，便于系统设计者和工艺人员的合作。在工艺设计中，主要问题不是数值计算，而是对工艺信息和工艺知识的处理，这正是CAPP专家系统的特长。利用CAPP专家系统进行工艺系统开发，不但可以使工艺专家的经验被很好地继承下来，而且提高了工艺设计的自动化程度。

CAPP专家系统主要由工艺信息输入模块、CAPP推理机、工艺知识库等部分组成，其结构如图5-5所示。CAPP推理机和工艺知识库是互相独立的，CAPP专家系统根据输入的零件信息频繁地去访问知识库，并通过推理机中的控制策略，在知识库中搜索能够处理零件当前状态的规则并执行它。把每一次执行规则得到的结论部分按照先后顺序记录下来，直到零件加工达到一个终结状态，这个记录就是零件加工所要求的工艺规程。

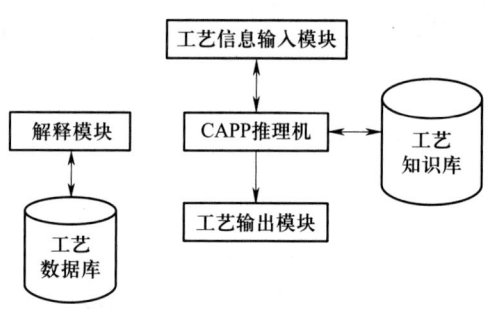

图 5-5　CAPP 专家系统的结构

CAPP专家系统主要模块功能如下。

（1）工艺信息输入模块。采用人机对话方式收集和整理零件的设计信息并以框架形式表达。

（2）CAPP推理机。根据零件输入信息，通过搜索知识库进行规则匹配，按照一定的策略进行推理得到可行解即冲突集，进行工艺的自动生成。在工艺决策中，主要完成以下推理过程。

1)毛坯的选择。

2)零件模型的修改。

3)各表面最终加工方法的选择。

4)机床和夹具的修改。

5)工艺路线的确定。

6)加工余量的选择。

7)工序设计。

8)切削用量的选择。

(3)工艺输出模块。包括各种工艺卡片的输出,数控程序的生成等。

(4)解释模块。系统与用户的接口,解释问题求解的决策过程。

三、CAM 编程技术

CAM 以计算机为主要技术手段处理与制造有关信息,从而控制制造的全部过程。狭义的 CAM 通常是指数控自动编程技术及与数控机床数控系统的软件接口。依据 CAD 系统产生的产品模型,选择加工工艺路线和工艺参数,生成、编辑刀具运动轨迹,实现产品的虚拟加工并产生实际数控机床的零件加工数控程序。CAM 功能如图 5-6 所示。

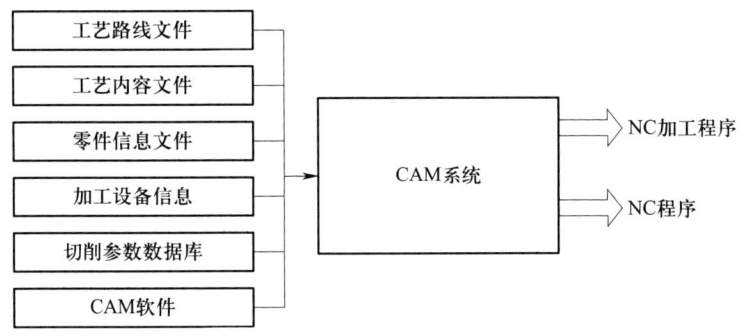

图 5-6　CAM 功能

(一)CAM 编程方法

CAM 编程必须通过数控程序来控制,所以数控程序编制是数控加工的核心内容。

CAM 编程是指从零件图纸到编制零件加工工序和制作控制介质的全过程，可分手工编程、自动编程和图形交互式自动编程三种。

1. 手工编程

手工编程时整个程序的编制是由人工完成的，这就要求编程人员不仅要熟悉数控代码及编程规则，还必须具备机械加工工艺知识和数值计算能力。手工编程流程如图 5-7 所示。

对于点位加工和几何形状简单的零件加工，所需程序段较少且计算简单，用手工编程即可完成。但对于复杂型面或程序量很大的零件加工，用手工编程相当困难，必须采用自动编程。

2. 自动编程

手工编程对于加工外形不太复杂的零件比较简便易行，但对于加工复杂的零件如冲模、凸轮、非圆齿轮及多维空间曲面等，就变得极为困难。据统计，一般手工编程所需时间与数控加工时间之比为 30∶1。数控编程在早期的数控加工过程中是影响机床利用率和加工质量的关键因素。因而，人们很早就开始研究如何用计算机来帮助编程，这就是计算机数控编程，即自动编程（Automatic Programing）。

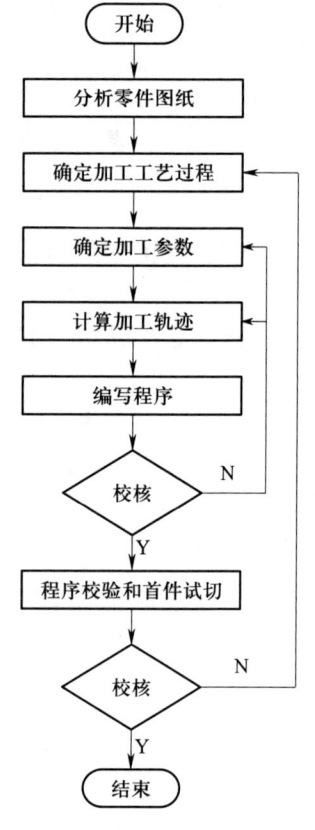

图 5-7 手工编程流程

编程人员根据零件图样的技术要求，运用自动编程语言编写简短的零件源程序，或通过 CAD/CAM 软件的交互式图形输入这两种方法，把零件的几何信息、拓扑信息、工艺信息输入通用计算机，在自动编程软件的支持下进行译码、前置处理并输出刀位文件。根据所用的数控机床进行后置处理，自动打印出加工程序单，还可通过计算机通信接口将后置处理的程序数据传输给阴极射线管（Cathode Ray Tube，CRT）屏幕或绘图仪，自动显示刀具运动轨迹或绘制出加工图形，用以检查自动编程的正确性，便于编程人员及时检查修改编程中的错误。自动编程流程如图 5-8 所示。

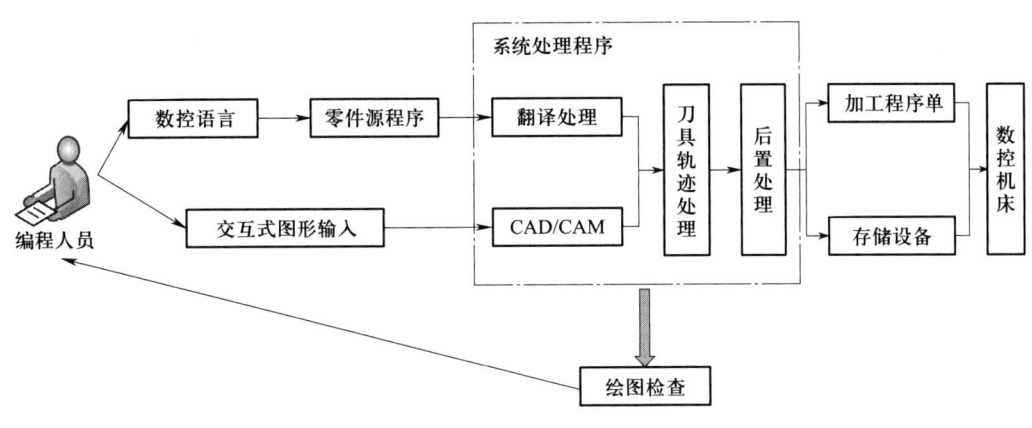

图 5-8 自动编程流程

3. 图形交互式自动编程

图形交互式自动编程具有以下特点。

（1）既不像手工编程那样，需要用复杂的数学手工计算出各节点的坐标数据，又不需要像自动编程那样，用数控编程语言去编写描绘零件几何形状、加工走刀过程及后置处理的源程序，图形交互式自动编程直接面向零件的几何图形，在计算机上以光标指点、菜单选择及交互对话的方式进行，编程结果也以图形的方式显示在计算机上。所以该方法具有简便、直观、准确、便于检查的优点。图形交互式自动编程流程如图 5-9 所示。

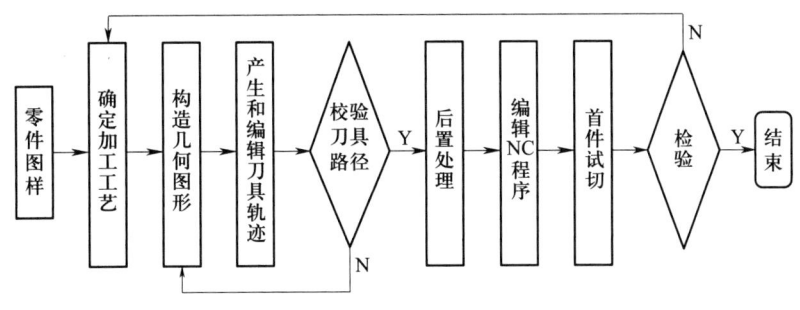

图 5-9 图形交互式自动编程流程

（2）图形交互式自动编程软件和相应的 CAD 软件是有机连接的一体化软件系统，既可用来进行计算机辅助设计，又可以直接调用设计好的零件图进行交互编程，对实现 CAD/CAM 一体化极为有利。

（3）整个编程过程是交互进行的，简单易学，在编程过程中可以随时发现问题并进行修改。

（4）图形数据的提取、节点数据的计算、程序的编制及输出都是由计算机自动进行的。因此，编程的速度快、效率高、准确性好。

（5）此类软件都是在通用计算机上运行的，不需要专用的编程机，所以非常便于普及推广。

（二）CAM 编程语言

国际上流行的 CAM 编程语言有上百种之多，但最具代表性的应首推 APT（Automatically Programmed Tools）语言，它是美国麻省理工学院研制推出的第一种通用编程语言。APT 语言编制过程如图 5-10 所示。

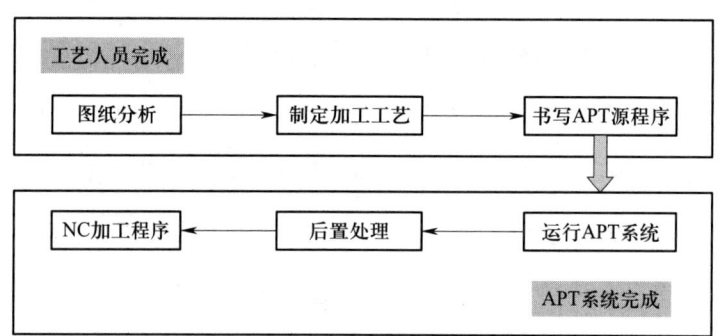

图 5-10 APT 语言编制过程

APT 语言编程有诸多优点，其源语言接近自然语言，易为工艺人员接受，不用学习数学方法和计算机编程技巧。该语言软件资源丰富，具有点位、2~5 坐标加工、绘制模线、后置处理等功能，且程序成熟、诊断能力强、易于查错。与通用计算机语言相似，用 APT 语言编制的加工程序由一系列语句构成，每个语句由一些关键词汇和基本符号组成。词汇是 APT 语言所规定的具有特定意义的单词的集合。基本符号是语言的基本成分，语言中的其他成分均由基本符号组成。每个 APT 系统都规定了一套基本符号、字母和数字，它们构成 APT 源程序。

CAM 编程语言中具有独立意义的基本单位是语句。语句由词汇、数值、标识符号等按语法规则组成，按功能可划分为四类：几何图形定义语句、刀具运动语句、后置处理语句、其他语句。

1. 几何图形定义语句

几何图形定义语句用来定义被加工零件的几何形状，描述零件的几何形状、进退刀点位置、进刀方向等，为描述走刀路线做准备。零件在图纸上是以各种几何元素来表示的，零件加工时刀具沿着这些几何元素运动，因此要描述刀具运动轨迹，首先必须描述构成零件形状的几何元素。一个几何元素往往可以用多种方式来定义，在编写零件源程序时应根据图样情况选择最方便的定义方式来描述。APT 语言可以定义 17 种几何元素，主要有点、直线、平面、圆、椭圆、双曲线、圆柱、圆锥、球、二次曲面、自由曲面等。几何图形定义语句的一般形式为：标识符 =APT 几何元素 / 定义方式。标识符由编程人员自己确定，由 1～6 个字母和数字组成，规定用字母开头，不允许用 APT 词汇作为标识符。例如圆的定义语句为：C1=CIRCLE/10，60，12.5；其中 C1 为标识符，CIRCLE 为几何元素类型，10，60，12.5 分别为圆心的坐标值和半径值。

2. 刀具运动语句

刀具运动语句用来描述加工过程中刀具运动的轨迹。为了定义刀具在空间的位置和运动，可引进如图 5-11 所示的控制面的概念，即零件表面（Part Surface，PS）、导向面（Drive Surface，DS）和检查面（Check Surface，CS）。零件表面是刀具在加工运动过程中由刀具端点运动形成的表面，它是控制切削深度的表面。导向面是在加工运动中，刀具与零件接触的第二个表面，是引导刀具运动的面，由此可以确定刀具与零件表面之间的位置关系。检查面是刀具运动终止位置的限制面。刀具在到达检查面之前，一直保持与零件面和导向面所给定的关系，在到达检查面之后，可以重新给出新的运动语句。

导向面和检查面也不一定是真正意义的面，它们也可以是点、线、圆等几何元素，因此准确地应称之为导动元和检查元。一般零件面在整个过程中不发生变化，而前一段的检查面是下一段的导向面。有了上述 3 个控制面，就可联合确定刀具的运

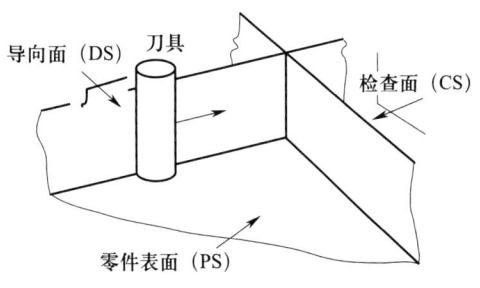

图 5-11　刀具运动语句的控制面

动。有关刀具运动的语句主要有：刀具形状的指定、容差的指定、起刀点的指定、起始运动语句、连续切削运动语句和点位运动语句等。

3. 后置处理语句

后置处理语句的作用是将主信息处理程序得到的一般解，变换成符合特定机床要求的信息，也能同时处理主轴转速、主轴旋转方向、进给速度、冷却液开关等指令。完成这些工作的语句称为后置处理语句，该种语句因机床的不同而有所不同。有的语句用于指定某一特定机床或控制系统、主轴的启停和转速、进给速度、暂停以及机床的其他功能。有的语句用来处理坐标变换、刀位变换、条件转移、循环控制等。有的语句用于指定特定的机床和控制系统，另外 F、S 等指令也属于后置处理语句应用的范畴。

4. 其他语句

其他语句包括处理坐标变换、刀位变换、条件转移、循环控制、宏指令的语句。以宏指令（Macro）语句为例，宏指令类似于其他计算机编程语言中的子程序，用于一个程序中需多次重复某些运动指令序列的场合。使用宏指令子程序的目的是减少程序中总的语句条数，简化编程。

（三）CAM 编程加工过程仿真

手工编程和自动编程产生的 NC 代码，在实际加工前一般要进行试切，即用木材、石蜡等材料进行加工。如果发现错误，则对 NC 代码进行修改，直至最终满足要求为止。这种试切的方法不仅费时，而且也难以保证安全性。为解决这一问题，计算机数控加工仿真技术应运而生。数控加工仿真利用计算机图形学的最新成果，采集动态的真实感图形，模拟数控加工的全过程。通过数控加工仿真软件，能判别加工路径是否合理，检测刀具的碰撞、干涉、优化加工参数，降低材料消耗和生产成本，最大限度地发挥数控设备的利用率。一个完整的数控加工仿真过程包括以下内容。

（1）NC 代码的翻译及检查。将 NC 代码翻译为刀具的运动数据，并对代码中的语法错误进行检查。

（2）毛坯干涉及零件图形的输入和显示。

（3）机床、刀具、夹具的定义及图形显示。

（4）刀具运动及毛坯去屑的动态图形显示。

(5)刀具碰撞及干涉检查。

(6)仿真结果报告,包括具体干涉位置及干涉量。

加工过程仿真的类型可以分为刀位轨迹仿真(轨迹模拟)和加工过程动态仿真两种。刀位轨迹仿真是在前置处理后,通过读入刀位数据文件检查刀位计算是否正确,加工过程是否发生过切,刀具走刀路线、进退刀方式是否合理等,同时利用仿真动画模拟刀位轨迹以及机床运行环境等。加工过程动态仿真是用来仿真加工过程中,在实际加工环境内工艺系统之间(机床、刀具、夹具和工件)的干涉碰撞问题和运动关系。

四、叶轮加工工艺设计及规划实例

叶轮作为透平机械的核心部件,已被广泛地用于航空、航天及其他工业领域。本实例给出的是微小整体叶轮的加工工艺设计与规划。作为微小型涡轮发动机的核心部件,微小整体叶轮的加工质量直接影响到发动机的工作性能。微小整体叶轮结构如图 5-12 所示。主叶片由压力面(又称叶盆)、吸力面(又称叶背)、前缘、后缘组成。其中,叶盆和叶背合称为叶片型面。叶轮工作时迎着气流的叶片边缘部分称为前缘(又称进气边),顺着气流的叶片边缘部分称为后缘(又称排气边)。相邻两个叶片的压力面、吸力面与轮毂曲面确定的空间区域称为流道。在微小叶轮中,轮毂与叶片的相交部分使用圆角过渡的方式,这部分通常称为叶根圆角(又称圆角过渡面),目的是保证轮毂与叶片的光滑连接。

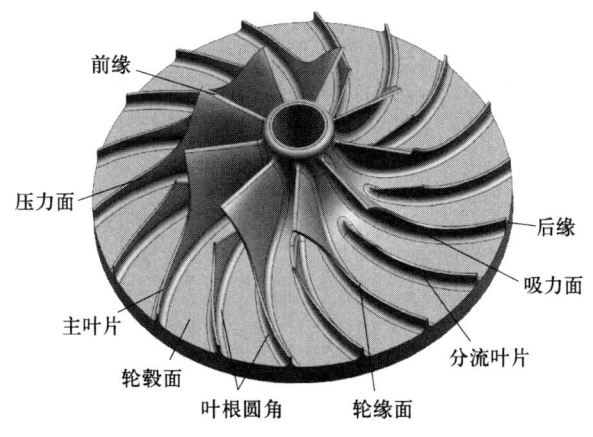

图 5-12 微小整体叶轮结构

微小整体叶轮叶片型面为自由曲面，叶片数为 18 个，主叶片与分流叶片各 9 个，叶轮直径为 32 mm，高度为 9.9 mm，相邻主叶片之间的距离为 1.6932 mm。微小整体叶轮的结构尺寸如图 5-13 所示。

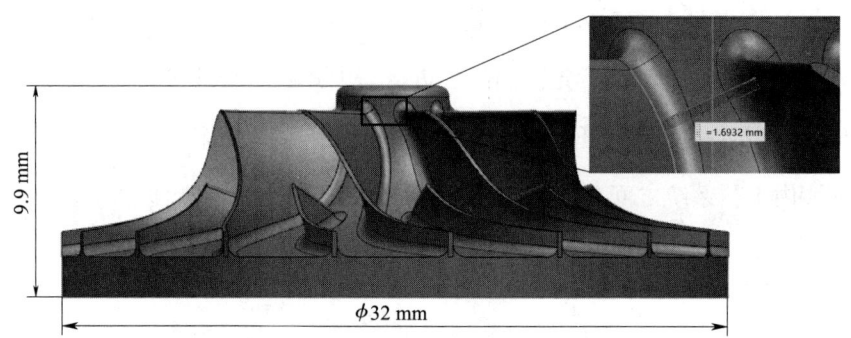

图 5-13 微小整体叶轮的结构尺寸

与其他零件的加工过程类似，微小叶轮的加工通常也分为粗加工、半精加工和精加工 3 种。对于微小叶轮这种复杂零件加工，粗加工指第一刀加工开始的若干刀开粗加工，通常是从零件毛坯几何体上去除材料，形成半精加工过程中的零件几何体；半精加工指粗加工切削之后，加工到精加工之前的切削，留的余量尽可能少且均匀；精加工是指半精加工结束后的最后切削，完成最终零件表面的精确加工。

（一）加工工艺分析

考虑到一般整体叶轮的曲面部分精度高，在工作中高速旋转，对动平衡的要求高等实际情况，结合叶轮的形状、结构特点，确定工艺路线如下。

（1）粗车整体外形，钻、镗中心定位孔。

（2）精车整体外形。

（3）精加工叶片顶端小面。

（4）粗加工流道面。

（5）精加工流道面。

（6）精加工叶片面。

（7）清根处理。

对于微小整体叶轮叶片分布均匀的回转体类零件，选择底面圆心作为工件的原点，进而简化工件的找正和后处理过程。微小整体叶轮加工工艺方案如图 5-14 所示。

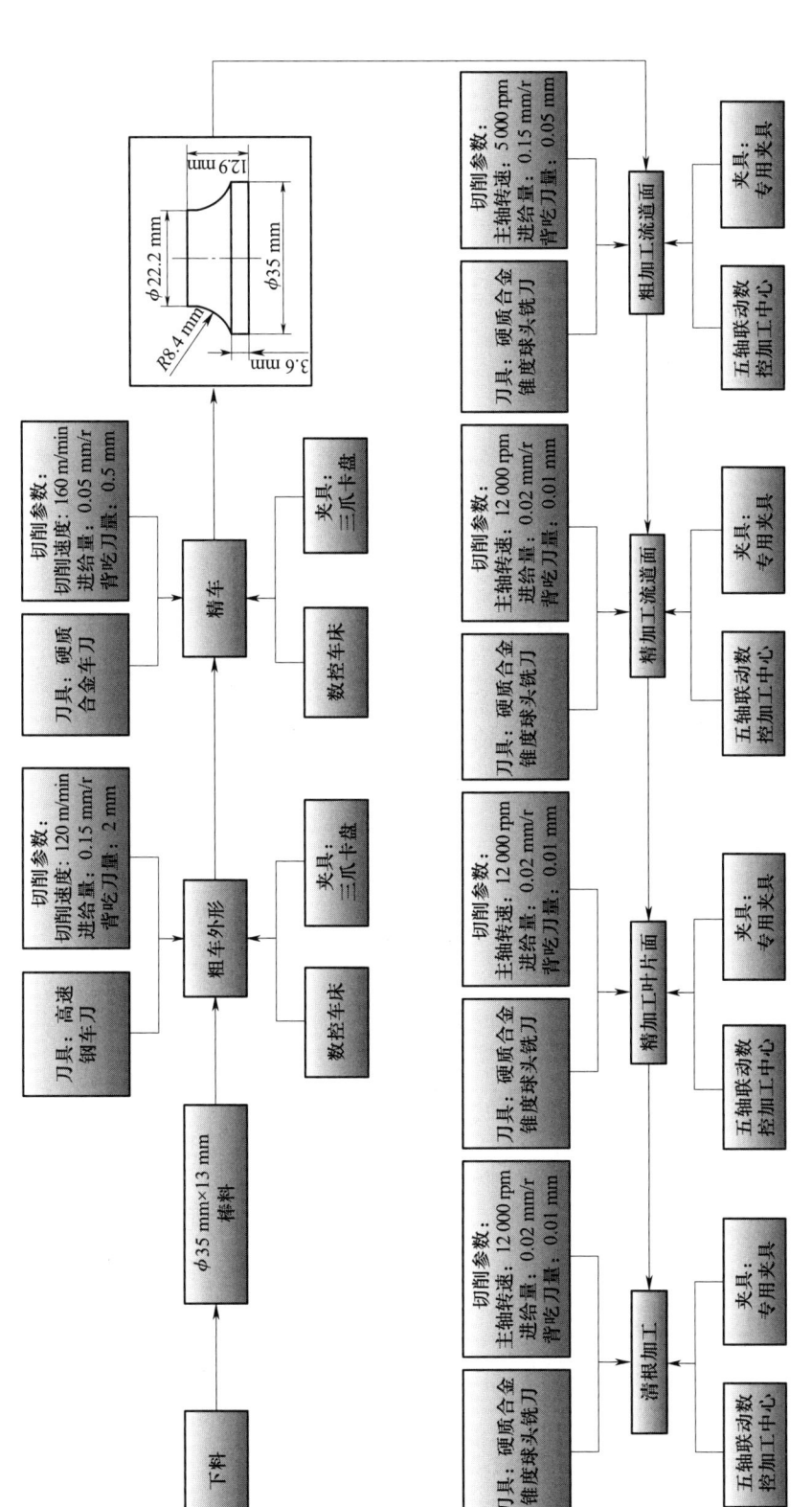

图 5-14 微小整体叶轮加工工艺方案

流道粗加工过程去除主要加工余量，直接影响着精加工的效率和质量，提高粗加工的效率和质量对整个叶轮加工具有重要意义。叶轮流道部分的加工余量并不随着叶轮型线均匀分布，切削过程中切削深度不断变化，刀具受力变化较为剧烈，大大缩短了刀具寿命，降低了加工质量，因此需要合理规划加工轨迹。流道粗加工通常需分成若干层渐进开粗。顺着流道面的方向分割流道区域，可使粗加工的各层厚度比较均匀，加工过程稳定。

（二）加工轨迹的编制

微小整体叶轮为复杂造型零件，多轴刀具轨迹规划采用自动编程软件来完成。本实例采用 Siemens NX 的加工模块来进行刀具轨迹的规划，利用该软件叶轮编程的专用模块"mill_multi_blade"进行编程。

1. 叶轮流道粗加工刀具轨迹规划

在加工参数设置方面，以提高叶轮的材料去除率为主要目的，并为精加工留有 0.25 mm 的加工余量。考虑到叶轮为薄壁件零件，切削深度不可设置过大，决定采用小切削深度、大进给量的切削参数设置。叶轮流道粗加工轨迹如图 5-15 所示，流道粗加工轨迹开粗的"3D 动态"仿真结果如图 5-16 所示。

图 5-15　叶轮流道粗加工刀具轨迹　　　图 5-16　叶轮流道粗加工开粗"3D 动态"仿真结果

2. 叶轮流道精加工刀具轨迹规划

本实例的微小叶轮结构为双流道的结构形式，流道的开敞性相比单叶片型叶轮更差，因此在轮毂精加工阶段，需要选择刀具直径更小的球头铣刀保证切削精度，避免因刀具直径过大而产生过切和碰撞现象。图 5-17 为叶轮流道精加工刀具轨迹。图 5-18 为叶轮流道精加工的"3D 动态"仿真结果。

图 5-17 叶轮流道精加工刀具轨迹

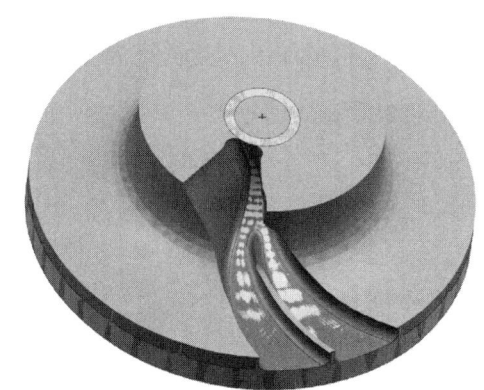

图 5-18 叶轮流道精加工"3D 动态"仿真结果

3. 叶轮叶片精加工刀具轨迹规划

本实例研究的叶轮叶片包括两种：主叶片和分流叶片，所以需要分别对两种叶片进行精加工刀具轨迹规划。叶片是微小整体叶轮加工中最重要的部分，其表面质量影响着叶轮的整体性能。考虑到叶片的加工精度，决定采用点铣环绕走刀的方式进行精加工，生成的叶轮叶片精加工刀具轨迹如图 5-19 所示。叶轮叶片精加工的"3D 动态"仿真结果如图 5-20 所示。

图 5-19 叶轮叶片精加工刀具轨迹

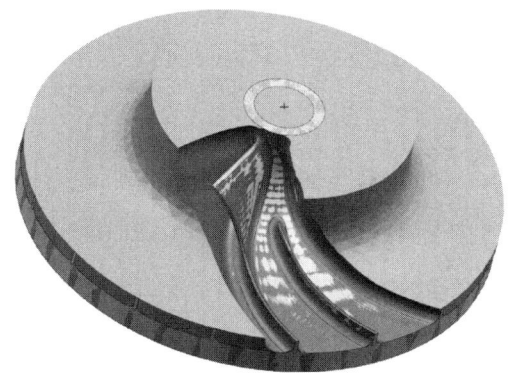

图 5-20 叶轮叶片精加工"3D 动态"仿真结果

4. 清根刀具轨迹规划

叶轮的根部圆角加工是整个微小整体叶轮加工当中较为重要的一道工序,对叶片和轮毂的连接处起一个过渡的作用,增加了叶片的整体刚性,并且对整个工件的加工效果有着重要的影响。因此,需要建立圆角清根工序来完成叶片和轮毂过渡面的加工,生成的圆角精加工刀具轨迹如图5-21所示。圆角精加工的"3D动态"仿真结果如图5-22所示。

图5-21 圆角精加工刀具轨迹

图5-22 圆角精加工"3D动态"仿真结果

(三)后处理的编写

一般来说,CAM软件内部产生的刀轨不能直接传输到机床上进行加工,因为各种类型的机床在物理结构和控制系统方面可能不同,由此对NC程序中指令和格式的要求也可能不同。因此,刀轨数据必须经过处理以适应每种机床及其控制系统的特定要求。这种处理在大多数CAM软件中叫做"后处理"。后处理的结果是将刀轨数据变成机床能够识别的数据,即NC代码。由于本次所使用的机床为Fanuc系统,因此需要将UG软件所生成的轨迹代码处理为Fanuc系统下的数控程序。微小整体叶轮数控轨迹后处理与数控代码如图5-23所示。

(四)虚拟仿真验证

本实例采用的是美国CGTECH公司开发的数控加工仿真系统——VERICUT软件。它是由NC程序验证模块、机床运动仿真模块、优化路径模块、多轴模块、高级机床特征模块、实体比较模块和CAD/CAM接口等组成。仿真系统的主要功能如图5-24所示。

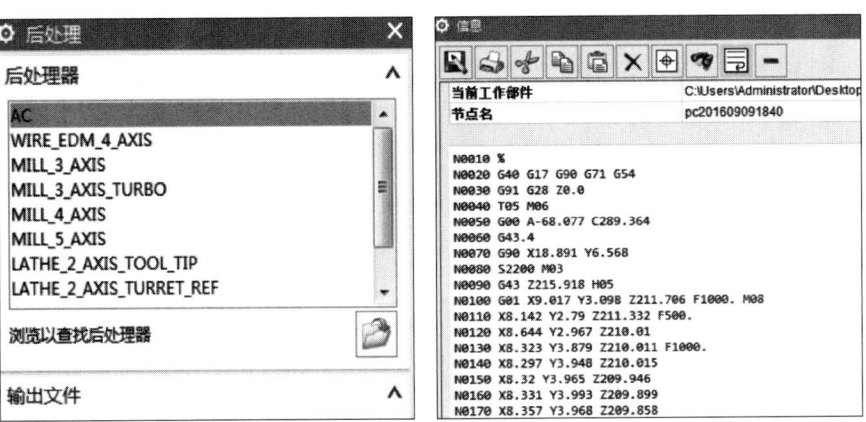

图 5-23　微小整体叶轮数控轨迹后处理与数控代码

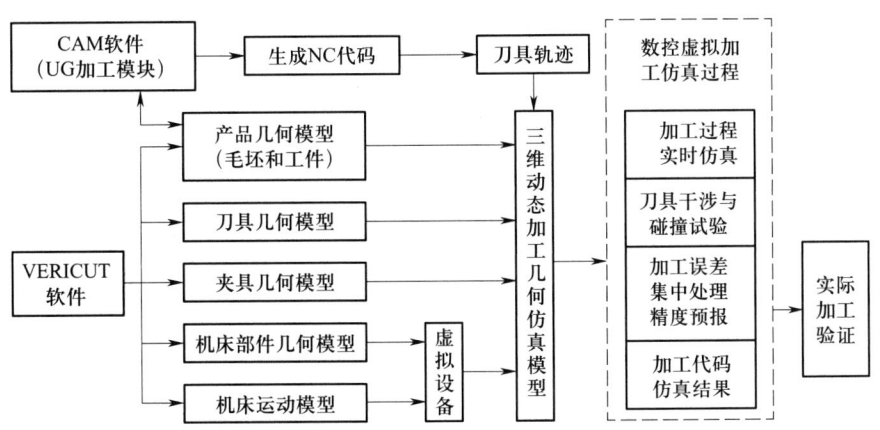

图 5-24　VERICUT 仿真系统的主要功能

利用该仿真系统软件，可仿真数控车床、铣床、加工中心、线切割机床和多轴机床等多种加工设备的数控加工过程，可以同时进行刀具轨迹和机床运动仿真，也能进行 NC 程序优化，有助于缩短加工时间、延长刀具寿命、改进表面质量。由于具有真实的三维实体显示效果以及虚拟现实技术，因此可以检测加工过程中可能存在的问题，如过切、欠切，防止机床碰撞、超行程等错误。

微小叶轮的仿真加工采用与实际五轴加工中心相同的参数，在仿真加工之前可以对验证的目标进行设置，方便结果的查看和改正。

仿真加工完成后，软件会标示出加工发生过切和残留的部位，通过零件的颜色变化可直观看出有问题部位并针对此处加工程序进行改正。通过如图 5-25 所示的微小整体叶轮仿真结果可以看出,在加工完成之后,没有过切和残留现象的发生;在整个仿真加工过程当中,没有发生碰撞报警现象,说明刀具轨迹程序安全可靠,可以用于实际加工生产。

(五)加工实验

为了验证前期微小整体叶轮轨迹规划编程及优化仿真工作的正确性,本次使用由某机床厂生产制造的i5M8五轴加工中心进行叶轮的实际加工。首先将之前规划好且经过后置处理的轨迹代码导入加工中心机床,在进行微小叶轮毛坯的安装、找正、对刀之后,即可启动机床进行微小叶轮的实体加工。在微小整体叶轮五轴联动铣削过程中,采用加入切削液的湿式切削方式,这样对刀具的磨损有一定的保护作用,从而保证了一定的切削效率。考虑到机床的行程问题,避免因行程不足不能做到对工件的准确切削,采用垫高棒料并在叶轮成型后切断的方法实施加工。加工完成后的微小整体叶轮如图5-26所示。

图5-25 微小整体叶轮仿真结果

图5-26 加工完成后的微小整体叶轮

本实例根据微小整体叶轮的结构形状及基本尺寸,制定了其加工工艺,规划了微小叶轮加工的刀具轨迹路径,并通过加工仿真软件对轨迹路径进行了可行性验证,最终完成了验证试验。

第二节　面向智能装备与产线的 PLC 编程技术

考核知识点及能力要求：

- 熟悉 PLC 顺序控制的设计方法，使用软件编写顺序控制程序。
- 了解 PLC 仿真技术的基本概念，掌握 PLC 虚拟调试方法。
- 了解 PLC 通信的技术基础、典型通信方式和接口。

一、PLC 顺序控制及应用

PLC 是一种具有微处理器的用于自动化控制的数字运算控制器，可以将逻辑运算、顺序控制、定时、计数和算术运算等操作指令随时载入内存进行储存与执行，进而通过数字式或模拟式的输入输出来控制各种类型的机械设备或生产过程。PLC 程序设计是实现 PLC 控制的基础。当前，PLC 程序设计有经验设计法和顺序控制设计法。经验设计法是在已有的典型梯形图的基础上，根据被控对象对控制的要求和 PLC 的工作原理，不断地增加程序中的编程元件和触点，最后得到一个较为满意的结果。经验设计法适用于简单系统的程序设计，当进行复杂系统设计时，尤其是具有选择或分支结构的程序，顺序控制设计法比经验设计法具有明显的优势。因此，本小节主要探讨解决更普遍的顺序类型问题 PLC 程序设计方法，重点讲解顺序功能图的基本概念，以及它在西门子 S7-1500 PLC 中的具体使用方法。

顺序控制就是按照生产工艺预先规定的顺序，在各个输入信号的作用下，根据内部状态和时间的顺序，在生产过程中各个执行机构自动、有秩序地进行操作。顺序功能图是一种图形化的编程语言，对于一个顺序控制问题，不管有多复杂，都可以通过图形的方式把问题表述清楚。目前，大部分基于 IEC61131-3 标准编程的 PLC 都有专为使用顺序功能图编程所设计的指令，可使用顺序功能图直接编程，如西门子 S7-300/400 及 S7-1500 PLC 中的 Graph 编程语言。对于没有配备顺序功能图语言的 PLC，可以用顺序功能图来描述系统功能，设计功能流程图，然后根据指令将其转化为梯形图程序。

（一）顺序功能图的基本概念

顺序功能图又称为功能流程图或状态转换图，是一种描述顺序控制系统的图形表示方法，是专用于工业顺序控制程序设计的一种功能性说明语言。顺序功能图主要由步、有向线段及转换等元素组成。顺序功能图符号如图 5-27 所示。

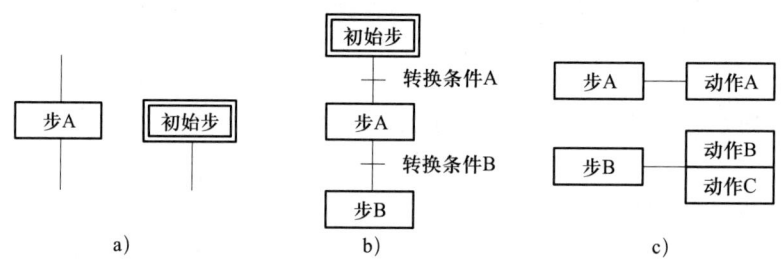

图 5-27 顺序功能图符号

a）状态的图形符号 b）转换符号 c）动作说明

（1）步。系统的一个工作周期可以划分为若干个顺序相连的阶段，每个阶段称为"步"。步代表一个稳定的工作状态。对于控制系统的初始状态，即系统运行的起点，称为初始步；初始步通常以双线框表示（见图 5-27a），如果初始步没有动作，则可以简化成一条横线表示。

（2）有向线段。随着各状态变化，各步之间按先后次序排列，它们之间用有向线段连接起来，步的活动状态习惯的进展方向是从上到下或从左到右，此时箭头可以省略。

（3）转换。转换是一种条件，当此条件成立时，称作转换使能，该转换如果能够使状态发生转换，则称作触发。有向线段中间有 1 条横线和转换条件，转换条件表示从上一步到下一步的切换条件，转换符号如图 5-27b 所示。每个步的右边还有一个矩形框,框中用简明的文字说明本步输出元件对应的动作或诸如定时等的状态,称为动作说明,如图5-27c所示。

(二)顺序功能图的基本结构

根据顺序控制过程流向,顺序功能图结构类型分为单流程结构、选择分支结构、并行分支结构等。

(1)单流程结构。单流程结构的特点是步与步之间只有一个转换,每个转换仅连接一个状态,如图5-28a所示。

(2)选择分支结构。对多流程的工作要进行流程选择,即一个控制流可能转入多个可能的控制流中的某一个,但不允许多路分支同时执行,到底进入哪一个分支,取决于控制流前面的转移条件哪一个先为真,如图5-28b所示。

(3)并行分支结构。一个顺序控制状态可同时分成两个或多个状态流,这就是并行分支。当一个控制状态分成多个分支时,切换实现后会导致所有分支控制状态同时被激活。并行分支的结束称为分支的合并。并发顺序一般用双水平线表示,同时结束若干个顺序也用双水平线表示,如图5-28c所示。

单流程结构、选择分支结构、并行分支结构是顺序功能图的基本形式,多数情况下,这些基本形式是混合出现的,跳转和循环其典型代表含义。利用顺序功能图很容易实现对流程的循环重复操作。

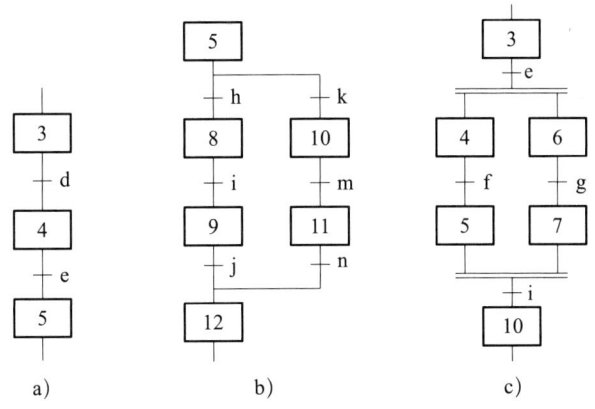

图5-28 顺序功能图的基本结构

a)单流程结构 b)选择分支结构 c)并行分支结构

(三)顺序控制应用

1. 控制系统实现需求

有一堆垛机通过 X、Y、Z 轴移动,可以实现将原料从仓储货架的指定库位取出并送至传输带。工作过程如下:堆垛机从零点位置沿 XZ 轴直线运动,移动到指定货架库位后,堆垛机的叉爪沿 Y 轴伸出,移动到指定编号库位的原料盘正下方,Z 轴向上运动,托盘被叉爪托起,叉爪沿 Y 轴缩回,堆垛机沿 XZ 轴直线运动到传输带位置,准备放置物料。

2. Graph 编程语言

Graph 是创建顺序控制系统的图形编程语言,在 TIA Portal 软件(STEP7)的 FB 函数块中,可以使用 Graph 编程语言,生成 Graph 函数块。

在顺序控制系统中,包含 3 个块:背景数据块、Graph 函数块和调用块。在 Graph 函数块中,可以定义一个或多个顺控程序中的单个步和顺序控制系统的转换条件。Graph 函数块的背景数据块中包含顺序控制系统的数据和参数,这些数据和参数由系统自动生成。要执行 Graph 函数块,则必须在其他代码块(调用块)中调用该 Graph 函数块。Graph 函数块的程序包括前固定指令(也称前永久指令)、顺控器程序和后固定指令(也称后永久指令)3 个部分。在执行 Graph 函数块的程序时,都会先执行函数块中的前固定指令,然后执行顺控器中的程序,最后执行后固定指令。本例以 Graph 编程语言完成对堆垛机取料顺序工作过程的程序设计。

3. Graph 程序设计

货架指定库位坐标(200,100,100),堆垛机叉爪沿 Y 轴伸出,移动到库位托盘下方后,需沿 Z 轴正方向抬高 20 mm 托起托盘,即 z=120 mm,然后 Y 轴缩回。每一步控制堆垛机沿着一个坐标轴运动,目标放置位置为(0,0,0)。

(1)新建 FB1 函数块,名称为"PICK",编程语言为 Graph。

(2)在程序编辑器中,利用工具条中的 按钮,切换至"前固定指令"视图。

(3)利用工具条中的 按钮,切换至"1:新顺控器"视图。在顺控器视图中对顺序自动取料的功能建立顺控结构并定义每一步的动作。在顺控器视图中展开每一步的转换条件并对其编程。在单步视图中，对每一步的转换条件进行编程，对各个步单步视图的切换，只需在导航视图中"顺控器"选项下单击需要编辑的步即可实现，同时，还可以对互锁条件和监控条件进行编程。顺序控制程序片段如图 5-29 所示。

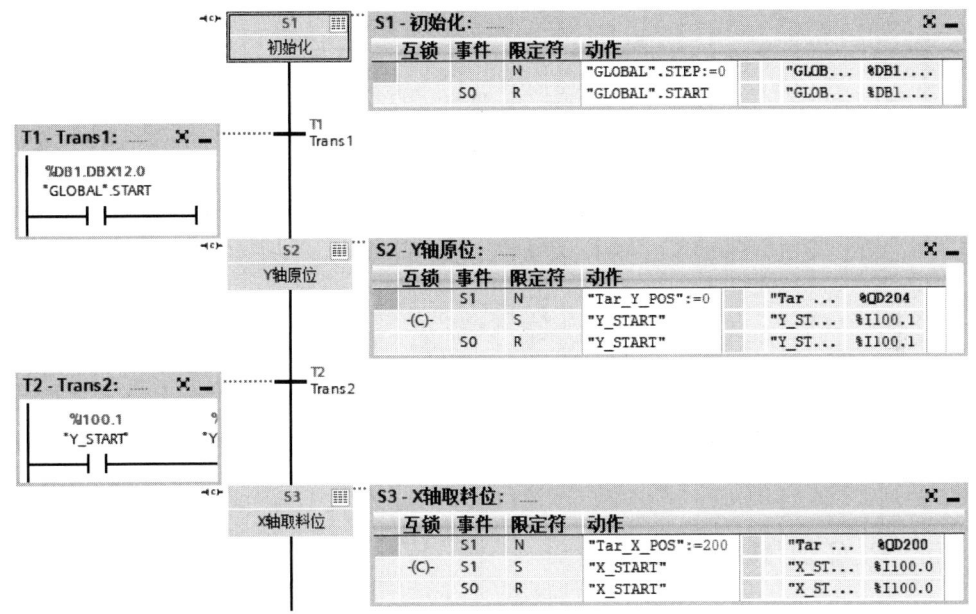

图 5-29　顺序控制程序片段

（4）在 OB1 主程序中，编写 X、Y、Z 轴使能子程序。X 轴使能子程序如图 5-30 所示。

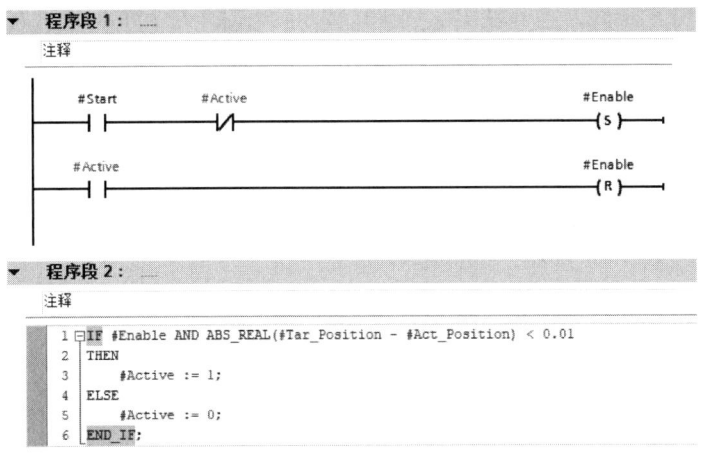

图 5-30　X 轴使能子程序

（5）在主程序中调用"PICK"自动取料程序，如图5-31所示。

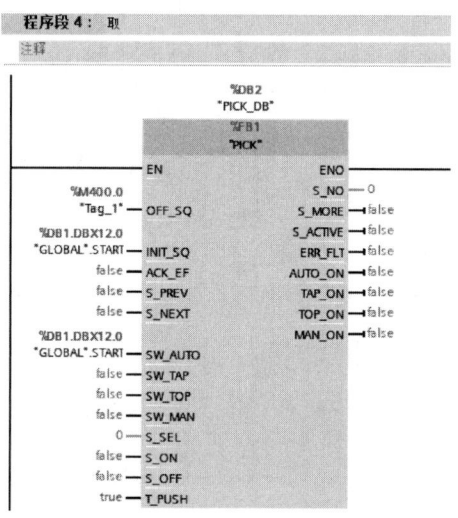

图5-31 调用"PICK"自动取料程序

二、PLC仿真技术及应用

（一）PLC仿真技术

PLC在程序调试过程中需要与现场真实PLC进行连接，观察程序运行情况，然后反复修改程序，达到正确控制的目标。因此，在没有PLC实验设备的情况下，用户的程序必须在现场进行调试。这既不利于设备的安全稳定运行，又增加了设备的检修时间。利用PLC仿真软件，能够使PLC程序设计与调试脱离硬件本身，大大缩短控制系统的设计和调试周期。同时，对于错误程序的异常输出，可以避免设备不安全调试，也为PLC教学及培训提供了全新、经济的方法和手段。

目前市场上，大多数品牌的PLC都具有仿真调试功能。GX Simulator仿真软件是给GX Developer软件加入仿真功能的软件，使得在GX Developer软件上编写的控制程序无需下载到PLC硬件本体中，即可在个人计算机上进行仿真运行。GX Developer是三菱电动机Motion、FX、A等系列PLC设计的编程软件。施耐德CONCEPT编程软件自带的PLCSIM32可以仿真Quantum、Compact、Momentum、Atrium等类型的PLC及其信号状态。仿真PLC只需在编程器（Programmer，PG）或个人计算机（Personal

Computer，PC）上安装一个网卡，给出一个固定 IP 地址，就可以通过以太网上的任何计算机进行访问、程序下载、调试，或以网页方式监视 PLC 及其用户程序的运行状态。S7-PLCSIM 是西门子公司为 PLC 设计的仿真软件，可以在仿真的 PLC 上测试用 TIA Portal 软件所编辑的 PLC 程序，而无需使用实际硬件，为许多 PLC 的初学者提供了便利。下面以 S7-PLCSIM 仿真软件为例，介绍 PLC 仿真调试方法。

（二）S7-PLCSIM 软件仿真调试方法

S7-PLCSIM 允许用户使用 TIA Portal 软件中所有的调试工具，其中包括监视表、程序状态以及在线与诊断功能等。S7-PLCSIM 与 TIA Portal 结合使用，用户可以在 TIA Portal 中组态 PLC 和任何相关模块，编写应用程序逻辑，然后将硬件组态和程序下载到 S7-PLCSIM 软件中进行仿真调试。调试的方法有 3 种：在 TIA Portal 软件中使用"监视"功能进行调试、在 S7-PLCSIM 中建立仿真表进行调试、在 S7-PLCSIM 中建立序列表进行调试。第一种方法是最基本的调试方法，它是在程序编辑窗口内进行调试，直接对程序中的被监控点进行操作，不仅能在程序编辑窗口内监控主要器件的状态，还能监控其他非主要器件的状态，可以更快速地找到错误原因，对于小规模程序和局部功能的调试尤为方便。但是对于较大规模的程序，被监控点较多，很难在同一个程序窗口内进行监控，如果使用方法一，反而会使调试过程变得困难，这种情况更适合使用方法二和方法三。方法二和方法三都不是在程序编辑窗口进行调试，需要创建仿真表和序列表，把需要监控的点有序地放入表中，这样就增加了大规模程序调试的整体性和便利性。本节将以创建仿真表的方法介绍 S7-PLCSIM 软件仿真调试过程。

（三）PLC 仿真调试

本节针对三色灯模拟报警控制系统设计与调试过程，利用 S7-PLCSIM 软件对该系统进行仿真调试。

1. 启动 S7-PLCSIM 软件

在打开的三色灯模拟报警控制程序（见图 5-32）中点击"启动仿真"按钮，或通过双击桌面软件图标，打开 S7-PLCSIM 软件。S7-PLCSIM 软件操作界面如图 5-33 所示。

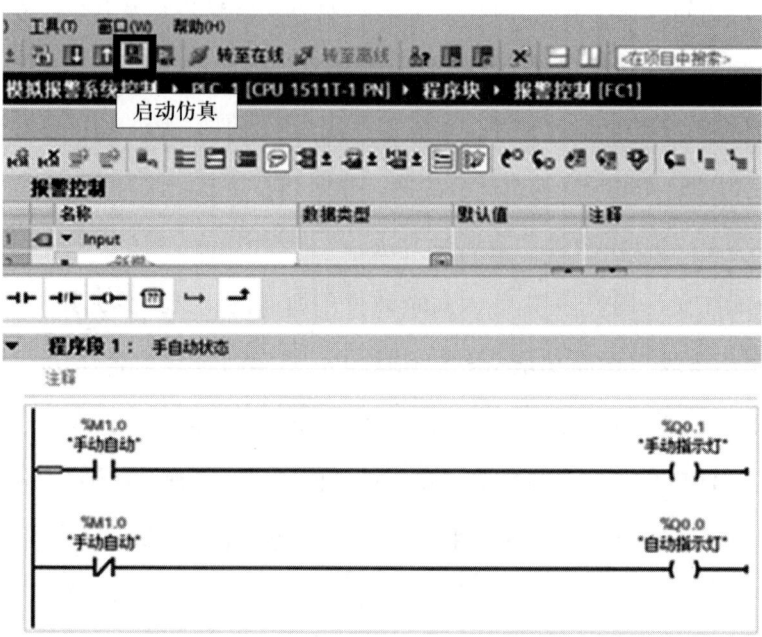

图 5-32 三色灯模拟报警控制程序界面图

图 5-33 S7-PLCSIM 软件操作界面

2. 创建仿真 PLC 模拟器

单击 图标,打开仿真 PLC 项目视图,创建名称为"三色灯报警虚拟 PLC"的新项目,视图界面如图 5-34 所示。

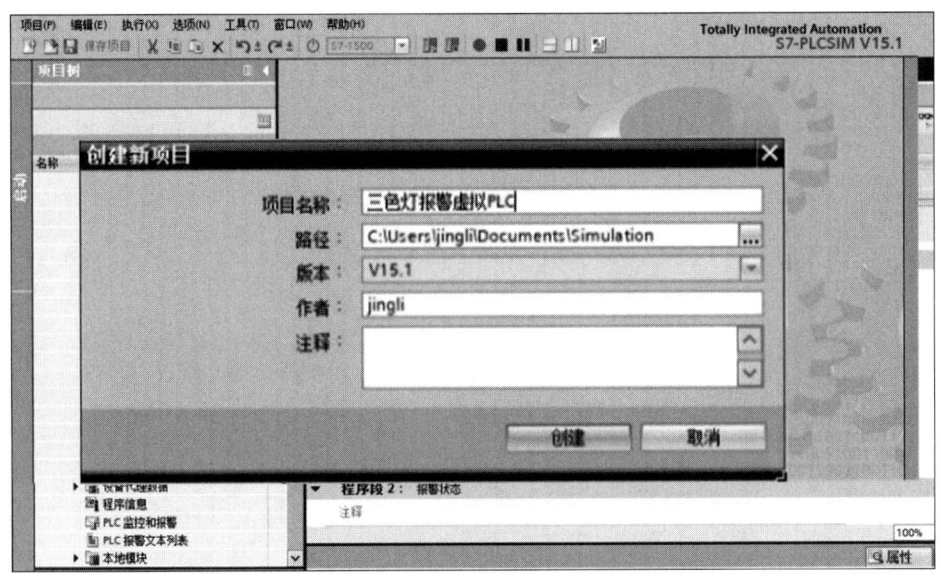

图 5-34 虚拟 PLC 项目视图界面

3. 下载程序到 PLC 模拟器

将三色灯模拟报警控制程序下载到模拟器中,在 PG/PC 接口类型中要选择 PLCSIM。装载成功后,控制程序下载完成,同时模拟器完成组态。

4. 创建虚拟器 SIM 表格

在 PLC 虚拟器中创建变量表,可以手动输入程序中用到的变量,也可以直接导入三色灯模拟报警控制程序的变量表。SIM 表格的变量表如图 5-35 所示。

图 5-35 SIM 表格变量表

在硬件系统调试过程中，通过外围开关输入来调试控制程序，在虚拟调试过程中，则是通过改变 PLC 模拟器中的输入值（“true” 或 “false”）来调试程序。首先将控制程序“转至在线”，然后打开“监视”功能，通过勾选修改“一致修改”列表各输入变量，更改输入状态（见图 5-36），从而改变输出状态。勾选跳闸报警的“一致修改”，跳闸报警值变为“true”，控制程序跳闸报警梯形图运行，触发“报警”输出，如图 5-37 所示。

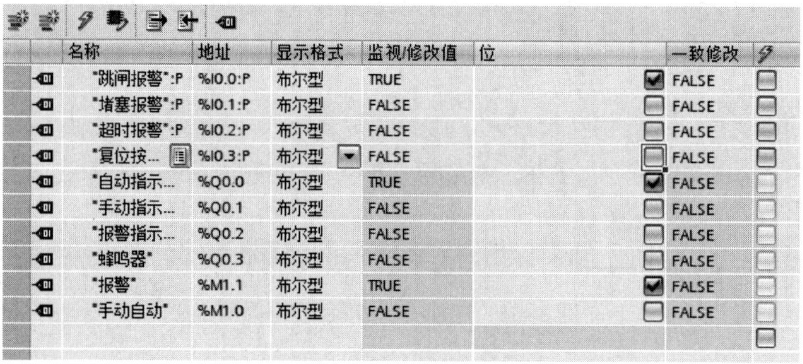

名称	地址	显示格式	监视/修改值	位	一致修改
"跳闸报警":P	%I0.0:P	布尔型	TRUE		FALSE
"堵塞报警":P	%I0.1:P	布尔型	FALSE		FALSE
"超时报警":P	%I0.2:P	布尔型	FALSE		FALSE
"复位按...	%I0.3:P	布尔型	FALSE		FALSE
"自动指示...	%Q0.0	布尔型	TRUE		FALSE
"手动指示...	%Q0.1	布尔型	FALSE		FALSE
"报警指示...	%Q0.2	布尔型	FALSE		FALSE
"蜂鸣器"	%Q0.3	布尔型	FALSE		FALSE
"报警"	%M1.1	布尔型	TRUE		FALSE
"手动自动"	%M1.0	布尔型	FALSE		FALSE

图 5-36　更改输入状态

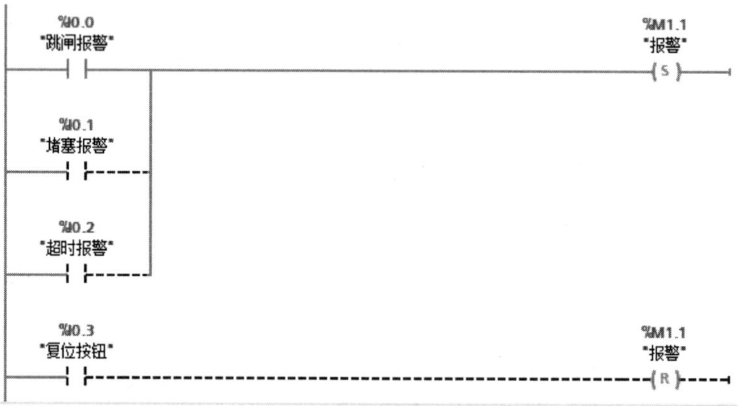

图 5-37　报警程序执行

三、PLC 通信应用

在控制系统实际应用中，PLC 主机与扩展模块、其他主机，以及其他设备之间，通过通信介质相连接，按照规定的通信协议，以某种特定的通信方式，高效地完成数据的传送、交换和处理，这些都需要通过 PLC 的通信功能来实现。PLC 的通信功能在整个控制系统中尤为重要。

（一）数据通信与传输

数据传输方式是指数据代码的传输顺序和数据信号传输时的同步方式，数据传输分为串行传输和并行传输。为了保证数据发送端发出的信号被接收端准确无误地接收，通信的两端必须保证同步，在串行传输中，为了实现同步可采取同步传输和异步传输。

1. 数据通信

数据通信主要有并行通信和串行通信两种方式。

并行通信是以字节或字为单位的数据传输方式。并行通信传递数据快，并行数据有多少位二进制数就需要多少根传输线，所以传输线的根数多，成本高，一般用于近距离数据传输。并行通信一般用于 PLC 内部元件之间、PLC 主机与扩展模块之间或智能模块近距离之间的数据通信。

串行通信是以二进制的位（bit）为单位的数据传输方式。除了地线外，在一个数据传输方向上只需要一根到两根数据线，故常用于远距离传输。计算机和 PLC 都备有通用的串行通信接口，工业控制中一般使用串行通信。串行通信多用于 PLC 与计算机之间、多台 PLC 之间的数据通信。

2. 同步传输与异步传输

同步传输在数据开始处就用同步字符来指示，由定时信号（时钟）来实现收发端同步。同步传输以一组数据为单位，每字节不需要起始位和停止位，克服了异步传输效率低的缺点，但同步传输所需的软、硬件价格是异步传输的 8~12 倍，因此同步传输一般用于高速传输。

异步传输也称起止式传输，传输的数据编码由起始位、数据位、奇偶校验位（可以没有）和停止位组成。通信双方按照上述约定好的固定格式，一帧一帧地传输，硬件结构简单，但传输每一个字节都要加起始位和停止位，因而传输效率低，主要用于中低速传输。

（二）通信接口

有些 S7-1500 PLC 的 CPU 本身就集成了 PROFIBUS 和 PROFINET 接口，也可以通过

安装通信模块（Communication Module，CM）和通信处理器（Communication Processor，CP），使用其PROFIBUS和PROFINET接口进行通信。S7-1500 PLC还可以通过点对点连接通信模块提供的RS-232、RS-422、RS-485接口，实现Freeport或Modbus通信。

（三）通信连接的建立

如果将PG/PC的接口物理连接到S7-1500 PLC的CPU接口，并通过STEP 7中的"转至在线"进行接口分配，则将建立通信的自动连接。在STEP 7中也可以手动建立通信连接，主要有两种方法：通过编程建立通信连接和通过组态建立通信连接。如果选择通过编程建立通信连接，将在数据传输结束后释放连接资源；如果选择通过组态建立通信连接，下载组态后连接资源处于已分配状态，直到组态再次更改。

（四）S7-1500 PLC的通信功能

S7-1500 PLC主要支持PROFIBUS、PROFINET和点对点链路通信。

1. PROFIBUS通信

PROFIBUS现场总线已被纳入现场总线的国际标准IEC61158，于2006年成为我国首个现场总线国家标准GB/T 20540—2006。它提供了3种通信协议：PROFIBUS-DP、PROFIBUS-FMS、PROFIBUS-PA。

PROFIBUS-DP采用混合访问协议令牌总线和主站/从站架构，通过两线制线路或光缆进行联网，可实现9.6 kbit/s～12 Mbit/s的数据传输速率。特别适用于PLC与现场分布式I/O设备之间的实时、循环数据通信。PROFIBUS-FMS用于车间级的数据通信，可以实现不同供应商的自动化系统之间的数据传输，由于配置和编程较繁琐，因此目前应用较少。PROFIBUS-PA使用扩展的PROFIBUS-DP协议进行数据传输，电源和通信数据通过总线并行传输，主要用于面向过程自动化系统中本质安全要求的防爆场合。PROFIBUS-PA网络的数据传输速率为31.25 Mbit/s。

PROFIBUS-DP除连接西门子分布式I/O、驱动等从站，还可以连接其他厂商的从站设备，这需要由生产厂商提供通用站描述（General Station Description，GSD）文件（该文件是对设备的通用描述，通常以 *.GSD 或 *.GSE 结尾）。

2. PROFINET通信

基于工业以太网开发的PROFINET具有很好的实时性。PROFINET为自动化通信领域提供了一个完整的网络解决方案，可以完全兼容工业以太网和现有的现场总线技术（如 PROFIBUS）。S7-1500 PLC 的 CPU 都有一个集成的 PROFINET 接口，它可支持非实时通信和实时通信等服务。非实时通信包括 S7 通信、开放式用户通信（Open User Communication，OUC）和 Modbus TCP 通信，实时通信支持 PROFINET I/O 通信。

（1）S7 通信。该通信用于 PLC 与 HMI（PC）及编程器之间的通信，也适用于 PLC 之间通信。S7-1500 PLC 的 S7 通信有三组通信函数，分别是 PUT/GET、USEND/URCV 和 BSEND/BRCV。

（2）开放式用户通信，即 OUC 通信，采用开放式标准，适合与第三方设备或 PC 进行通信，也适用于 S7-300/400、S7-1500/1200 以及 S7-200 SMART 之间的通信。OUC 通信有下列通信连接：ISO Transport、ISO-on-TCP、TCP/IP、UDP。

（3）Modbus TCP 通信，Modbus 协议是一种简单、经济和公开透明的通信协议，用于不同类型总线或网络设备之间的客户端/服务器通信。Modbus TCP 结合 Modbus 协议和 TCP/IP 网络标准，是 Modbus 协议在 TCP/IP 上的具体体现，数据传输时在 TCP 报文中插入了 Modbus 应用数据单元。

（4）PROFINET I/O 通信，主要用于模块化、分布式的控制，可以通过以太网直接连接现场设备。PROFINET I/O 根据组件功能划分为 I/O 控制器、I/O 设备和 I/O 监视器。I/O 控制器用于对连接的 I/O 设备进行寻址，需要与现场设备交换输入和输出信号，功能类似于 PROFIBUS 网络中的分布式外部设备（Decentralized Periphery，DP）主站。I/O 设备是分配给其中一个 I/O 控制器的分布式现场设备，例如 ET200SP、ET200MP 等，功能类似于 PROFIBUS 网络中的从站。I/O 监视器则是用于调试和诊断的编程设备或 HMI 设备。

3. 点对点链路通信

该通信主要用于连接调制解调器、扫描仪、条码阅读器等带有串行通信接口的设备。S7-1500 PLC 串行接口有 RS-232、RS-422/485 两种。RS-232 接口的最大通信距离为 15 m，且只能连接单个设备。RS-422/485 接口的最大通信距离为 1 200 m，是一个 15 针串行接口。串行通信模块的 RS-232 接口引脚定义见表 5-1。串行通信模块的 RS-422/485 接口引脚定义见表 5-2。

表 5-1　　　　　　　　　　　RS-232 接口引脚定义

RS-232 Sub-D 连接头	引脚	符号	输入/输出	说明
	1	DCD	输入	数据载波检测
	2	RXD	输入	接收数据
	3	TXD	输出	发送数据
	4	DTR	输出	数据终端准备好
	5	GND	—	信号地
	6	DSR	输入	数据装置准备好
	7	RTS	输出	请求发送
	8	CTS	输入	允许发送
	9	RI	输入	振铃指示

表 5-2　　　　　　　　　　RS-422/485 接口引脚定义

RS-422/485 连接头	引脚	符号	输入/输出	说明
	1	—	—	—
	2	T（A）	输出	发送数据（四线模式）
	3	—	—	—
	4	R（A）/T（A）	输入 输入/输出	接收数据（四线模式） 接受/发送数据（两线模式）
	5	—	—	—
	6	—	—	—
	7	—	—	—
	8	GND	—	功能地（隔离）
	9	T（B）		发送数据（四线模式）
	10	—	—	—
	11	R（B）/T（B）	输入 输入/输出	接收数据（四线模式） 接受/发送数据（两线模式）
	12	—	—	—
	13	—	—	—
	14	—	—	—
	15	—	—	—

四、Modbus TCP 在 PLC 通信中的应用实例

Modbus TCP 是运行在 TCP/IP 上的 Modbus 传输协议。通过此协议，控制器相互之间或借由网络（如以太网）可以和其他设备之间进行通信。下面以广数 GSK-RB08A3 工业机器人与西门子 1500 系列 PLC 以 Modbus TCP 为通信协议建立通信连接为例，阐述 Modbus TCP 在 PLC 通信中的应用。

GSK-RB08A3 工业机器人和西门子 1500 系列 PLC 均集成以太网接口。GSK-RB08A3 工业机器人（以下简称机器人）在使用 Modbus TCP 进行通信时，既可作为主站又可作为从站，当与 PLC 设备进行 Modbus TCP 通信时，若无特殊应用要求，机器人作为从站，PLC 作为主站。PLC 主动与机器人建立通信并收发数据，主控 PLC 作为 Modbus TCP 客户端发送读写请求，服务端机器人负责请求的响应。本实例中进行 Modbus TCP 通信连接的西门子 PLC 型号为 S7-1511T-1PN，能与机器人进行 Modbus TCP 通信连接的 PLC 还有 S7-1214C、S7-1217C 和 1500 系列的 S7-1515-2PN 等。具体通信过程与方法如下。

1. 硬件组态

（1）打开 TIA Portal 软件，创建新项目。

（2）根据硬件设备型号添加 PLC，并设置 PLC 的以太网地址，此处 IP 地址为：192.168.0.166，如图 5-38 所示。

2. 机器人网络设置

机器人的 IP 地址要与 PLC 地址同网段，此处将机器人 IP 地址设置为 192.168.0.165，二者的子网编码要相同，如图 5-39 所示。远程配置中的协议类型表示指定机器人充当客户端还是服务器，客户端是主动连接，服务器是被动连接，此处机器人充当服务器，因此，协议类型选择"TCP 服务器"，远程主机 IP 配置为 PLC 的 IP 地址：192.168.0.166，如图 5-40 所示。

3. 创建 PLC 与机器人通信模块

（1）添加全局数据块。在 TIA Portal 软件的程序中添加数据块，并在数据类型中手动输入"TCON_IP_v4"，依次设置以下通信参数。将机器人的 IP 地址 192.168.0.165

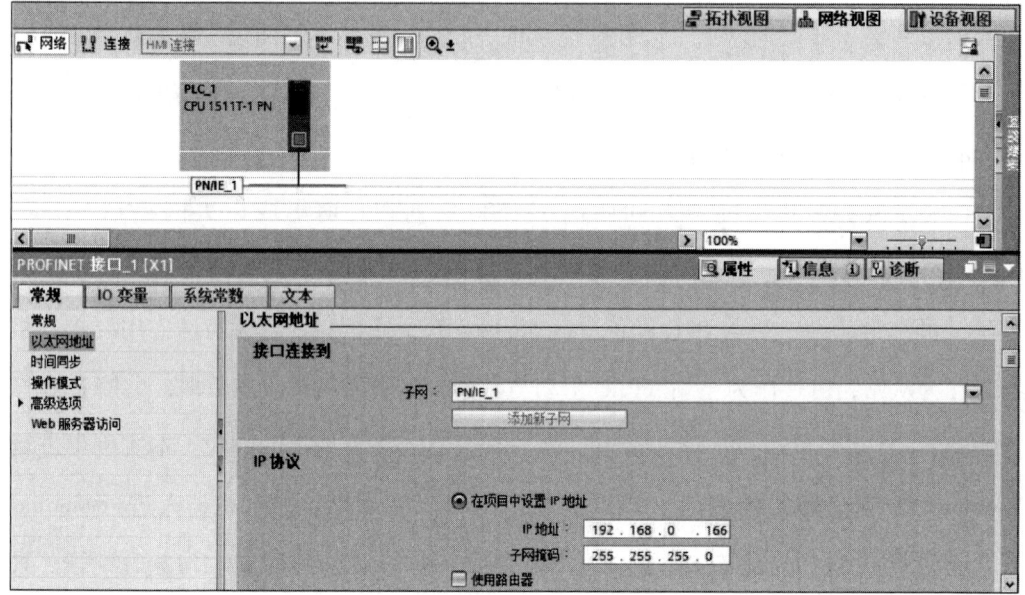

图 5-38　设置 PLC 以太网地址

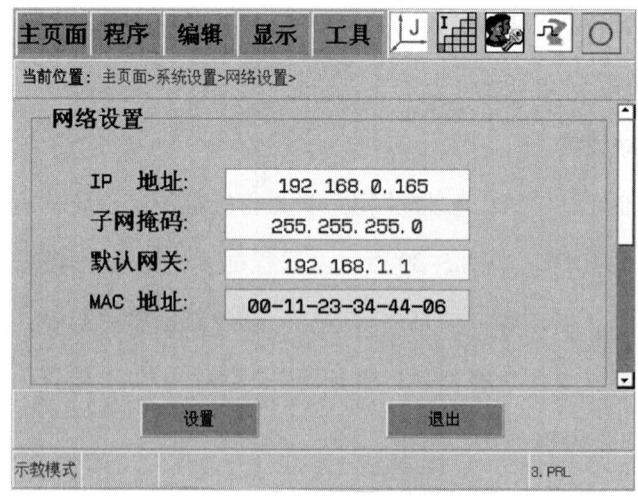

图 5-39　机器人网络设置界面

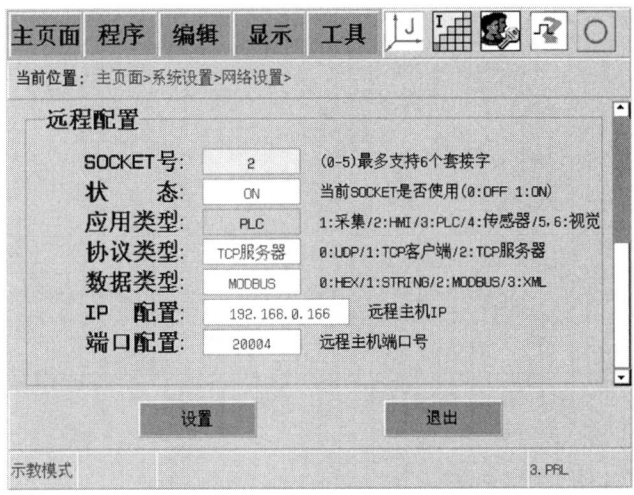

图 5-40 机器人远程配置界面

输入到参数 RemoteAddress 中,机器人远程配置中的端口配置"20004"输入到 RemotePort 参数中,如图 5-41 所示。

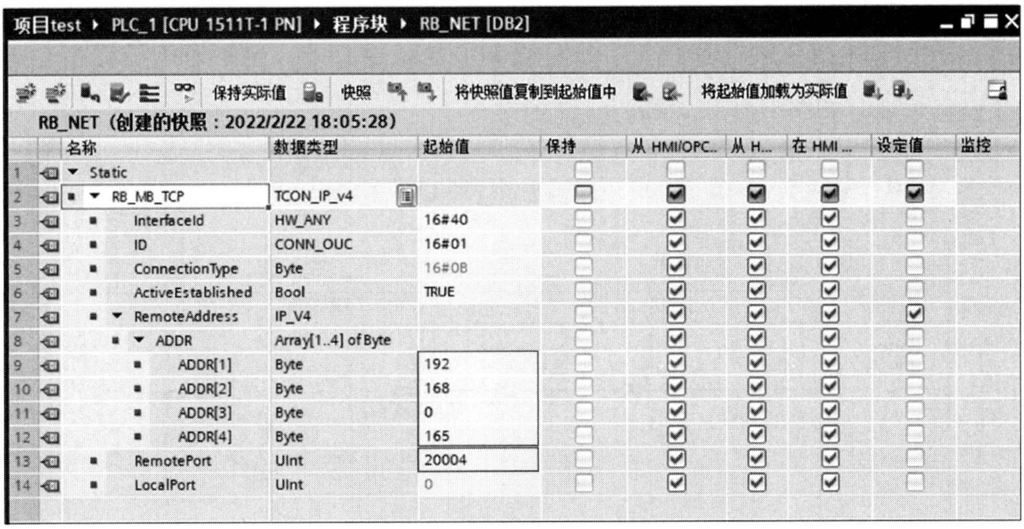

图 5-41 TCON_IP_v4 通信参数设置

(2)根据实际需要,添加机器人数据存放区数据块,如图 5-42 所示。

图 5-42 机器人数据存放区数据块添加

4. 根据硬件系统电气原理图，建立必要的 PLC 变量

5. 调用通信指令，编写通信程序

调用"MB_CLIENT"通信指令，设置相应的指令参数，编写通信子程序（见图 5-43）。在主程序中编译、运行通信程序。

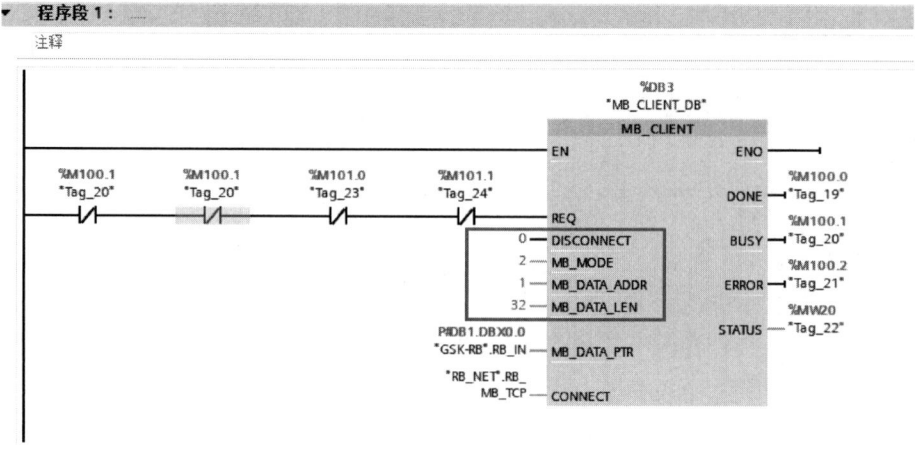

图 5-43 通信子程序

6. 网络连接测试

使用"ping"命令测试机器人与 TIA Portal 软件所在电脑是否建立网络连接,若连接成功,则表明通信已经建立。

第三节 智能装备与产线运行保障

考核知识点及能力要求:

- 了解标准化安全作业的基本概念、特点和内容。
- 熟悉自主保全的涵义和实施流程。
- 了解和熟悉新一代智能运维服务保障的方式和内容。
- 掌握装备与产线智能运维服务保障的典型业务流程。

一、智能装备与产线的标准化安全作业

(一)标准化安全作业的概念及流程

1. 标准化安全作业概念

标准化安全作业是在总结实践经验和进行科学分析的基础上,将现行作业方法的每一个操作程序和每一个动作进行分解,对作业方法加以优选优化,以科学技术、规章制度和实践经验为依据,以安全、质量效益为目标,形成的一种标准的作业程序。

标准化安全作业涉及如下 8 个要素。

(1)作业规范化、流程制度化。对相关法律进行标准识别,制定对应的规章制度、操作规程,并用标准文档进行记录管理、评估、修订。

（2）教育培训。对不同人员（管理人员、从业人员、外来人员）进行教育管理和培训。

（3）制定目标、明确职责。明确单位的组织架构，管理层人员及时制定可执行目标。对整个单位各级人员针对性的匹配对应的职责。

（4）现场管理。比如现场的设备设施的管理，包括建设、验收、运行、维修、检测检验、拆除和报废；在作业安全上应包括作业环境、作业条件、作业行为以及岗位达标等问题。

（5）安全风险和隐患排查。包括安全风险管理（风险辨识、风险评估、风险控制以及风险变更管理）；隐患排查治理（隐患排查、隐患治理、验收与评估、信息记录、通报，报送以及预测预警等）。

（6）紧急处理。应提前部署应急管理措施，比如救援组织、预案、设施、装备、物资、演练的预备以及救援信息系统的建设。在紧急安全问题发生后应及时进行应急处置和应急评估。

（7）事故管理。对所发生的安全事故进行调查并撰写报告。

（8）持续改善。对安全作业标准进行持续的改进和参与定期的绩效评定。

2. 标准化安全作业流程

标准化安全作业流程主要涉及7个步骤，如图5-44所示。

（1）由相关的责任部门制定并执行安全生产计划，不同公司的组织架构不同，相关的责任部门也会不同，但一般由安全监察部或者安全责任小组等责任部门来执行。

（2）将相关的计划文件，如年度安全生产计划，上发至审核和校准领导进行确认签字，交由安全监察部等相关责任部门实施计划。

（3）安全监察部在生产过程中需要进行定期的安全检查，做好记录并填写相关文件，如安全检查记录表。

（4）安全责任小组要对生产过程中的安全隐患进行排查，若出现事故，则需要对事故原因进行分析，并根据安全生产管理制度等相关文件进行事故定性。

（5）在事故发生后，安全责任小组将事故上报至上一级责任部门（安全监察部），安全监察部可依据事故发生的原因，提出事故处理办法，如生产事故处理报告等，并交至上级审核，依据审核过的生产事故处理报告等文件妥善处理安全生产事故。

（6）安全监察部负责汇总安全责任小组提交的安全报表，并编写安全报告。

（7）最后，相关部门结合安全监察部的意见，总结经验、吸取教训，并制定安全生产新措施。

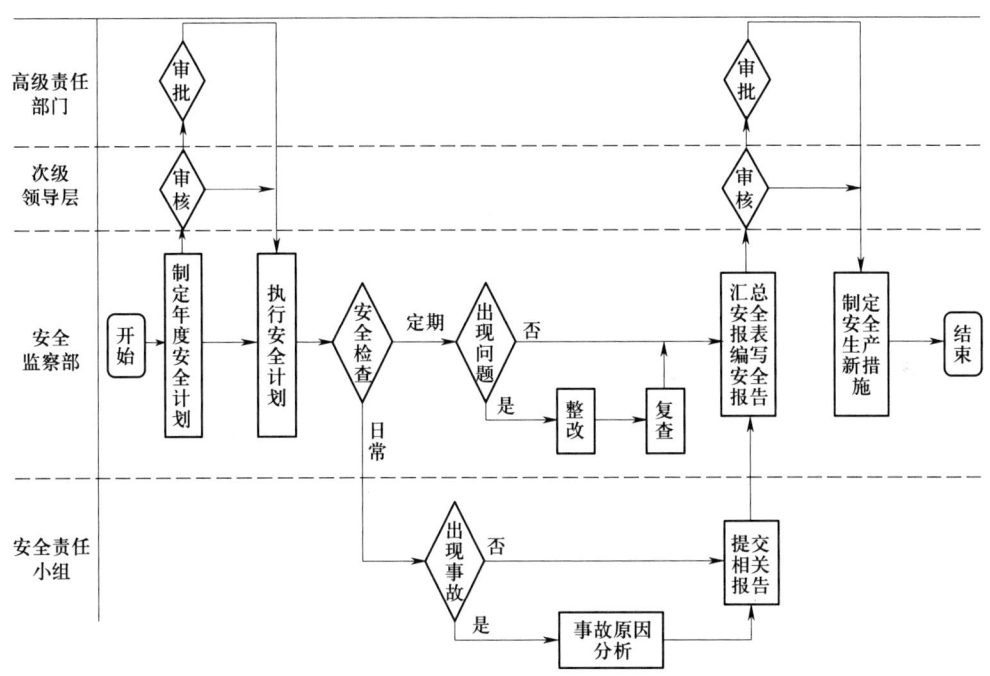

图 5-44 标准化安全作业流程

（二）智能产线的标准化安全作业

无论是作业强度还是人员数量，智能产线相比于传统产线都有巨大的优势，但是安全作业及其标准化仍然是工厂安全管理的难题。由于不同智慧工厂的智能产线之间存在较大差异，因此需要对不同的智慧工厂制定不同的智能产线安全作业标准。智能产线的标准化安全作业涉及以下方面。

1. 物料安全方案

运用物联网技术进行危险源管理，在线关联危险源所在设备，关联危险源监控位号，关联危险源周边物资，让危险源管理从静态的台账管理上升为可联动周边资源信息、生产信息、安防信息的动态过程，方便应急救援时的指挥调度。

（1）罐区管理。定期评估罐区内外环境、设备状况，以及安全附件、消防设施、安全警示牌、可燃和有毒气体报警系统的完好性，提高罐区管理的科学性和有效性。

（2）物流储运。对厂区内危险化学品的输送管道和储运过程进行信息化管理和识别，通过声光报警装置警告靠近人员。

（3）智能装卸车系统。智能装卸车系统由自动装卸平台、卡车内部设备和管理平台组成，该系统可以自动优化装卸任务和单次装卸数量，在降低运行成本的同时，提高工作环境安全等级。

2. 风险防控预防体系

（1）做好风险分级工作，根据工厂的实际情况，制定风险等级标准，建立好风险数据库，为安全管理工作提供清晰可靠的参考依据。

（2）做好隐患排查，建立全面排查制度和重点危险源管控制度。企业一方面应该定期对工厂的安全情况进行全面排查，建立安全隐患排查台账，对总体情况全盘掌握，另一方面应该安排专人和专项经费，对重点安全生产隐患物进行改造，对不成熟的工艺技术持续进行改进。

（3）根据风险数据库和排查情况，建立有效的风险预防和安全生产保障机制，使工厂在生产过程中能够化险为夷。

3. 环境安全方案

利用传感器技术、物联网技术实现对企业污染源相关指标的实时监控，采集污染源监测数据、污染产生数据及污染治理的设备参数，确定系统的运行情况。

（1）挥发性有机化合物（Volatile Organic Compounds，VOC）在线监测。VOC 在线监测系统根据废气中的成分及特性、环境敏感区分布和主导风向等因素，预测污染物的扩散趋势，科学制定污染区的控制方案。

（2）水质在线监测。水质在线监测系统监测水质、水量、污染源排放、环境因素、工程设备／设施运行状况等，贯穿"源头预防—过程监测—效果评估"全流程，引入公众调查评议，建立长效的监督管理机制，最终达到提升人居环境质量，改善城市生态环境的目的。

二、自主保全理念与实施方法

TPM 又称全员生产保全，其定义是：以达到设备综合效率最高为目标，确立以设备一生为对象的全系统的预防维修，涉及设备的计划部门、使用部门、维修部门等所有部门，从领导者到第一线职工全体参加，通过小组自主活动推进预防维修。

TPM 中的 T，即 Total，代表全员、全系统和全效率。"全员"指从一线员工到各级领导，都参与到设备的维护工作中，并承担相应的职责；"全系统"指设备的运行、养护、维修、改进、报废等全生命周期的系统管理；"全效率"指设备在生产过程中达到产出率最高、不良品最低、运维成本最低的生产效率最佳状态。TPM 中的 P，即 Productive，代表生产，是要求生产系统达到极限的综合效率。TPM 中的 M，即 Maintenance，代表维修和保养，即通过对设备进行保养、维护、维修等活动，有效管理设备，使设备的综合效能持续提升。

TPM 的支撑体系涉及 8 个支柱，6 个指标和 5 项基石，如图 5-45 所示。在 8 个支柱中，自主保全是 TPM 的核心，本节将重点阐述自主保全的基本理念和实施步骤。

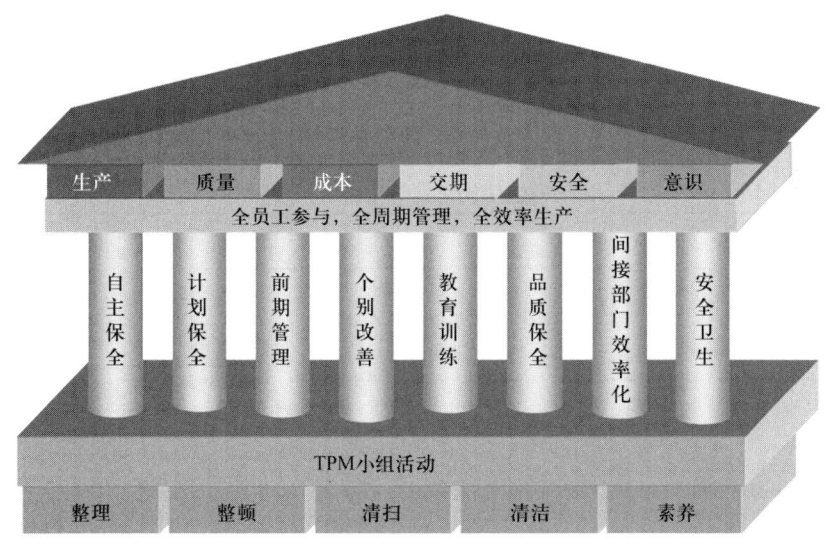

图 5-45　TPM 支撑体系

（一）自主保全定义和范围

自主保全的定义为：依托制造部门生产线的一线员工，在员工了解和掌握自己使用设备的基础上，自主、自觉地对其进行保养、清洁、清理、润滑等保护、维护和管理活动，以保持设备的良好运转、降低设备故障率的一种方法。

自主保全主要围绕现场设备进行保护、维护和管理，其范围主要包括整理、整顿、清扫、清洁，基本条件准备，目视管理，点检作业前、中、后，以及小修理等。自主保全的活动范围及涵义见表 5-3。

表 5-3　　　　　　　　　　自主保全的活动范围及涵义

范围	涵义
整理、整顿、清扫、清洁	5S 的基本活动
基本条件准备	机械的清扫、给油、锁紧等
目视管理	利用形象直观、色彩适宜的视觉信息提升判断能力
点检作业前	开机前确认是否具备开机条件，并检查所有关键部位
点检作业中	确认装备与产线运行状态、参数是否正常，出现问题立即进行故障排除或停机检修
点检作业后	生产周期后进行停机，并定期对装备进行检查和维护
小修理	简单零部件更换和维修，小故障维护和排除

（二）自主保全的实施步骤和推行方法

自主保全活动的实施主要包括 6 个步骤，各个步骤的主要活动内容见表 5-4。

表 5-4　　　　　　　　　自主保全实施步骤的主要活动内容

步骤	名称	主要活动内容
1	设备初期清扫	清扫外表、清扫内部、将油渍和残留物擦拭干净
2	发生源及困难部位改善	找到外部污染与内部污染，制定防治方案
3	设备保全基准生成	明确负责人员，制定点检周期、点检内容、奖惩办法
4	总点检	规定点检项目，开展点检培训，形成操作标准
5	自主点检	总结完善点检方法和内容，自主执行点检活动
6	自主管理体制形成	建立自主保全体系制度，形成自主保全意识

依据实施步骤，各步骤的具体推行方法如下。

1. 设备初期清扫

通过日常清扫和点检，彻底清除依附在设备上及设备内的灰尘和异物，包括细微的杂物和各种极小的污染点，同时要找出设备使用中老化的部件、因摩擦出现的小缺口、松动的螺丝等缺陷点。为确保设备初期清扫的全面性和有效性，保持设备良好状态，一线员工的清扫过程需注意以下几点。

（1）清扫即点检。

（2）由操作者亲自动手完成。

（3）主设备外表清扫需延伸到设备有关插座、联机等配件上，确保相关设备的性能良好。

（4）设备内部清扫的关键是能拆的设备尽量拆开来清扫，去除积尘。

（5）清扫时必须带上相关的工具，如扳手等，发现松动的螺丝可以及时紧固。

（6）把清扫当成工作的一部分，将清扫效果纳入个人绩效。

（7）以"每天洗澡"的观念执行设备的清扫工作，克服"扫干净也会脏"的错误思想。

（8）设备需要不断的清扫，长期坚持，才能保持干净完好。

初期清扫需要检查的项目和内容见表5-5。

表5-5 初期清扫检查项目及内容

序号	检查项目	检查内容
1	设备主体检查清扫	滑动、接触和定位部位是否黏附灰尘、垃圾、油污、切屑和异物等
		螺栓、螺母是否松动、脱落
		滑移部位、模具安装部位是否松动
2	附属设备检查清扫	气缸、螺丝管、微动/限位开关、电动机、皮带等是否黏附灰尘、垃圾、油污、切屑和异物等
		螺栓、螺母是否松动、脱落
		螺丝管、电动机等是否有呜呜声
3	润滑检查清扫	润滑器、润油杯、给油设备等是否黏附灰尘、垃圾、切屑和异物等
		油量是否合适，给油口是否必须加盖
		给配管是否漏油
4	设备外围检查清扫	工具是否放在规定部位，是否缺少、损坏
		设备周围是否有灰尘、垃圾、妨碍物
		设备主机附近是否放置螺栓螺母等不需要的物品
		各铭牌、标牌是否清洁、易于查看

2. 发生源及困难部位改善

发生源是导致设备出现污染的源头，分外部污染和设备自身污染。其中，外部污染是设备周围环境卫生的明显缺陷造成设备长期出现污染，自身污染是设备本身加工作业和自身运作产生的铁屑、废料、粉尘、油污等因长期得不到有效处理给设备造成污染。困难部位是设备点检时"眼看不到、手伸不到、有污染却没法清扫"的部位。

针对发生源的改善，一方面需掌握污垢、泄漏（油、空气、原料）等所有发生源，例如油压配管接缝部的泄漏，或因加入过多润滑油所引起的污垢；另一方面通过调整油量、防止油垢或消除泄漏等切断或限制发生源。如果无法切断发生源，如无法断绝切削粉、切削油、水垢等，则需考虑将其限制在最小的限度内，例如在靠近发生源的位置，设置局部性的覆盖装置等。

针对困难部位的改善，需采取措施将不易清扫、点检或费时的部位改善至容易操作的状态。例如设备某部位太靠近地面，致使排水及加油的点检困难，因此需将其改善至容易点检的位置。三角皮带的点检需要拆卸外壳后进行，因此通过设置透明窗口，每次不需要卸下覆盖即可从外部进行点检。其他措施如将杂乱的配线进行整理、去除在地面上的直接配线等，均有利于改善清扫、点检过程。

通过自己动手改善困难部位，可以培育员工成功的喜悦，提升员工使用设备时的清扫和点检能力，降低工作难度、杜绝生产危险。改善过程包括但不限于如下内容。

（1）便于操作。

（2）把污染范围控制在最低限度内。

（3）注意改善相伴的安全性。

（4）杜绝原始污染源，防止引入新的污染源。

（5）尽量防止切削油、切削飞散。

（6）缩小切削油流淌范围。

3. 设备保全基准生成

对设备的点检点、点检方法、点检内容、点检项目和点检周期等进行总结，编写一个临时基准，制作形成点检作业标准书，以确保点检的效果和点检作业的规范化，减少因人员调度、轮换和技术水平参差不齐出现设备点检不当，进而造成危害。注水机设备安全、完好点检作业标准见表5-6。

表5-6　　　　　　　　　注水机设备安全、完好点检作业标准

类别	点检项目	点检内容及标准	周期
安全隐患控制点	急停开关及漏电保护装置	按下急停开关、停止按钮后设备停止运行，漏电保护装置无破损，动作灵敏	1次/日
完好控制点	管道泵	上水管道泵、回水管道泵无杂音	1次/日
	光电及行程开关	光电开关固定可靠，信号反馈灵敏，行程开关固定可靠，活动臂灵敏无死点	1次/日
	控制柜	控制柜内无杂物，走线规范整齐合格，电器元件固定可靠，各元件无发热、震动等异常现象	1次/日
	电磁阀、气动阀	电磁阀、气动阀完好无破损，动作灵敏	1次/日
	设备	设备无跑、冒、滴、漏现象	1次/日

4. 总点检

总点检对设备操作者在设备的自主保全方面提出更高的要求，要求操作者深入学习和掌握设备的结构、性能、运作原理，以求对设备实施更加精细的点检。总点检的目的是消除潜在问题，使设备恢复到初始状态，同时对以前编写的基准进行不断完善。

总点检的开展主要包括5个要点，即设定总点检项目、开展总点检项目培训、员工技能可视化、总点检项目可视化、制作总点检标准作业说明书。设定总点检项目是总点检工作的基础，应与设备的构成部件保持一致，一般涉及机械、润滑、气压、液压、驱动、电气和安全等系统共7个项目。总点检项目的设定步骤如图5-46所示。

设备总点检项目的可视化管理方法有机械系统标示法、动力系统标示法、气压系统标示法和安全装置标示法等，具体见表5-7。

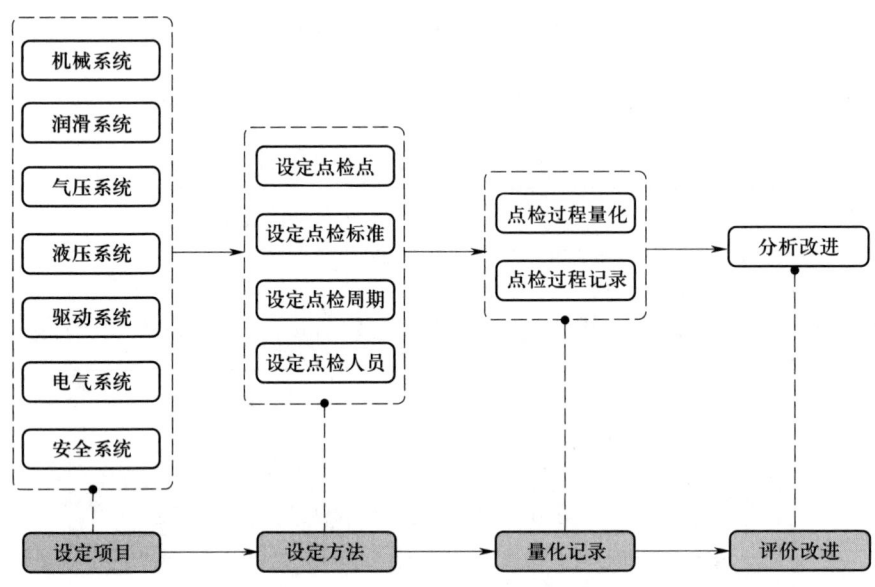

图 5-46　总点检项目的设定步骤

表 5-7　　　　　　　　　　　设备总点检项目可视化管理方法

序号	标示方法	标示内容
1	机械系统标示法	点检部位的标记，点检情况标示，过滤器嘴类标示，螺栓螺母类标示，阀门开闭标示，点检图、点检程序、点检线路标示
2	动力系统标示法	液体类别标示，给油缸液面标示，油类标签
3	气压系统标示法	压力管道回转方向标示，压力计状态标示，气体流向标示
4	安全装置标示法	温度标示，风量标示，振动标示

5. 自主点检

经过前4个阶段的培训和实践，操作员工对自己操作的设备性能状况已有了较深层次的理解，这时就有了发现问题的能力，从操作的角度重新审视前阶段制定的清扫、给油、总点检基准，并在操作中加以修正。在遵守前阶段基准的基础上进行自主改进，不断完善点检的方法和内容，并自主执行的点检活动是自主点检。自主点检活动可以从如下4个方面开展。

（1）零故障、零不良方面。调查预防故障、不良品、点检失误方面的内容，并检查在自主保全基准中有无遗漏的点检项目和点检内容。

（2）点检效率方面。检查在实施清扫、给油和设定总点检基准时有无重复，是否可以在清扫时做点检、给油时做点检等，将点检和作业项目进行组合，减少点检项目。

（3）点检作业负荷方面。检查点检周期、点检时间、点检路线等，避免点检活动过于拥挤、点检作业负荷过重的情况。

（4）目视管理方面。检查是否可以立即知道点检项目的部位，是否容易进行点检以及能否立即检查出异常等。

6. 自主管理体制形成

自主管理体制的构建，是为了不管理而进行的管理，通过减少来自管理者的强制性要求，让员工自己管理自己的工作，自觉遵守自己制定的作业标准，将操作者的责任扩大至设备周边的作业，同时进一步降低损失，达成自主管理的目标。

自主管理体制形成体现为自主检查作业指导书、作业标准书、检查基准书、作业日报和确认表等。自主管理体制的推行流程如图5-47所示。

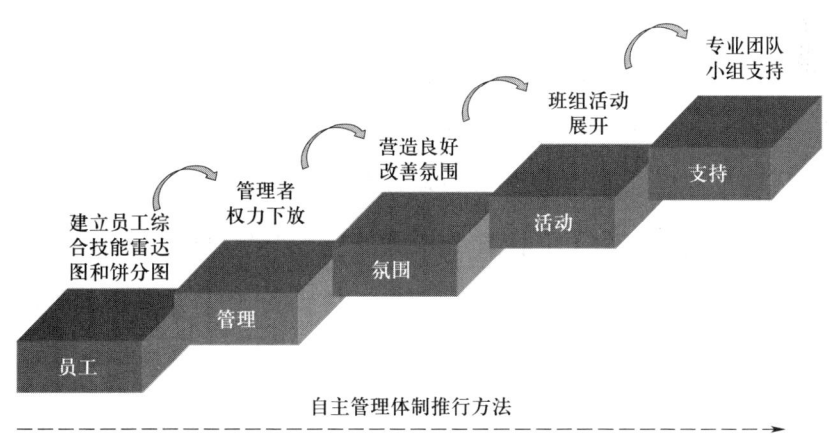

图5-47　自主管理体制的推行流程

员工技能饼分图是将员工的技能用一目了然的方式加以体现的一种方法，通过饼分图可以快速确定员工对不同技能的熟悉程度，具体如图5-48所示。

 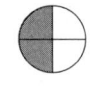

a. 根本不会　　b. 一教就会　　c. 一边问一边完成　　d. 完全能够独立完成　　e. 可以教人

项目 人员	机械点检	液压点检	安全点检	……
王××	 ◐	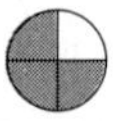 ◐	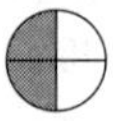 ◐	……
李××	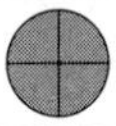 ⊕	 ◐	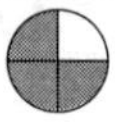 ◐	……

图 5-48　员工技能饼分图

三、新一代智能运维服务保障

随着新一代信息技术和人工智能技术的发展，大数据、区块链、数字孪生、深度学习、知识工程等新兴技术促进了传统制造业向数字化、网络化和智能化迈进，推动了企业装备与产线的运维由传统的事后被动性维修、周期预防性维修转向数据驱动的视情维修和预测性维修转变，从而形成新一代的数据驱动的智能运维服务保障技术。

（一）数据驱动的装备与产线智能运维

传统装备产品的故障诊断、健康评估和计划决策，往往依赖零部件典型故障的劣化机理建模，通过特征识别、机理分析和统计分析等，实现对装备的维护、维修和管理。尽管机理模型可以从基础的角度，准确掌握零部件的实际退化过程，揭示深层次的退化机理，但往往理论研究难度较大，动态、时变的运行环境导致机理分析结果难以适应装备与产线的实际运行过程。为此，工业界和学术界都在试图利用采集获取的实际数据，实现对传统运维服务策略、方案和过程的改善，由此形成了数据驱动的新一代智能运维服务。同时，将数据和机理结合，利用数据扩展机理的动态性，利用机理实现数据的关联性，形成了数据和知识混合驱动或数模联动的智能运维。当前在数据驱动的智能运维服务中，往往主要依赖如下 4 个过程。

1. 数据的采集、感知和预处理

数据是智能运维的基础和源头，只有获取全生命周期的可用数据，才能构建合适的模型和算法，从海量数据中挖掘特征、识别参数，获得预期结果，并由此构建数据驱动的智能运维服务体系。数据采集和感知的核心是传感技术和全生命周期物料清单（Bill of Material，BOM）技术，通过传感器采集和感知，获取制造数据、运行数据，形成历史和实时时序数据；通过 BOM 技术，获取设计、制造、回收等其他阶段的装备关联数据，为运维提供决策辅助。

在工程实践中，采集获取的源数据通常存在缺失、重复、噪声、异常等现象，在使用之前往往需要进行数据清洗等预处理操作，以提升数据的可用性。数据清洗的方法包括缺失值处理（记录删除、数据插补等）、异常值处理（统计分析、绝对离差中位数等）和噪声处理（统计分析、分享、聚类、回归等）。

2. 数据的集成和管理

全生命周期的数据类型涉及文档、模型、图像、音/视频、XML、数据表等结构化、半结构化和非结构化数据，不同数据的存储和集成方式不同。在数据预处理的基础上，往往需要将多个数据源的数据（如数据库、数据文件等）结合起来，存放在一个统一的数据空间或数据仓库中。数据集成过程涉及实体识别、冗余去重、冲突消解等，通过对多源数据的集成和管理，为利用数据实现后续分析和建模提供重要支撑。

3. 数据的分析和建模

数据分析是从海量一致化数据中，挖掘数据应用价值的关键。当前，数据分析往往采用机器学习或深度学习等方法，实现数据的分类分析、关联分析、聚类分析和预测分析等。例如，利用深度学习方法，在刀具切削数据的基础上构建长短期记忆神经网络模型，实现对刀具寿命的预测；构建图神经网络模型，挖掘传感器数据关联关系，实现对系统异常状态的动态预警；构建深度强化学习模型，挖掘维修时间、维修人员对成本、工期等的增强演化规律，实现对维修计划和维修调度方案的智能决策。

4. 数据的服务和应用

在智能运维过程中，数据的服务和应用场景涉及可视化在线监测服务、远程诊断/预测服务、维修计划决策服务、备件备品预测服务、设备健康管理服务以及维修执行过程动态管控服务等。全生命周期数据驱动的智能运维如图 5-49 所示。

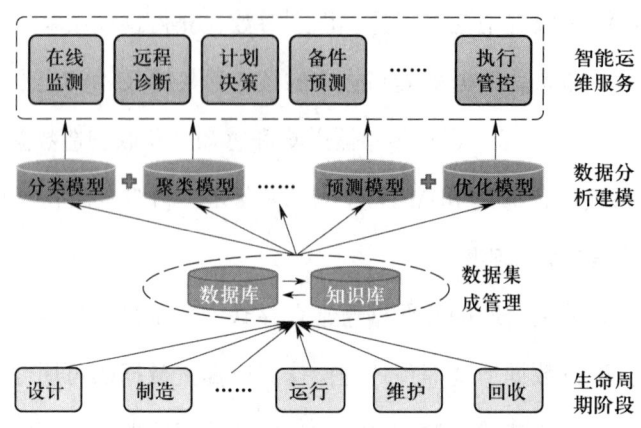

图 5-49 全生命周期数据驱动的智能运维

数字孪生技术的发展推动了数据全周期、全方位的集成和融合,为复杂装备与产线的智能运维提供了基础的系统化数据集成和建模理论。当前,结合全生命周期数据信息,数字孪生也逐步面向全生命周期的各个阶段,形成了设计孪生、工艺孪生、制造孪生和服务孪生等,通过基础孪生框架,实现了全生命周期虚实数据的互联和互通。基于设计、工艺、制造等相关数据,可以为数字孪生驱动的智能运维提供重要支撑。数字孪生驱动的智能运维如图 5-50 所示。

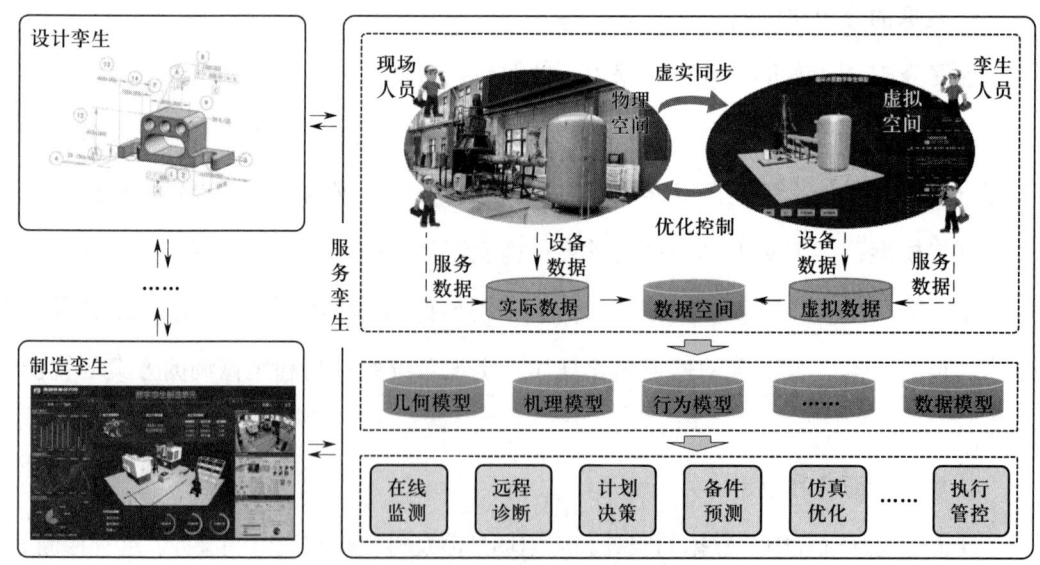

图 5-50 数字孪生驱动的智能运维

与数据驱动的智能运维相比,数字孪生驱动的智能运维具有如下优势和特点。

（1）实现全生命周期数据的在线可视化呈现。

（2）具有全方位的虚实同步数据和多样化的虚拟数据。

（3）具备集成融合的几何模型、数据模型和机理模型等。

（4）集成了多物理量、多尺度的仿真评估能力。

（5）具备基于预测优化结果的反馈控制能力。

（二）智能运维服务典型业务流程

复杂装备与产线经过制造、销售进入用户企业，开始进入智能运维服务阶段，该阶段涉及装备与产线安装调试、使用运行、预测维修、维修完成等过程，主要业务内容如图 5-51 所示。

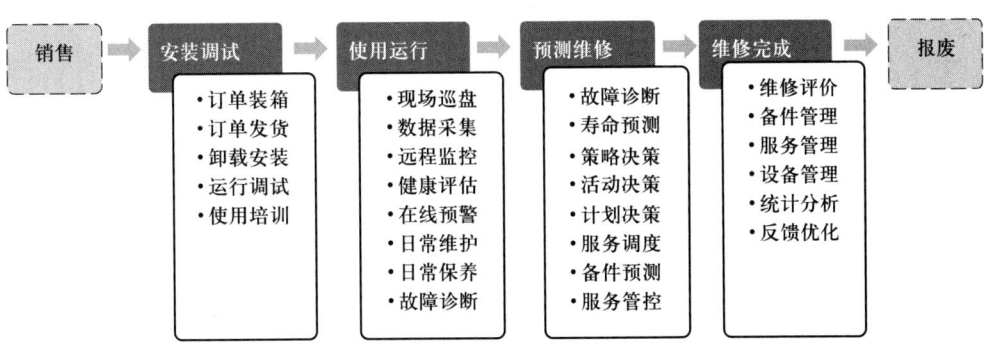

图 5-51 智能运维服务过程的主要业务内容

基于上述业务内容，运维服务的主业务流程如图 5-52 所示。

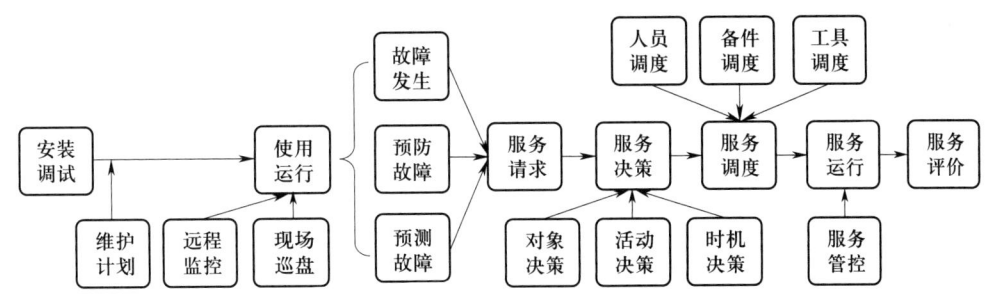

图 5-52 运维服务的主业务流程

在该业务流程中主要涉及装备运行数据的远程监控/现场巡盘、维修服务计划决策、维修服务资源调度、维修服务运行管控以及维修服务评价等主要业务内容。

1. 远程监控/现场巡盘业务流程

该流程需要完成远程的监测预警、现场的巡盘记录，以及对健康状态的可视化评估等。远程监控/现场巡盘业务流程如图 5-53 所示。

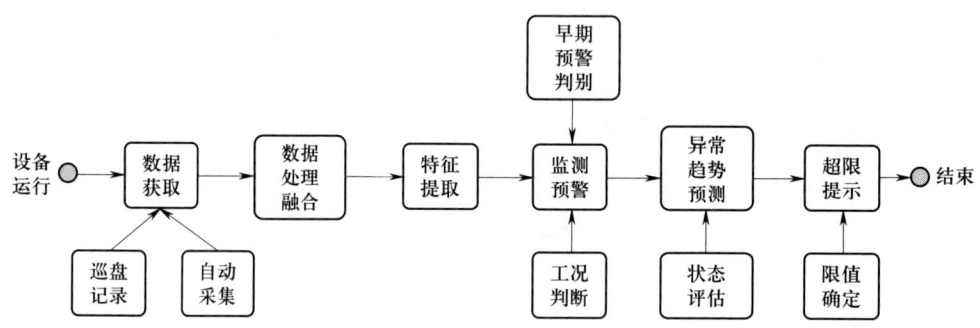

图 5-53 远程监控/现场巡盘业务流程

2. 维修服务计划决策业务流程

该流程主要是完成对故障诊断（故障原因、失效模式）、维修时机（维修时间）、维修对象（零件、组件）以及维修活动（更换、修理）等的决策，涉及决策模型的构建、多领域专家的协同以及结构、经济、资源的依赖组合等。维修服务计划决策的业务流程如图 5-54 所示。

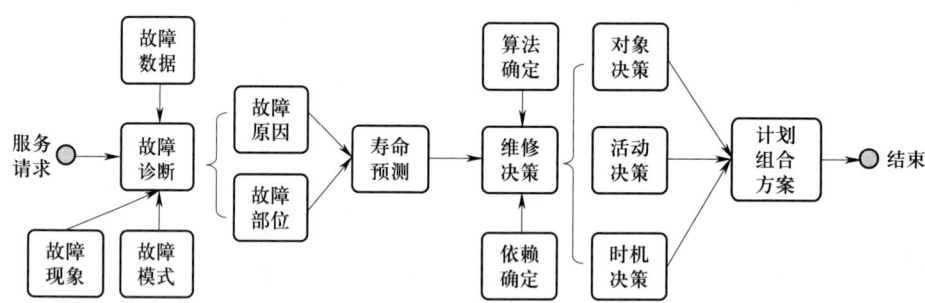

图 5-54 维修服务计划决策业务流程

3. 维修服务资源调度业务流程

维修服务资源调度包括人员调度、备件调度和工具调度等。其中，人员调度需考虑人员技能、人员成本、故障模式、人员状态、工作距离等多种因素。调度过程主要依赖于智能优化算法的支持。维修服务资源调度的业务流程如图 5-55 所示。

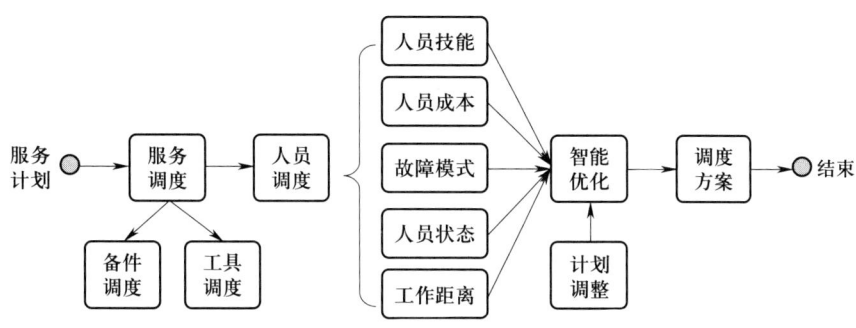

图 5-55　维修服务资源调度业务流程

4. 维修服务运行管控业务流程

该业务流程是在服务计划决策和服务调度策略的综合指导下，确保服务协同有序、保质保量完成维修服务的关键。维修服务运行管控业务流程如图 5-56 所示。

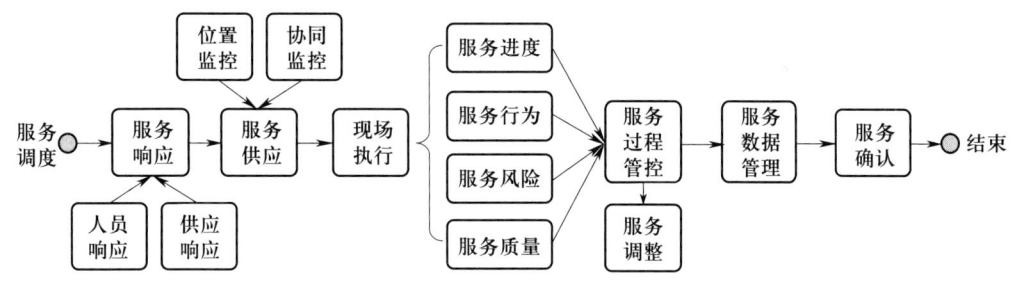

图 5-56　维修服务运行管控业务流程

在服务运行过程中，存在人、机、料、法、环等多种不确定性扰动因素，因此需要对服务过程进度、风险、质量等进行监测预警，动态地调控服务资源、服务行为和服务计划，实现对服务运行的有效管控。

5. 维修服务评价业务流程

该业务对象由服务审核员、装备操作员工、用户和企业等组成。在服务执行结束后，由各业务对象对服务人员的服务态度、服务能力、服务质量、服务进度和服务响应等方面进行全方位的定量和定性评价，有效地支撑维修服务部门或维修服务企业对服务问题进行追溯和改进。维修服务评价业务流程如图 5-57 所示。

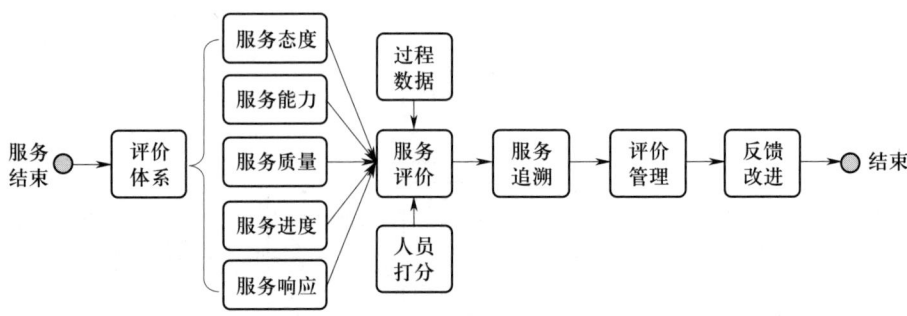

图 5-57 维修服务评价业务流程

(三)智能 MRO(Maintenance,Repair &Operations)服务

随着全球经济一体化的快速发展以及网络协同化制造技术的全力推动,全球制造业的竞争形势日益激烈,企业专业化的技术分工日益明确。传统制造企业依赖低价值的制造过程,已难以获取高价值的经济回报。同时,为维持客户粘性和满意度,传统基于物料的被动式售后服务,往往处于"质量弥补"过程,导致价值增值低甚至产生负价值。

为此,复杂装备与产线的制造企业开始逐步探索由低价值的生产环节向长周期、主动化的服务环节延伸,通过提供专业化的设备租赁、服务承包和主动服务保障,来获取装备服役全周期的服务价值,提高价值增值。与此同时,传统用户企业因专业化程度较低,服务能力有限,维修服务部门或维修团队的构建和培训往往会造成大量的资金浪费,难以有效聚焦自身的主要生产业务。在这样的背景下,服务型制造、产品服务系统、MRO 服务、基于性能的服务等基本概念应运而生。

最初的 MRO 服务起源于航空航天领域,特指产品在使用维护阶段所进行的各种维护(Maintenance)、修理(Repair)和大修(Overhaul)等维修服务活动。随着 MRO 技术的不断发展,增加了产品运行信息管理、状态监控等运行(Operations)业务内容,形成现代 MRO,即 MRO2。

MRO2 主要涉及设备/维修运行管理、维修需求预测、维修计划决策、维修监控/确认、维修执行/预警以及全生命周期信息支持等技术,强调利用运行数据指导维修服务的决策和执行。伴随服务型制造、产品服务系统的提出和发展,MRO 快速发展,并逐步拓展至军工装备、轨道交通、发电设备和数控装备等大型复杂装备领域。

随着数字孪生、大数据、区块链、深度学习、增强现实（Augmented Reality，AR）、虚拟现实（Virtual Reality，VR）和知识工程等技术的变革以及智能产品服务系统的提出，全方位数据互联和集成，以及新一代信息和智能技术的应用，为MRO服务的发展带来新的机遇，形成了新一代智能/智慧MRO服务。全生命周期智能MRO服务体系如图5-58所示。

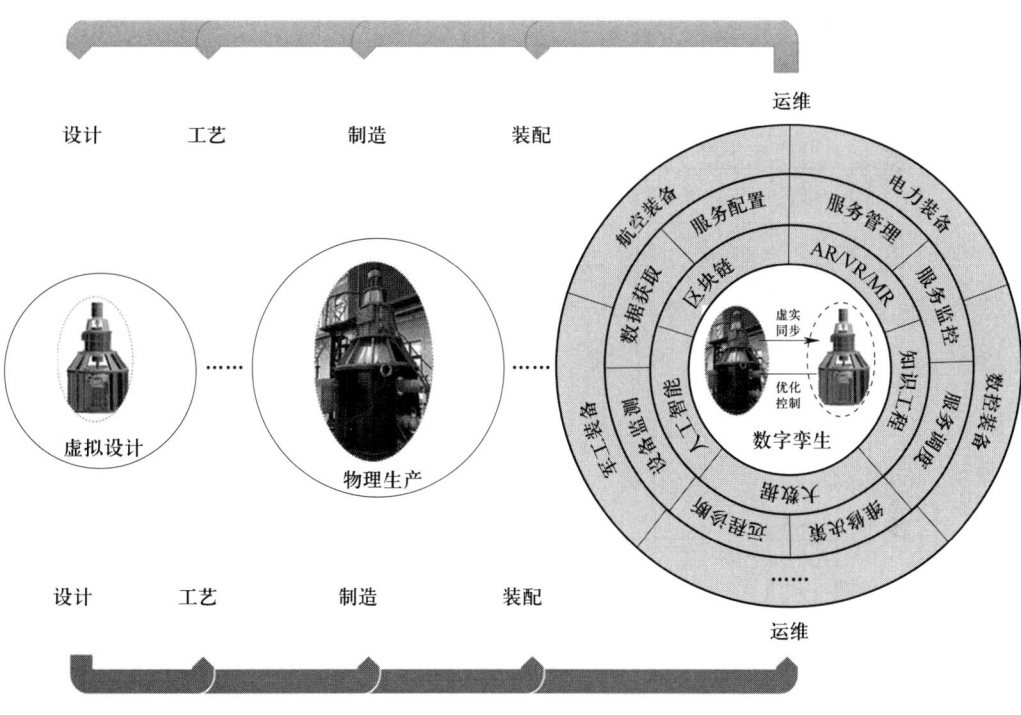

图 5-58　全生命周期智能 MRO 服务体系

区别于传统的被动维修、预测维修、远程服务和外包服务，智能MRO服务具有如下特点和优势。

（1）基于设备、服务、供应等数据的远程主动感知、获取和应用。

（2）强调服务配置、服务决策和服务过程的智能管控。

（3）支持面向全生命周期的数据/系统集成。

（4）致力企业内外部资源的维修过程服务化转变。

（5）推动原始设备制造商（Original Equipment Manufacture，OEM）、服务商、供

应商和用户等多价值共创及服务协作。

综上，智能 MRO 服务旨在以新一代信息技术为契机，从服务驱动的角度，实现传统维修过程的服务化和智能化转型。通过智能 MRO 服务的实施和应用，可以有效降低运维服务成本，提升装备与产线的维修服务能力，发挥 OEM 或用户等不同主体的核心竞争力，从而实现价值增值。

智能 MRO 服务与被动维修、主动维修、远程服务、外包服务等其他四类维修服务方式在服务理念、服务对象、服务周期、增值模式、服务主导者等方面的具体对比见表 5-8。

表 5-8　　　　　智能 MRO 服务与其他维修服务方式的对比

项目	被动维修	主动维修	远程服务	外包服务	智能 MRO 服务
服务理念	提出维修需求，由维修部门/OEM/服务商提供服务	用户内部组建运维部门/团队进行主动预防/预测维修	采集数据，构建远程运维平台，提供远程诊断和健康管理等服务	将部分维修业务外包给第三方或 OEM，由其提供计划性/事后维修	OEM 或第三方提供装备与产品的主动运维服务，保障装备运行性能
服务对象	零部件/装备	装备	装备	零部件/装备	装备/产品
服务周期	一次性	服役全期	服役全期	合约期	合约期
增值模式	服务供应，备件销售	无	状态监控，专业服务匹配	运维服务承包	运行性能保障
服务主导者	用户	用户	用户/第三方/OEM	第三方或 OEM	第三方或 OEM
服务主体	服务人员	内部运维团队	平台专家/资源	第三方或 OEM	第三方或 OEM
装备所有权	用户	用户	用户	用户	用户/OEM/第三方
协同程度	无	内部团队协同	供需匹配，竞争选择	承包商团队协同，用户/第三方协同	服务团队协同，用户/第三方协同

续表

项目	被动维修	主动维修	远程服务	外包服务	智能MRO服务
数据/知识	装备原理结构和运维服务经验等	装备运维/监控数据、生产使用数据和员工运维经验等	装备状态监测数据，服务需求供应数据及诊断经验知识等	装备合约需求数据和承包商运维服务知识等	装备运行使用数据、服务过程数据、服务供应数据、运维知识等
使能技术	故障诊断	故障预测与健康管理、大数据、人工智能等	物联网、云平台、大数据、云服务等	服务配置、服务决策、服务控制和服务管理等	大数据、人工智能、AR/VR、数字孪生、区块链、服务配置、服务决策、服务管控等

四、运维服务保障应用实例

以核电循环水泵系统为例，说明数字孪生驱动的装备智能运维服务过程，并重点围绕维修时机决策，给出具体的计算求解实例。

（一）核电循环水泵系统

循环水泵作为核电冷源系统的关键设备，是整个核电站的三大主泵之一，在防止核电温度过高、保障核电站安全运行方面发挥着举足轻重的作用。图5-59为核电循环水泵主体的结构简图及循环水泵系统整体结构组成。

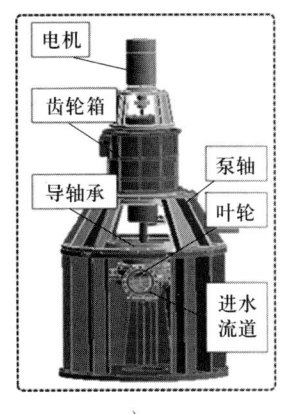

图5-59 核电循环水泵主体的结构简图及循环水泵系统整体结构组成
a）循环水泵主体 b）循环水泵系统整体结构组成

为实现对循环水泵运行过程的动态监控及智能维护，在泵导轴承、齿轮箱以及泵体出入口等位置部署有加速度、位移、声压、温度、压力、流量等不同类型的数据采集传感器，以支撑对运行数据的有效采集和获取。核电循环水泵综合试验台如图5-60所示。

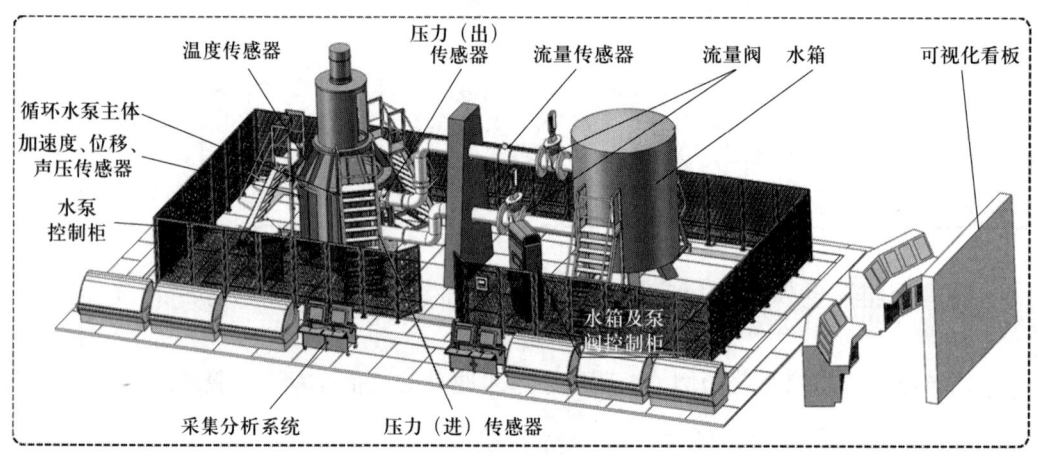

图5-60 核电循环水泵综合试验台

（二）循环水泵数字孪生模型构建

围绕循环水泵对象，采用数字孪生建模技术，从几何建模、机理建模、数据建模、模型融合和可视化等维度，构建高保真的循环水泵数字孪生模型，实现对设备的数字化镜像及虚实同步运行。图5-61为构建的循环水泵数字孪生模型。

该模型可以实时获取装备对象的传感器监测数据，并通过3D可视化界面展示循环水泵运行状态。当出现故障信息时，及时给出故障部位的预警信息，评估健康状态，在孪生模型里可视化呈现故障部位，辅助运维人员及时制定维修方案；同时，该模型可以依据剩余寿命预测和成本评估方法，综合确定失效零部件的最佳维修服务时机。结合维修人员当前位置、空闲状态等实时信息，维修备件剩余库存、备件供应等信息，调度确定维修人员和维修备件，及时高效地实现维修人员的分配方案，备件的供应和采购方案。与此同时，结合孪生模型的在线仿真能力，通过对维修时机、维修操作等进行仿真验证，尽可能地避免失效风险和行为风险。

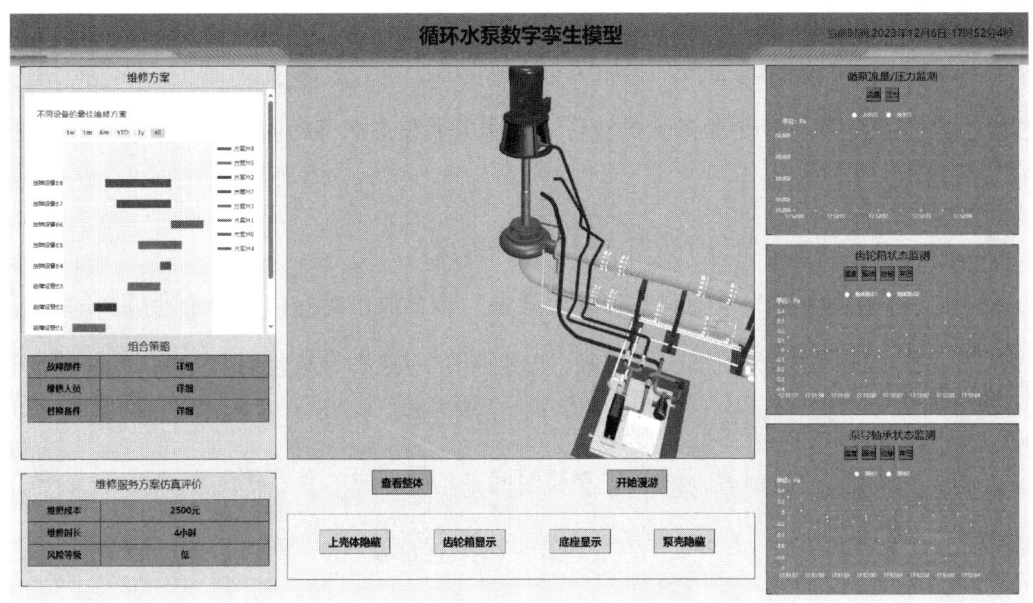

图 5-61　循环水泵数字孪生模型

（三）最优维修服务时机决策

针对循环水泵关键零部件维修时机的决策问题，详细说明其具体的决策建模方法及求解流程。零部件剩余寿命和失效时间具有不确定性，过早的维修将导致"维修过剩"，减少零部件的可用时间，增加维修服务成本和备件更换成本；过晚的维修将导致"维修不足"，极大增加零部件甚至系统的失效概率，导致系统突然停机或造成安全隐患。为此，在确定失效零部件最佳维修服务时机时，需综合考虑维修成本和失效状态等，尽可能在保障设备运行状态的前提下，提高零部件使用时间，减少维修服务成本。

假设零部件 A 的失效概率服从 Weibull 分布，则其故障率函数可表达为：

$$\lambda(t) = \frac{m}{\eta}\left(\frac{t}{\eta}\right)^{m-1} \qquad (5-1)$$

式中　m——形状参数；

η——特征寿命参数；实际运行中，该参数可结合设备的历史故障监测数据和当前状态监测数据推导确定。

假设零部件 A 的主动运维服务成本为 C_p、事后运维成本为 C_f，则：

$$C_p = C_{ps} + c_{du} T_p$$
$$C_f = C_{fs} + c_{du} T_f \quad (5-2)$$

式中 C_{ps}，C_{fs}——分别为服务人员执行主动服务和事后服务的服务成本，包括备件更换成本；

c_{du}——循环水泵装备单位时间的平均停机损失；

T_p，T_f——分别为主动服务和事后服务的装备停机时间，其中主动服务的停机时间为现场服务时间，事后服务的停机时间包括服务响应调度时间和现场服务时间。

综上，零部件 A 在 $t=T$ 时刻下，单位时间平均服务成本率 c 可表述为：

$$c(t|T) = \frac{C_p + C_f \int_0^t \lambda(t)dt}{t + T_p + T_f \int_0^t \lambda(t)dt} \quad (5-3)$$

通过对上述公式进行求导，即 $d(c)/d(t)=0$，可确保零部件个体长期平均服务成本率在 $t=T^*$ 时刻达到最小值 c^*，求解表达式可转换为：

$$\lambda(t)(C_f T^* + C_f T_p - C_p T_f) - C_f \int_0^{T^*} \lambda(t)dt - C_p = 0 \quad (5-4)$$

基于以上公式，可计算确定零部件 A 的最佳服务时间 T^*，即在 $t=T^*$ 时进行维修，可获得最低的维修成本和较长的零部件使用时长。

为说明上述求解过程，假设在某一时刻监测得到循环水泵叶轮即将发生失效，为确定叶轮的最佳维修时机，首先评估得到关键维修参数，具体见表 5-9。

表 5-9　　　　　　循环水泵叶轮的关键维修参数

参数	m	η	C_{ps}	C_{fs}	c_{du}/元·h^{-1}	T_p/h	T_f/h
评估值	2	6 800	3 500	4 000	1 000	4	15

基于以上参数，可计算确定主动运维服务成本 C_p 与事后运维成本 C_f，即：

$$C_p = C_{ps} + c_{du} T_p = 3\,500 + 1\,000 \times 4 = 7\,500$$
$$C_f = C_{fs} + c_{du} T_f = 4\,000 + 1\,000 \times 15 = 19\,000 \quad (5-5)$$

依据 C_p、C_f、T_p、T_f 和公式（5-5），可计算确定叶轮的最佳维修服务时机为：$t=T^*=4\,274$ h。

思考题

1. 阐述 CAPP 与传统工艺规划的优势以及应用实现流程。

2. 阐述 CAPP 和 CAM 的区别和关联。

3. 阐述 PLC 中顺序功能图的作用及基本组成。

4. 论述自主保全在智能装备与产线运行保障中的作用和地位。

5. 阐述新一代智能运维服务的特点以及与传统维修服务的区别。

第六章
综合实训

本章分为两节，内容包括智能装备与产线的虚拟调试实训以及现场安装与调试实训。

- **职业功能：** 智能产线共性技术应用。
- **工作内容：** 产线的虚拟调试、产线的现场安装调试。
- **专业能力要求：** 能对智能产线进行虚拟调试和现场调试。
- **相关知识要求：** 了解典型智能装备与产线的数字孪生建模方法；掌握智能产线的虚拟调试方法；掌握智能产线自动化控制系统的设计流程及现场部署调试过程。

第一节 智能装备与产线的虚拟调试实训

考核知识点及能力要求:

- 熟悉智能装备与产线常见设备比如堆垛机、工业机器人、传送带、夹具、传感器等的工作原理,并掌握这些设备数字孪生模型的建立方法。
- 掌握智能产线数字孪生模型和PLC控制程序的逻辑关系,能建立模型和程序的通信。
- 掌握智能产线虚拟调试方法。

一、实训设备

依托某大学智能制造创新中心智能产线平台,进行智能产线的虚拟调试实训,主要实验设备包括:

(1) SIEMENS TIA Portal V16:1套。

(2) PLCSIM Advanced V3.0:1套。

(3) Tecnomatix Process Simulate(简称 Process Simulate)V16.0:1套。

(4) 计算机:1台。

实验用生产线以 AGV 生产为应用背景,该生产线可以根据客户订单,个性化定制不同功能的 AGV。为使产线便于教学,对真实的小车及功能模块进行了模型化处理,用不同颜色、编码的9个立方块代替温度、湿度、烟雾等传感器与检测模块,如图6-1所示。

智能产线实体由4个部分组成:智能仓储工站、智能装配工站、智能检测工站、

AGV。3个工站分散摆放,智能装配工站和智能检测工站正对放置,智能仓储工站放置于边上,以便于取件和放件。AGV贯穿衔接3个工站,使得工件运输顺畅,各工站能够有效协作。智能仓储工站分为原料库和成品库,由堆垛机完成入库和出库;智能装配工站由六轴KUKA机器人按照订单信息完成装配动作;智能检测工站采用工控机控制,对工业相机采集的图像进行识别、分析、提供检测结果。各工站涉及的具体设备如下。

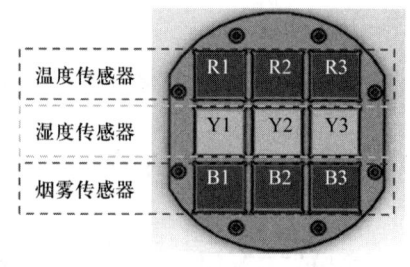

图6-1 小车及功能模块的模型化处理

(1)智能仓储工站:立体货架、三轴堆垛机、伺服电动机、驱动器、PLC、触摸屏等。

(2)智能装配工站:六轴工业机器人、传送带、托盘顶升机构、PLC、触摸屏等。

(3)智能检测工站:工业相机、镜头、光源、工控机、PLC、传送带、触摸屏等。

智能产线实体和虚拟模型对比如图6-2所示。

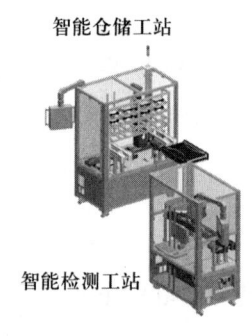

a)   b)

图6-2 智能产线实体和虚拟模型对比图
a)智能产线实体 b)虚拟产线模型

二、实训内容

本次智能产线虚拟调试参照实体产线的运行方式,实训的重点放在智能仓储和智能装配两个工站,智能检测工站和AGV的虚拟模型相对比较简单(智能检测工站采用程控放行方式，AGV 采用固定路径方式运行），可直接调用。本次虚拟调试实训主要完成智能仓储工站、智能装配工站 1∶1 虚拟建模、运行的功能。

智能产线的虚拟调试分为控制和执行两个部分，如图 6-3 所示。控制部分由 PLC 控制程序和 PLC 仿真器两部分组成，用到 TIA Portal 和 PLCSIM Advanced 两个软件，完成智能产线控制程序的编写、下载和仿真运行；执行部分是智能产线数字孪生模型，在 Process Simulate 软件上搭建，包括几何模型导入、运动学关系创建、运动参数配置、机器人路径编程等。控制部分和执行部分的运动指令、参数反馈等交互通过 Process Simulate 和 PLCSIM Advanced 建立通信通道完成。

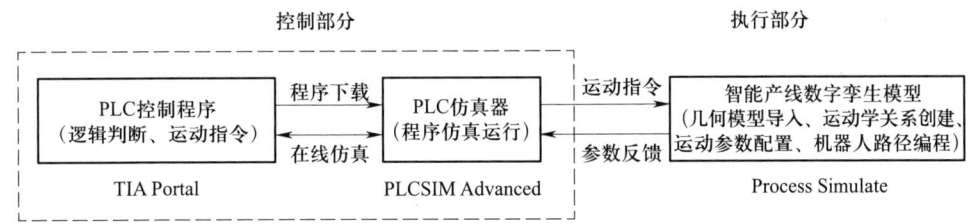

图 6-3　智能产线虚拟调试

具体实验任务如下。

1. 建立智能产线的数字孪生模型

使用 Process Simulate 软件，根据智能产线的运行流程，建立智能产线的数字孪生模型，创建三轴堆垛机、六轴工业机器人、夹具、传送带等的运动学关系，配置运动参数。

2. 创建 PLC 控制程序与数字孪生模型的通信

首先，在 PLCSIM Advanced 软件端新建一个 PLC；然后，在 TIA Portal 软件端选择相应的 PLC，编写程序，并下载到 PLCSIM Advanced；最后，在 Process Simulate 软件端设置通信参数，建立与 PLCSIM Advanced 的通信。

3. PLC 编程和智能产线虚拟调试

根据智能产线运行流程，结合数字孪生模型的输入输出参数，在 TIA Portal 软件上，编写 PLC 控制程序，下载到 PLCSIM Advanced，进行控制程序和数字孪生模型的调试，最终实现智能产线的数字孪生模型按照设计的工艺路径运行。

三、实训步骤

(一)建立智能产线的数字孪生模型

本次数字孪生建模主要在 Process Simulate 软件上完成。Process Simulate 能够在三维环境下进行制造工艺过程仿真验证,特别是对生产工序过程进行仿真,能够完成装配工艺仿真、机器人仿真、人因工程设计、虚拟调试等功能,模拟真实的机器人控制、人工行为和 PLC 逻辑等。

1. 智能产线的几何模型导入

本次实训直接将智能产线的几何模型导入 Process Simulate 软件。

2. 建立智能仓储工站数字孪生模型

本次实训的智能仓储工站主要是由货架、料盘和三轴堆垛机组成。货架是纯几何模型,料盘分为原料盘和成品盘两种,三轴堆垛机实体由 S7-1500 系列 PLC 控制 3 个独立的 V90 伺服控制器,驱动堆垛机横轴、纵轴、竖轴 3 个方向的电动机运动,完成智能仓储工站的出入库工作。

智能仓储工站的数字孪生建模主要包括三轴堆垛机运动学关系模型的建立、运动参数的配置、夹爪以及传感器的安装。

(1)创建堆垛机运动学关系模型(见图 6-4)。堆垛机的运动学关系建模主要涉及:4 个连杆,分别是基座、X 方向运动部件、Y 方向运动部件、Z 方向运动部件;3 个关节,对应 3 个方向的运动;每组部件运行正方向、运行方式的设置,选择平移作为关节运行方式。

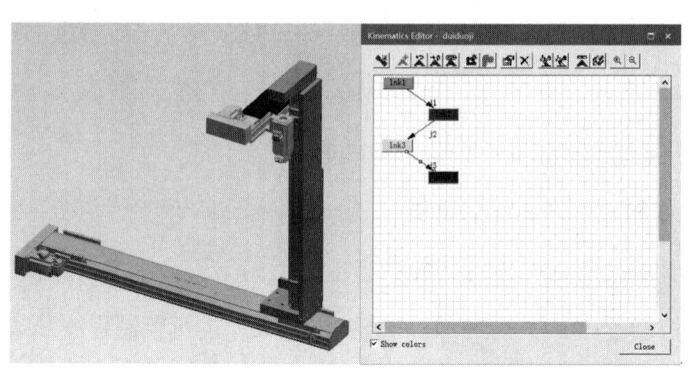

图 6-4 堆垛机运动学关系建模

(2)配置堆垛机运动参数。堆垛机运动参数分为三类：输入参数，如每个轴的使能、目标位置等；内部参数，如每个轴内部传感器的相关参数；输出参数，如每个轴的实际位置等。

(3)给堆垛机配夹爪。Process Simulate 中无力的作用，需要利用夹具和传感器才能将物体抓起。夹爪的安装分为两步：第一步，定义工具。在建模菜单，确定工作坐标系和安装坐标系，定义抓取对象，安装夹具，依次选中堆垛机→右键→安装工具。第二步，定义夹爪运动参数。夹爪运动参数有两类：输入参数，如夹爪的状态，握紧或者释放；内部参数，如夹爪运动状态检测参数、夹爪动作逻辑参数等。

(4)安装整个智能仓储工站的传感器。智能仓储工站需要在堆垛机托板、货架托盘位安装多个传感器，协助堆垛机正常完成工作。下面以堆垛机托板的传感器安装为例，来说明安装步骤。在控件菜单设置定义传感器感应距离、抓取对象等参数，如图 6-5 所示，然后将传感器安装在堆垛机上。

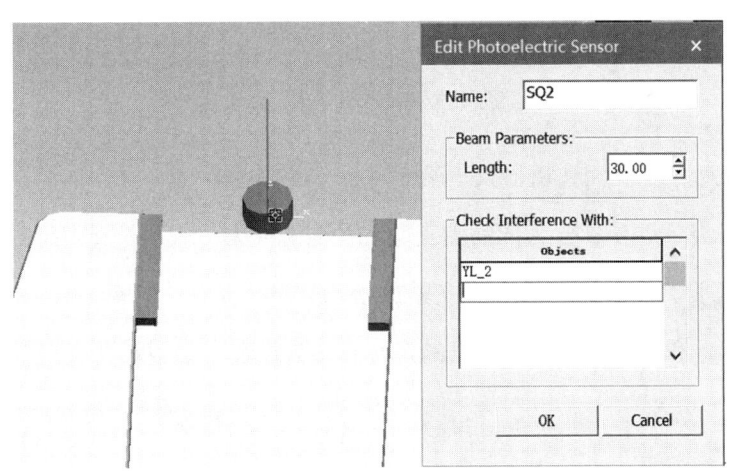

图 6-5　定义传感器参数设置

3. 智能装配工站建模

本次实训的智能装配工站主要是由成品盘夹具、原料盘夹具、六轴工业机器人、传送带和传感器组成。成品盘夹具检测到成品盘到位后，完成夹紧、顶升、固定等动作；原料盘夹具在检测到原料盘到位后，完成夹紧、固定动作；六轴工业机器人在原料盘和成品盘均到位，并由 PLC 发出机器人启动信号后，完成装配动作；传送带完成原料盘、成品盘的运输。

智能装配工站的数字孪生建模主要是完成机器人及两个夹具的运动学模型建模、机器人的运行轨迹配置、传送带建模和相关传感器配置。传感器的配置和智能仓储工站类似，不再赘述，本部分主要讨论机器人、夹具和传送带的建模过程。

（1）创建机器人运动学关系。选中机器人几何模型，在建模菜单中打开运动学编辑器，创建机器人六个轴的运动学关系，如图6-6所示。

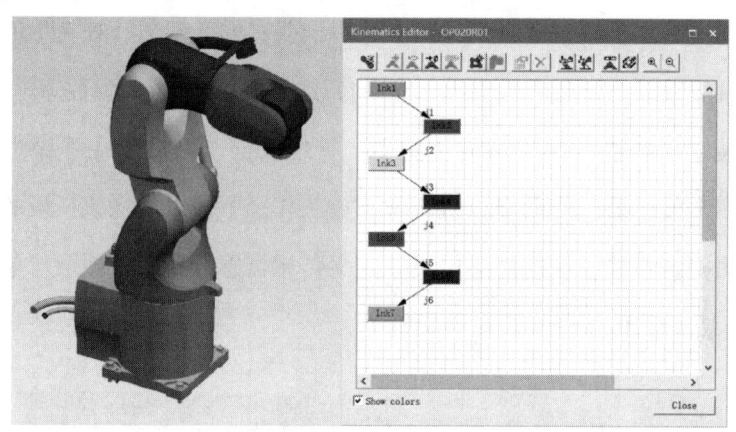

图6-6　创建六轴工业机器人的运动学关系

（2）定义吸盘工具。在机器人末端法兰盘安装吸盘。

（3）定义夹具。夹具分为成品盘夹具和原料盘夹具，设置方式相似，这里以成品盘夹具为例说明。成品盘夹具完成夹紧放松和顶升下降两套动作，选中成品盘夹具，分别在建模菜单和控件菜单完成夹具的定义和参数设置，如图6-7所示。

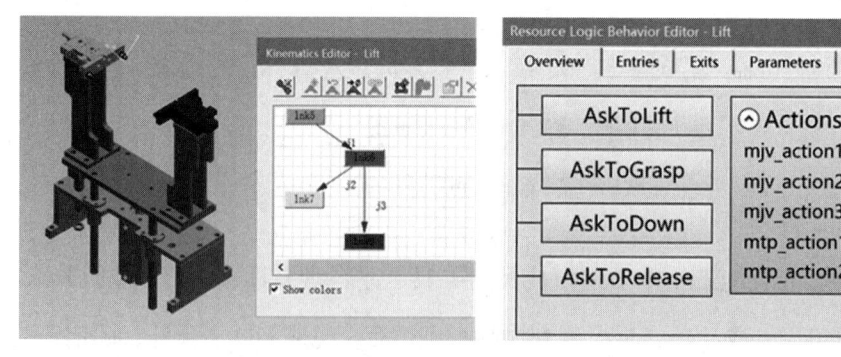

a)　　　　　　　　　　　　　　　　　　b)

图6-7　定义成品盘夹具
a）定义建模菜单夹具　b）设置控件菜单参数

(4)规划机器人装配路径(见图6-8)。创建拾放操作,然后通过在"前/后面添加位置"等操作完成机器人抓取路径的规划。规划完路径后要进行检查,保证运行轨迹可达。

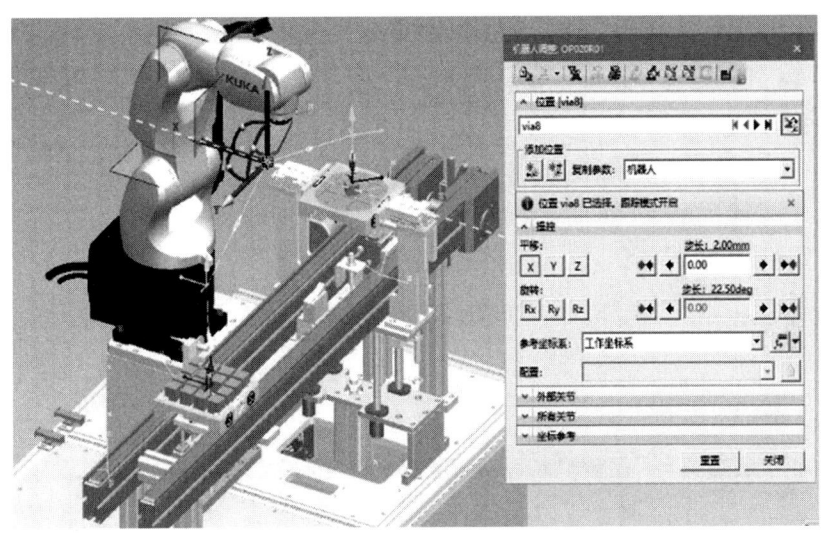

图 6-8 规划机器人的装配路径

(5)创建机器人和 PLC 的交互信号。依次选中机器人→右键→机器人信号(Robot Signals)→创建默认信号(Creat Default Signals)。本次虚拟调试,需要和 PLC 交互的信号有 3 个,程序开始(Start Program)信号、程序号(Program Number)、程序停止(Program Ended)信号,需要配置这 3 个信号的地址、外部连接名称等参数。

(6)创建并编写机器人程序。选中机器人,打开机器人程序清单(Robotic Program Inventory),新建程序(Create New Program),并设置为默认程序。点击程序编辑器(Open in Program Editor),将程序添加到 Path Editor 中作为主程序,然后为主程序添加子程序,即将之前规划好的路径/操作拖动添加到主程序中,同时添加程序号(path#),如图 6-9 所示。

(7)定义传送带。选中传送带,在控件菜单中选择机运线,设置传送带运行参数和运行逻辑,如图 6-10 所示。

Path Editor - OP020R01

Paths & Locations	X	Y	Z	RX	RY	RZ	Path #	Speed
OP020R01_Program								
OP020R01_PNP_Op							1	...
pick	-183.42	-1728.10	1312.79	-1.45	-2.91	-179.75		100 %
via7	-251.00	-1462.00	1029.50	0.00	0.00	0.00		50 mm/s
via	-251.00	-1610.00	1077.55	0.00	0.00	0.00		50 mm/s
via1	-251.00	-1610.00	1312.55	0.00	0.00	0.00		50 mm/s
via6	-167.01	-1901.50	1066.50	0.00	0.00	0.00		50 mm/s
place	-167.01	-1901.50	1046.50	0.00	0.00	0.00		50 mm/s
OP020R01_PNP_Op1							2	...
OP020R01_PNP_Op2							3	...
ToHome							4	...

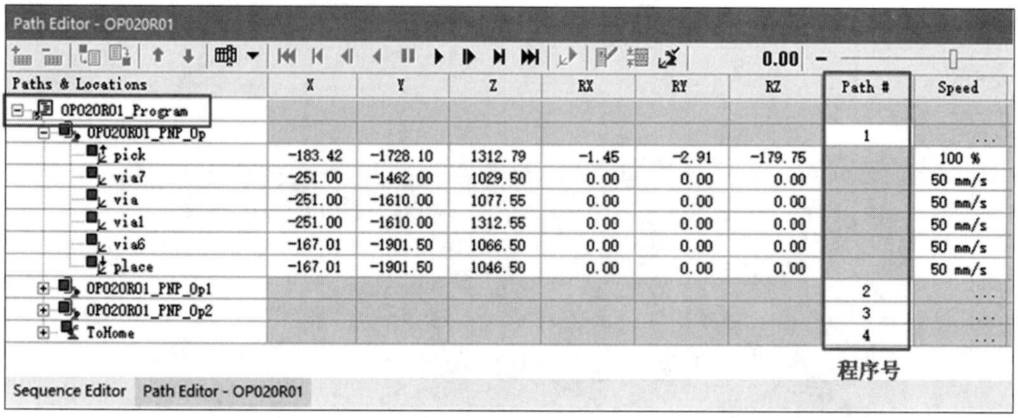

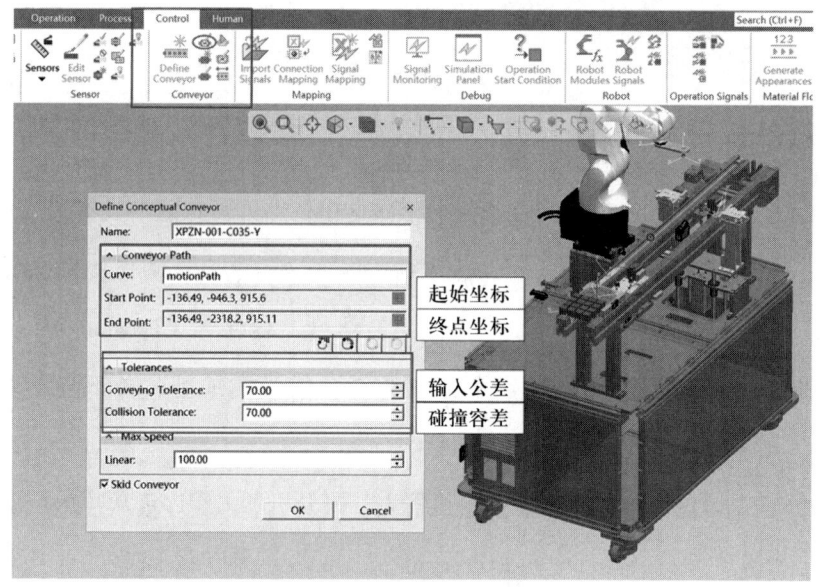

图 6–9　编辑机器人程序

图 6–10　设置传送带参数

4. 智能产线运行信号梳理

在整个智能产线建模过程中，在 Signal Viewer 中创建了很多信号，需要对这些信号进一步进行梳理，其中应特别注意和 PLC 交互的输入输出信号。智能产线部分信号及参数如图 6–11 所示。

图 6-11　智能产线部分信号及参数

（二）创建连接

首先，在 PLCSIM Advanced 软件端新建一个 S7-1500 系列 PLC；然后，在 TIA Portal 软件端选择相应的 S7-1500 系列控制器，编写 PLC 程序，并下载到 PLCSIM Advanced；最后，在 Process Simulate 软件端设置通信参数，建立与 PLCSIM Advanced 的通信。

（三）PLC 编程和虚拟调试

根据智能产线的运行逻辑编写 PLC 程序，通过输入信号采集数字孪生模型的运行状态，通过输出信号控制数字孪生模型的运行。

本次实训使用 S7-1500 系列的 PLC，编写程序使用 SIEMENS TIA Portal V16 软件，主要涉及的编程语言有梯形图、顺序功能图、结构化文本等。部分 PLC 程序如图 6-12 所示。

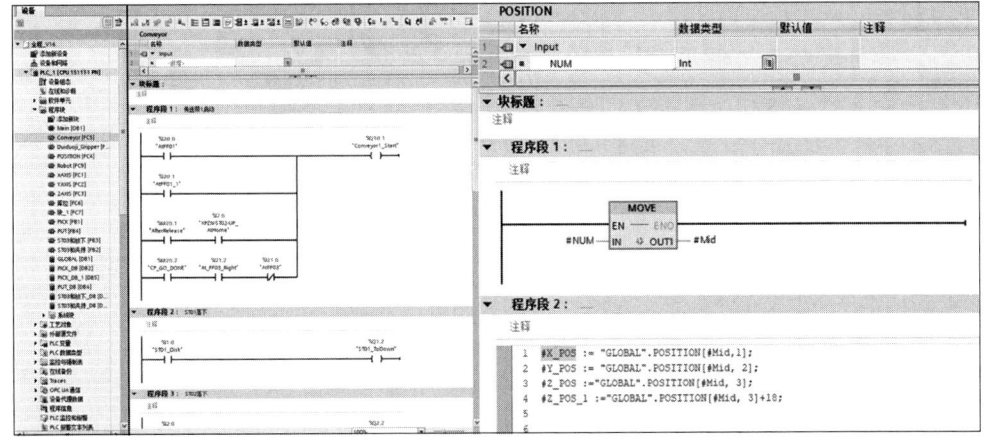

图 6-12　部分 PLC 程序

将编写的PLC程序下载到PLCSIM Advanced后转为在线，调试程序，使得数字孪生模型按照真实产线的运行逻辑运行。

四、实训练习

创建智能产线的数字孪生模型，编写PLC控制程序，建立PLC控制程序和数字孪生模型的通信，完成智能产线虚拟调试。

第二节 智能装备与产线的现场安装与调试实训

考核知识点及能力要求：

- 熟悉智能产线的组成及工艺流程。
- 熟悉智能产线自动化控制系统的设计流程及基本要求。
- 掌握基于PLC产线的系统网络通信方法与应用。
- 掌握各工站硬件组态方法，完成产线运行控制程序设计。
- 掌握智能产线现场安装、调试与部署技术。

一、实训设备

（1）智能产线。

（2）SIEMENS TIA Portal V16：1套。

（3）智能生产管控系统：1套。

(4)计算机：1台。

产线硬件包含智能装配、智能仓储、智能检测3个工站和AGV，每个工站各有1个PLC，AGV通过无线网络接入系统。智能产线网络架构如图6-13所示。

3个PLC通过交换机、网线连接在一起，相互之间可以通过PROFINET协议进行通信。智能装配工站的机器人带有控制器，该控制器通过网线连接在交换机上，通过PROFINET协议与PLC通信。智能检测工站的工业相机配有工控机，工控机与PLC之间通过OPC UA协议进行信息通信。工控机控制相机拍照，并进行图像处理。HMI、RFID通过网线连接到交换机上，伺服驱动对实时性要求高，通过网线连接至PLC上，通过PROFINET-IRT协议通信。PLC设备通过I/O模块连接传感器、继电器等设备。AGV通过无线网络接入系统，TCP/IP协议与整个系统通信，实现各个工站之间物料的传送。

各个工站之间的程序块可以是独立的，分别下载到各个PLC中。各个工站连接处配有光电传感器、位置传感器等，可以检测设备运行状态。硬件组态时，机器人控制通过PROFINET协议通信，需将机器人模块进行组态。摄像机的工控机通过OPC UA协议通信，只需进行OPC UA相关设置即可。

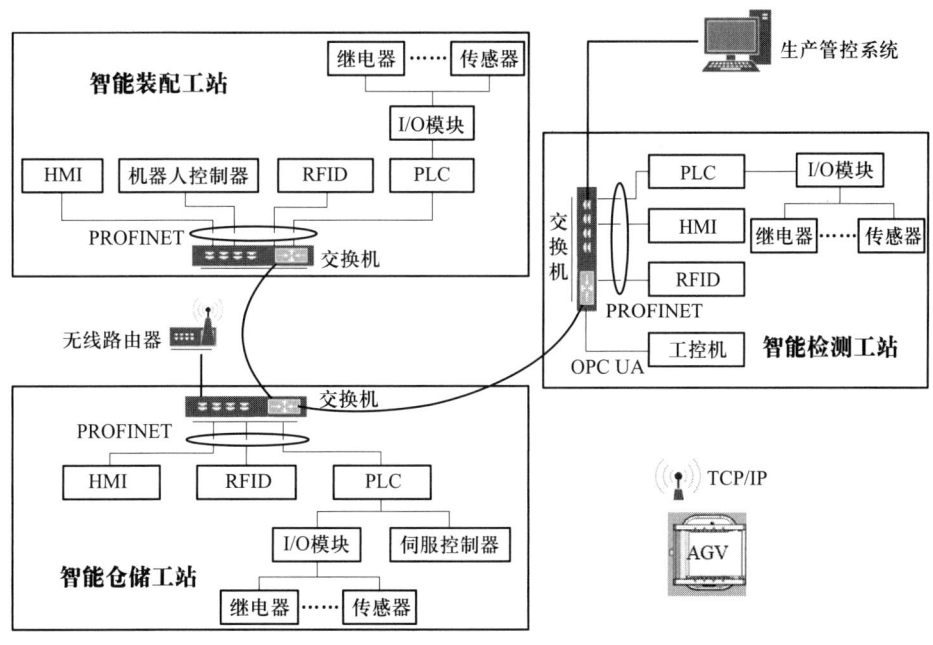

图6-13 智能产线网络架构

智能生产管控系统是整个系统的上层管理软件，由订单管理系统（OMS）、制造执行系统（MES）、仓储管理系统（WMS）三部分组成。其中，订单管理系统主要用于客户订单的个性化定制；制造执行系统根据客户订单制定生产计划、确定生产排程并将生产控制指令下发到PLC；仓储管理系统主要对生产所需原料及产品进行管理。

二、实训内容

（1）根据库位信息和原料信息，通过触摸屏进行下单，完成堆垛机出库和入库过程控制。

（2）按照订单，机器人从原料托盘中取出指定颜色、编号的立方块，放到成品托盘指定位置。

（3）通过机器视觉与图像识别技术，判断成品托盘是否与订单一致，并读取各立方块二维码溯源信息，返回上层控制系统。

（4）建立产线与AGV的通信，编写AGV路径规划，实现自主导航功能。

（5）利用生产管控系统完成产品工艺、物料等相关配置，并进行下单和排产，实现产线的运行并对其进行监控。

三、实训步骤

（一）智能仓储工站系统集成与调试

智能仓储工站由立体货架、三轴堆垛机、伺服电动机、驱动器、PLC、触摸屏等组成，按照订单要求，HMI给智能仓储工站下发出库/入库信息，实现仓储工站的原料出库或成品入库功能。

1. 硬件组态

根据硬件设备的型号分别将PLC、三个轴的伺服驱动器、HMI、RFID在TIA Portal进行组态，并分配IP地址。

2. 设置变量表

根据智能仓储工站电气原理图及系统运行需要，设置变量表。

3. 编写 PLC 控制程序

智能仓储工站的 PLC 控制程序包括主程序及子程序，先编写各功能子程序，然后由主程序调用这些子程序功能块。

（1）主程序。主程序包括控制堆垛机的使能、复位、零点设置功能程序，以及 X、Y、Z 轴的单轴运动和 X、Z 两轴直线运动程序。

（2）典型子程序。子程序主要包括计算出入库的目标库位坐标子程序、自动出入库子程序，以及轴速度数据块、位置数据块、RFID 读写等程序。下面介绍两个典型的子程序。

1）计算出入库的目标库位坐标子程序。该子程序用 SCL 语言编写，根据订单要求，在 HMI 控制界面上输入出库或入库的库位号，即可计算出相应库位坐标，并调用出入库程序运行。图 6-14 为计算入库库位坐标子程序。

```
 1  IF #pos>=1 AND  #pos<=16
 2  THEN
 3      #xpos := (#pos - 1) MOD 4;
 4
 5      #zpos := 3 - (#pos - 1) / 4;
 6
 7      "位置数据块_1".POS_XZ_CAC[1] := "位置数据块_1".x_OPOS[#xpos];
 8      "位置数据块_1".POS_XZ_CAC[3] := "位置数据块_1".z_OPOS[#zpos] + 20;
 9
10      "位置数据块_1".POS_XZ_2 := "位置数据块_1".POS_XZ_CAC;
11
12      #计算存放位置 := 1;
13      RETURN;
14      // Statement section IF
15      ;
16  ELSE
17      #计算存放位置 := 0;
18      RETURN;
19  END_IF;
```

图 6-14　计算入库库位坐标子程序

2）自动出入库子程序。智能仓储工站的堆垛机取料和放料是一个顺序执行的过程，使用 GRAPH 编程语言，可以更为快速便捷和直观地对顺序控制进行编程。图 6-15 为自动出库子程序。

4. 设计 HMI 控制界面

HMI 控制界面主要包括进入系统的根画面及各层级的画面，包括参数配置、订单信息、自动控制、手动控制等操作画面，主要实现使能控制、急停、零点设置、位置显示、速度显示、库位信息、自动出入库的 GRAPH 块启动及停止控制等功能。图 6-16 是订单库位信息 HMI 控制界面。

5. 下载程序并调试

（1）验证伺服堆垛机的手动功能，主要包括：各轴的使能、零点设置和复位、单轴点动等功能。

（2）验证伺服堆垛机的自动运行功能，主要包含：堆垛机的自动取料出库、自动存料入库运行流程，以及运行过程中暂停等功能。

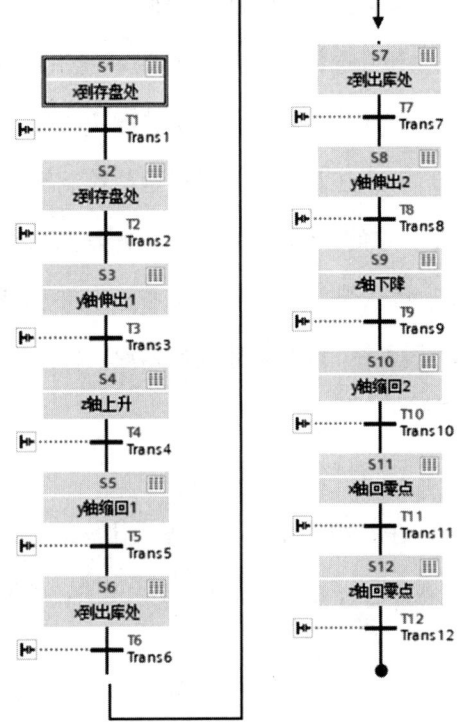

图 6-15 自动出库子程序

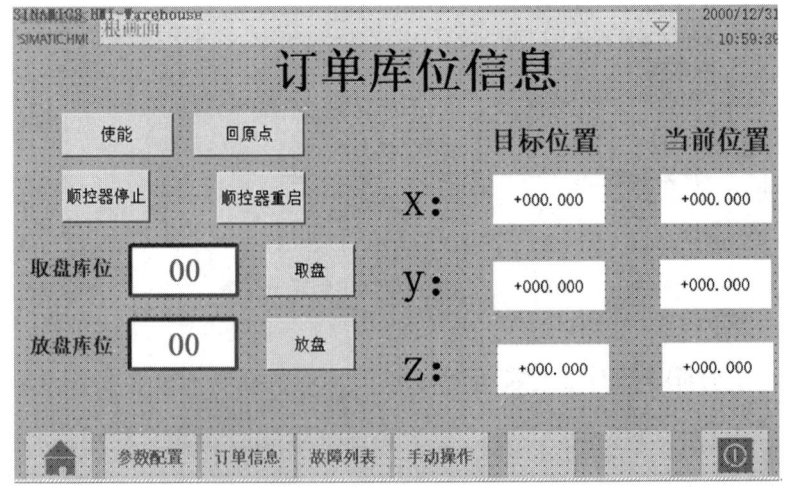

图 6-16 订单库位信息 HMI 控制界面

（二）智能装配工站的集成与调试

智能装配工站由 PLC、六轴机器人、HMI 触摸屏、传送带、托盘顶升机构等组成，可按照订单要求，实现装配过程。

1. 硬件组态

智能装配工站组态包括 PLC、HMI 界面、KRC4 机器人模块和 RFID，根据电气原理图将各模块连接起来。智能装配工站 PLC 硬件组态如图 6-17 所示。PLC 为主控制器，HMI 为触摸屏，KRC4 为 KUKA 机器人模块单元，与机器人建立通信，RFID 读取成品盘和原料盘芯片上的编号、库位、订单信息等。

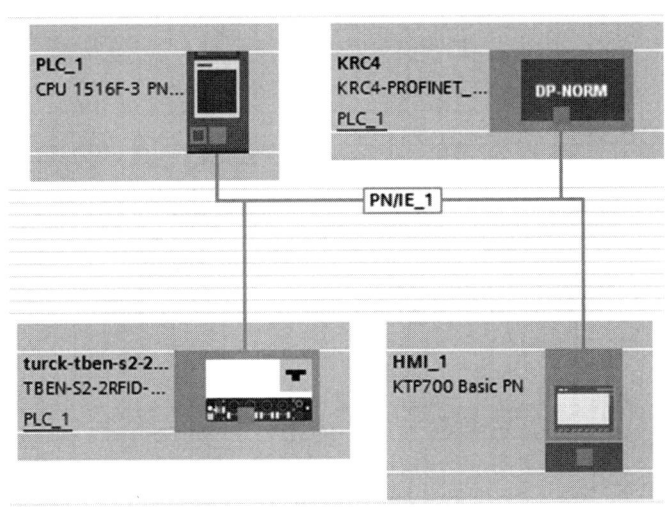

图 6-17　智能装配工站 PLC 硬件组态

2. 机器人配置

在机器人配套软件 Workvisual 中，设置 KUKA 总线 IP 地址和设备名称为"KRC4"（见图 6-18），确保与 PLC 组态一致，并将 KUKA 输入输出端口映射到 PROFINET I/O 地址。

3. 编写 PLC 程序

根据设备运动要求，定义变量表，编写 PLC 程序。

（1）PLC 与机器人的交互程序。建立 KUKA 机器人 KRC4 与 PLC 的通信，PLC 程序代码逻辑与 KUKA 机器人启动时序图保持一致，如图 6-19 所示。

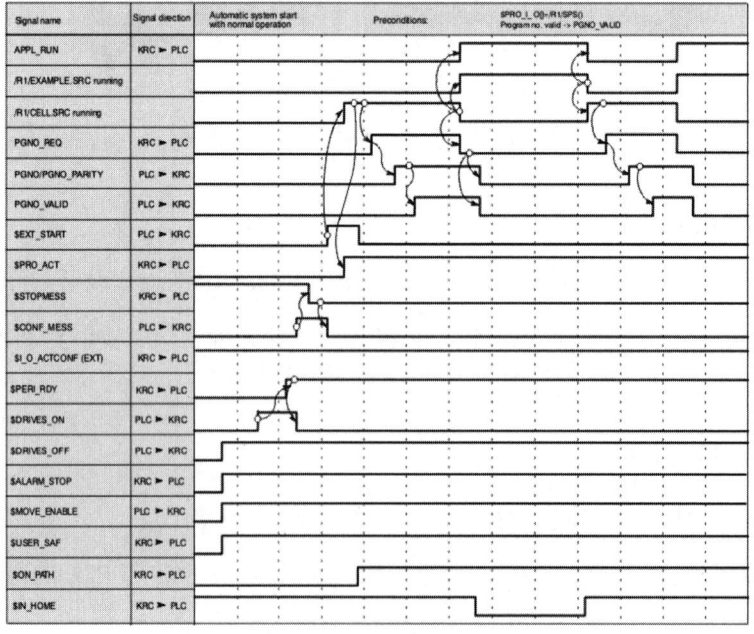

图 6-18 设置 KUKA 总线 IP 地址和设备名称

图 6-19 KUKA 机器人启动时序图

（2）运动控制程序。编写PLC程序，控制智能装配工站的启停，控制传送带、托盘顶升机构的运动，并且建立与RFID设备的通信等。部分PLC程序流程注释如图6-20所示。

程序段1：传动带启动	程序段12：原料盘夹紧
程序段2：成品盘搬入	程序段13：原料盘到位
程序段3：成品盘进件	程序段14：原料盘放松
程序段4：成品盘读取	程序段15：原料盘搬运
程序段5：成品盘搬运	程序段16：原料盘搬出
程序段6：成品盘夹紧	程序段17：成品盘下降
程序段7：成品盘上升	程序段18：成品盘夹松
程序段8：成品盘到位	程序段19：成品盘搬出
程序段9：原料盘进件允许	程序段20：正转输出
程序段10：原料盘搬运	程序段21：STO2打开输出
程序段11：成品盘读取	程序段22：STO3打开输出

图 6-20　部分 PLC 程序流程注释

（3）HMI界面设计。根据操作需求编写HMI界面（见图6-21），比如手动读写RFID和托盘顶升机构的控制界面。

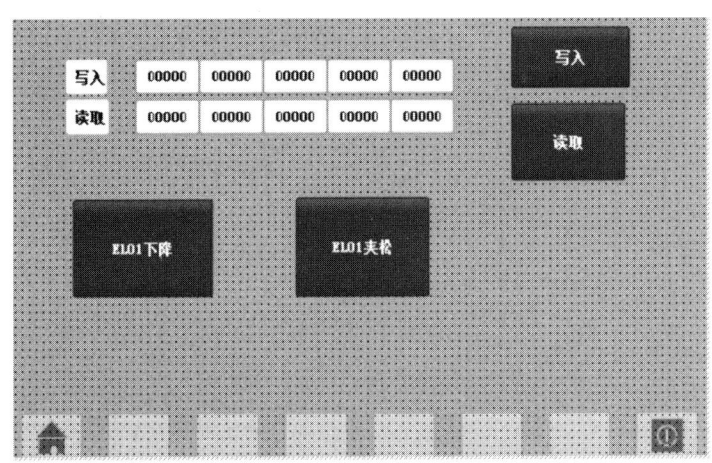

图 6-21　HMI 界面

（4）KUKA机器人示教编程。以RFID设备读取的原料盘取位置变量和成品盘放位置变量为基础，用switch语句分情况编写机器人示教轨迹的运动程序，并通过IN、OUT指令来控制气动开关，以实现抓取和放置。

4. 下载程序并调试

（1）验证智能装配工站的手动功能，包括各夹具的功能测试、RFID读写的功能测试、机器人与PLC的通信测试。

（2）验证智能装配工站的自动功能，包括托盘的自动定位、机器人加工程序的自动调用和机器人搬运程序的轨迹测试。

（三）智能检测工站的集成与调试

智能检测工站由PLC、HMI触摸屏、工控机、工业相机、镜头、光源、传送带等组成，通过机器的视觉与图像识别，判断装配完成的产品是否与订单一致，并读取各模块原料二维码溯源信息，返回给上层控制系统。

1. 硬件组态

智能检测工站组态硬件包括PLC、HMI、RFID，根据电气原理图将各模块连接起来。智能检测工站硬件组态如图6-22所示。

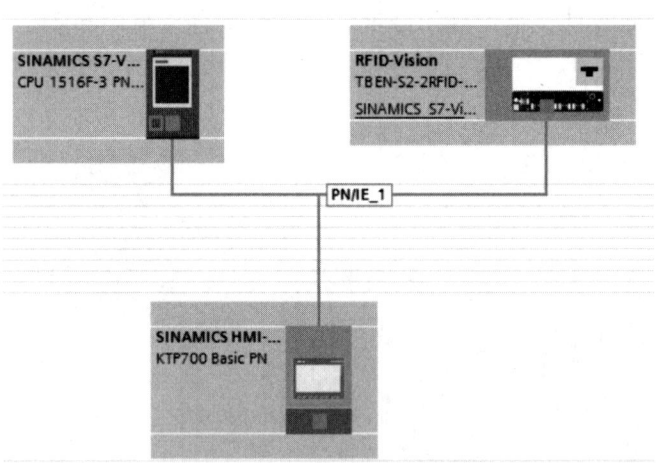

图6-22 智能检测工站硬件组态

PLC为主控制器，HMI为触摸屏交互单元，RFID读取成品盘和原料盘芯片上的编号、库位、订单信息等。PLC通过OPC UA协议与工控机建立通信，向工控机发出到位信号和订单信息，工控机控制工业相机拍照并进行图像识别，向PLC返回分析结果，在组态后进行 OPC UA 设置。

2. 编写 PLC 程序

编写 PLC 程序控制智能检测工站的传送带运行，将原料盘和成品盘运送到智能检测位置，通过 RFID 识别原料盘或成品盘，进一步通过 OPC UA 给工控机发出指令，进行拍照和图像处理。图像处理完成后，反馈识别结果，控制传送带将托盘运送至智能仓储工站。

3. HMI 界面设计

根据需求对 HMI 界面（见图 6-23）进行编写，比如传送带运动控制界面、RFID 读写界面等。

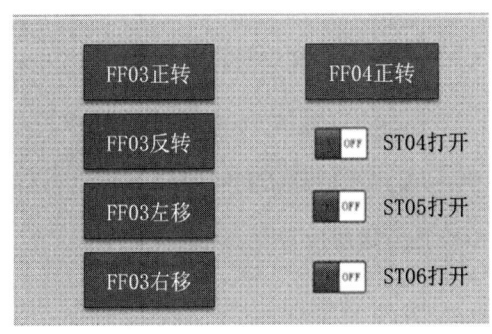
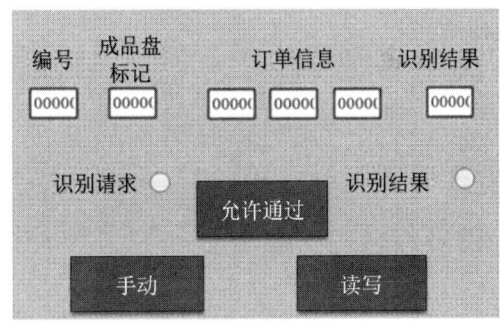

a)

b)

图 6-23　智能检测工站 HMI 界面

a）传送带运动控制界面　b）RFID 读写界面

4. 智能检测编程

智能检测程序包括通信和图像处理，通信是通过 OPC UA 协议读取托盘信息，并确定下一步处理方法。图像处理包括图像预处理、图像颜色识别、二维码识别、字母识别等。

5. 下载程序并调试

（1）验证智能检测工站的手动功能，包括传送带的功能测试、阻挡气缸的功能测试、RFID 读写功能的测试。

（2）验证智能检测工站的自动功能，包括视觉相机的 OPC UA 通信功能测试、相机识别检测程序的功能测试。

（四）AGV 的路径规划

智能制造实践平台采用激光导航 AGV 贯穿衔接智能仓储工站、智能装配工站、智能检测工站，使得工件运输顺畅，提高生产效率，便于自动化管理。SLAM 算法被广泛用于移动机器人的导航与定位中。根据其传感器的不同分为激光 SLAM 和视觉 SLAM 两种，本平台中 AGV 使用的是激光 SLAM。

1. AGV 通信设置

本平台主机通过 TCP 协议与激光导航 AGV 进行交互，实现数据采集、控制命令下发等功能。打开 TCP 测试软件，选择协议类型为 TCP Client，AGV 的 IP 地址为 192.168.0.120，其端口号为 9002，将本地主机 IP 地址和远程 AGV 的 IP 地址设在同一网段，如 192.168.0.127。点击"连接"，连接成功后指示灯变为红色。接收区和发送区设置分别勾选为"十六进制显示""按十六进制发送"，在发送区域可以填写获取 AGV 当前位置信息、路径点信息、皮带旋转命令等指令，在网络数据接收区会得到远程 AGV 的反馈信息。如，在发送区中填写查询 AGV 当前位置命令：FC 0B 04 00 00 00 00 00 00 00 00 CF，AGV 回复信息为：FC 0B 04 00 F5 93 F8 17 00 00 00 CF，从中可以看出此时 X 的补码为 F593，Y 的补码为 F817。AGV 通信信息反馈如图 6-24 所示。

图 6-24　AGV 通信信息反馈

2. AGV 路径编辑

控制激光导航 AGV 移动到所需停留的点位，根据 AGV 路径规划所需到达的点位，依次创建点位数据。点位创建好之后，可以在多点之间设置 AGV 行走路径。AGV 导航路径规则如图 6-25 所示。利用 "Publish Point" 命令，可以设置路径点 1、路径点 2、路径点 3 以及路径点 4 之间的路径，并且可以保存上述路径。

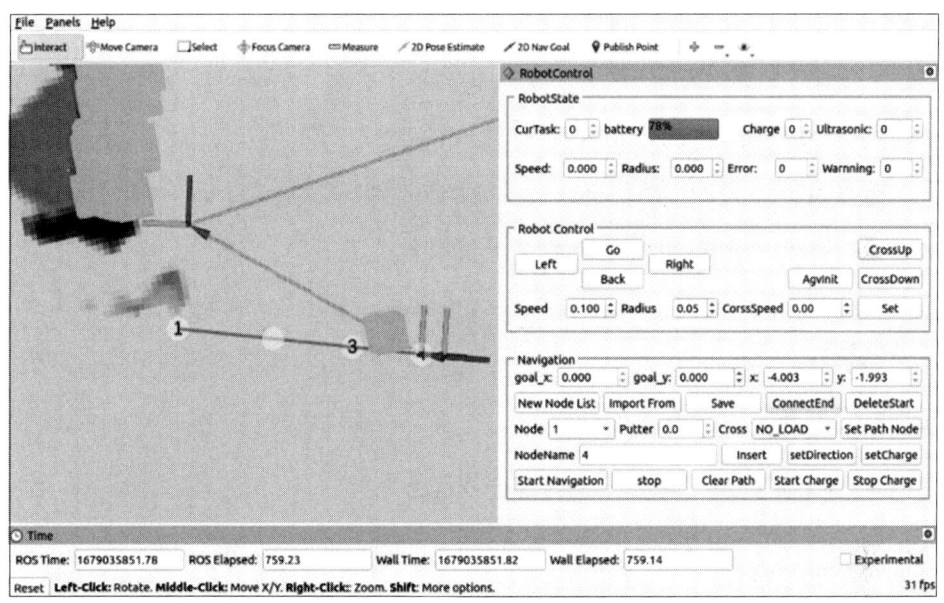

图 6-25　AGV 导航路径规划

3. AGV 自主导航功能实现

在激光导航 AGV 控制页面中点击 "Import From"，导入已保存的路径信息，并选择需要导航的点位，将其设置为目标点，开启导航控制，AGV 自主导航到设定点。

（五）智能产线的集成与调试

本实验利用生产管控系统完成对产品工艺、物料等相关信息的配置，并进行下单和排产，实现产线运行并对其实施监控。

1. MES 集成信息配置

主要包括以下步骤。

（1）产品选配。客户根据需求对产品进行个性化下单。

（2）产品结算。选配好产品之后，进行订单的结算。

（3）审核订单。依据图示完成订单的审核。

（4）生成日计划。在生产计划管理员中找到日计划，单击"生成日计划"。

（5）计划管理。在计划管理中将订单生成工单。

（6）工单估算。单击"工单估算"，可以对工单进行估算。

（7）工单排产。单击"工单排产"，可以进行排产。

（8）工单下达。选择要下发的工单，单击"工单下达"。

2. 开发通信程序，实现 MES 驱动智能产线运行

（1）设计通信程序功能，要求如下。

1）接收 MES 下发的工单信息，转发给智能产线单元。

2）采集智能产线单元的运行数据，上报给 MES。

（2）确定与各智能产线单元的通信参数和逻辑流程。

（3）编写通信程序。

3. MES 与智能产线的集成调试

开启产线，测试 MES 驱动下的智能产线运行流程。

四、实训练习

1. 完成智能仓储工站各硬件设备组态，编写 PLC 控制程序，设计 HMI 控制界面，实现堆垛机单轴手动控制。

2. 建立智能装配工站机器人与 PLC 的通信，编程实现机器人的装配控制。

3. 建立工业相机与 PLC 的通信，编写智能检测程序，实现质量检测。

思考题

1. 阐述智能产线虚拟调试的基本流程。

2. 阐述数字孪生模型和 PLC 控制程序的通信原理。

3. 阐述 AGV 生产线的组成及系统网络架构。

4. 阐述智能仓储工站、智能装配工站、智能检测工站控制系统设计基本流程。

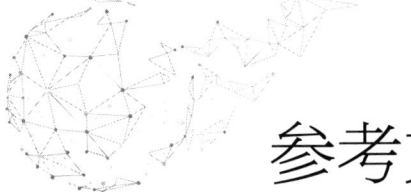

参考文献

[1] 张晓光, 林财兴, 赵翠莲. 基于 Quest 的生产线物流系统仿真 [J]. 上海大学学报: 自然科学版, 2012, 18 (5): 500-505.

[2] 周进. 自适应人机交互方法与 FMS 车间调度的研究 [D]. 西安: 西北工业大学, 1995.

[3] 左轩尘, 韩亮亮, 庄杰, 等. 基于 ROS 的空间机器人人机交互系统设计 [J]. 计算机工程与设计, 2015, 36 (12): 3370-3374.

[4] ZHANG C, ZHOU G, LI J, et al. A Multi-access Edge Computing Enabled Framework for The Construction of A knowledge-sharing Intelligent Machine Tool Swarm in Industry 4.0 [J]. Journal of Manufacturing Systems, 2023, 66: 56-70.

[5] LENG J, WANG D, SHEN W, et al. Digital twins-based Smart Manufacturing System Design in Industry 4.0: A review [J]. Journal of Manufacturing Systems, 2021, 60: 119-137.

[6] 林海龙, 周雅光, 张超, 等. 基于工业互联网的燃料乙醇生产线数字孪生框架与建模方法 [J]. 应用科技, 2022, 49 (1): 20-26.

[7] DING K, CHAN F T S, ZHANG X, et al. Defining a Digital Twin-based Cyber-Physical Production System for Autonomous Manufacturing in Smart Shop Floors [J]. International Journal of Production Research, 2019, 57 (20): 6315-6334.

[8] ZHANG C, ZHOU G, JING Y, et al. A Digital Twin-Based Automatic

Programming Method for Adaptive Control of Manufacturing Cells[J]. IEEE Access, 2022, 10: 80784-80793.

[9] ZHOU G, ZHANG C, LI Z, et al. Knowledge-driven Digital Twin Manufacturing cell Towards Intelligent Manufacturing[J]. International Journal of Production Research, 2020, 58(4): 1034-1051.

[10] ROLLE R, MARTUCCI V, GODOY E. Architecture for Digital Twin Implementation Focusing on Industry 4.0[J]. IEEE Latin America Transactions, 2020, 18(5): 889-898.

[11] 门松辰, 周光辉, 张超, 等. 基于数字孪生的装配误差建模与溯源分析方法[J]. 西安交通大学学报, 2023, 57(1): 175-184.

[12] ZHANG C, ZHOU G, XU Q, et al. A digital Twin Defined Autonomous Milling Process Towards the Online Optimal Control of Milling Deformation for thin-walled parts[J]. The International Journal of Advanced Manufacturing Technology, 2023, 124(7-8): 2847-2861.

[13] 张超, 周光辉, 李晶晶, 等. 新一代信息技术赋能的数字孪生制造单元系统关键技术及应用研究[J]. 机械工程学报, 2022, 58(16): 329-343.

[14] ZHANG C, ZHOU G, LI H, et al. Manufacturing Blockchain of Things for the Configuration of a Data- and Knowledge-Driven Digital Twin Manufacturing Cell[J]. IEEE Internet of Things Journal, 2020, 7(12): 11884-11894.

[15] 张超, 周光辉, 肖佳诚, 等. 数字孪生制造单元多维多尺度建模与边——云协同配置[J]. 计算机集成制造系统, 2023, 29(2): 355-371.

[16] 周珍林, 陈勇, 李智阿, 等. 汽车焊装生产线虚拟调试的全面应用[J]. 汽车制造业, 2021(Z1): 48-50.

[17] 邱雪松, 肖超, 谭候金, 等. 大型机器人冲压生产线多软件联合仿真[J]. 中国机械工程, 2016, 27(6): 772-777.

[18] 常丰田, 周光辉, 李锦涛, 等. 边——云协同下智能制造单元的物联网络协调配置方法[J]. 西安交通大学学报, 2022, 56(6): 184-194.

［19］BHATTACHARYA A，KUMAR A. A Shortest Path Tree Based Algorithm for Relay Placement in A wireless Sensor Network and Its Performance Analysis［J］. Computer Networks，2014，71：48-62.

［20］MAHNKE W，LEITNER S-H，DAMM M. OPC Unified Architecture［M］. Berlin：Springer Science & Business Media，2009.

［21］李葆文，等. 全面规范化生产维护 从理念到实践 第3版［M］. 北京：冶金工业出版社，2018.

［22］孙金虎. 基于TPM的金海粮油公司设备管理研究［D］. 河北：燕山大学，2020.

［23］开鑫. 新制造·工厂运作实战指南丛书 生产设备全员维护指南 实战图解版［M］. 北京：化学工业出版社，2021.

［24］李浩，纪杨建，祁国宁，等. 面向全生命周期的复杂装备MRO集成模型［J］. 计算机集成制造系统，2010，16（10）：2064-2072.

［25］王建民，任良全，张力，等. MRO支持技术研究［J］. 计算机集成制造系统，2010，16（10）：2017-2025.

［26］杨新宇，胡业发. 不确定环境下复杂产品维护、维修和大修服务资源调度优化［J］. 浙江大学学报（工学版），2019，53（5）：852-861.

［27］郭晓雷. 推进MRO数字化转型 打造民航智慧维修［J］. 航空维修与工程，2021，（11）：19-22.

［28］岳霆，张海林. 飞机智慧维修的思考［J］. 航空维修与工程，2021，（9）：16-19.

［29］常丰田，周光辉，常丰姣，等. 制造商主导的多主体智能协同运维服务模式［J］. 计算机集成制造系统，2023，29（4）：1082-1096.

［30］CHANG F，ZHOU G，CHENG W，et al. A Service-Oriented Multi-Player Maintenance Grouping Strategy for Complex Multi-Component System Based on Game Theory［J］. Advanced Engineering Informatics，2019，42：100970.

后 记

随着全球新一轮科技革命和产业变革加速演进，以新一代信息技术与先进制造业深度融合为特征的智能制造已经成为推动新一轮工业革命的核心驱动力。世界各工业强国纷纷将智能制造作为推动制造业创新发展、巩固并重塑制造业竞争优势的战略选择，将发展智能制造作为提升国家竞争力、赢得未来竞争优势的关键举措。

智能制造是基于新一代信息技术与先进制造技术深度融合，贯穿于设计、生产、管理、服务等制造活动各个环节，具有自感知、自决策、自执行、自适应、自学习等特征，旨在提高制造业质量、效益和核心竞争力的先进生产方式。作为"制造强国"战略的主攻方向，智能制造发展水平关乎我国未来制造业的全球地位，对于加快发展现代产业体系，巩固壮大实体经济根基，建设"中国智造"具有重要作用。推进制造业智能化转型和高质量发展是适应我国经济发展阶段变化、认识我国新发展阶段、贯彻新发展理念、推进新发展格局的必然要求。

2020年2月，《人力资源社会保障部办公厅 市场监管总局办公厅 统计局办公室关于发布智能制造工程技术人员等职业信息的通知》（人社厅发〔2020〕17号）正式将智能制造工程技术人员列为新职业，并对职业定义及主要工作任务进行了系统性描述。为加快建设智能制造高素质专业技术人才队伍，改善智能制造人才供给质量结构，在充分考虑科技进步、社会经济发展和产业结构变化对智能制造工程技术人员要求的基础上，以智能制造工程技术人员专业能力建设为目标，根据《智能制造工程技术人员国家职业技术技能标准（2021年版）》（以下简称《标准》），人力资源社会保障部专业技术人员管理司指导中国机械工程学会，组织有关专家开展了智能制造工程技术人员（初级）培训教程的编写工作，并于2021年出版。5本智能制造工程技术人员（初级）培训教程一经出版立即获得了广泛的关注与好评，为智能制造工程技术人员提供了全面、实用的学习资料，受到了智能制造工程技术领域从业人员的高度评价。

为加快推进数字技术工程师培育项目，围绕智能制造技术领域，培养一批高水平、创新型数字技术人才，人力资源社会保障部专业技术人员管理司指导中国机械工程学会组织有关专家依据《标准》开展了智能制造工程技术人员（中级）培训教程的编写工作。

智能制造工程技术人员中级专业技术等级分为4个职业方向：智能装备与产线开发、智能装备与产线应用、智能生产管控、装备与产线智能运维。中级教程包含《智能制造工程技术人员（中级）——智能制造共性技术》《智能制造工程技术人员（中级）——智能装备与产线开发》《智能制造工程技术人员（中级）——智能装备与产线应用》《智能制造工程技术人员（中级）——智能生产管控》《智能制造工程技术人员（中级）——装备与产线智能运维》，共5本教程。

《智能制造工程技术人员（中级）——智能制造共性技术》涵盖《标准》中中级共性职业功能所要求的专业能力和相关知识要求，是每个职业方向培训的必备用书；其他4本教程内容涵盖了本职业方向中应具备的专业能力和相关知识要求。

在使用中级系列教程开展培训时，应当结合中级培训目标与受训人员的实际水平和专业方向，选用合适的教程。在智能制造工程技术人员中级专业技术等级的培训中，"智能制造共性技术"是每个职业方向都需要掌握的，在此基础上，可根据培训目标与受训人员实际，选用一种或多种不同职业方向的教程。培训考核合格后，获得相应证书。

本教程适用于大学专科学历（或高等职业学校毕业）及以上，具有机械类、仪器类、电子信息类、自动化类、计算机类、工业工程类等工科专业学习背景，具有较强的学习能力、计算能力、表达能力和空间感，参加全国专业技术人员新职业培训的人员。

本教程是在人力资源社会保障部、工业和信息化部相关部门领导下，由中国机械工程学会组织编写的，来自同济大学、西安交通大学、上海交通大学、华中科技大学、天津大学、上海海事大学、西北工业大学、北京工业大学、东北大学、长安大学、西安工业大学、东华大学、华南理工大学、暨南大学、上海大学、上海电机学院、陆军装甲兵学院、新乡职业技术学院、北京机械工业自动化研究所有限公司、公安部第三研究所、广州明珞装备股份有限公司、青岛海尔电冰箱有限公司、上海飞机客户服务有限公司、上海思普信息技术有限公司、上海天睿物流咨询有限公司、上海犀浦智能系统有限公司、西安东航赛峰起落架系统维修有限公司、西门子工厂自动化工程有限公司、中国科学院沈阳自动化研究所、中国商用飞机有限责任公司等高校及科研院所、企业的智能制造领域的核心及知名专家参与了编写和审定。缪云、张振、丁云飞、宋娜、曾海峰、李晶、孙晓宇、宋威、张德义、兰希、秦戎、马驰、康绍鹏、何恩义、洪悦、李想、丁凯、高翀、魏江、姚仁和、朱俊臻、胡浩、吴春志、丁闯、王晨希、邵海兵、龙璞、李泊锋、田宇松、明萱、钱伟、唐堂、王亮、王龙华等专家对教程编写提出了宝贵意见，余永睿、马东旭、王增辉和徐青峰参与了本书的编写和校稿。同时参考了多方面的文献，吸收了许多专家学者的研究成果，在此表示衷心感谢。

  由于编者水平、经验与时间所限，本书的不足与疏漏之处在所难免，恳请广大读者批评与指正。

本书编委会